高等学校教学用书

机电传动控制

主编　陈白宁　王　海

东北大学出版社

·沈阳·

ⓒ 陈白宁　王　海　2020

图书在版编目（CIP）数据

机电传动控制 / 陈白宁，王海主编. — 沈阳：东
北大学出版社，2020.12
ISBN 978-7-5517-2530-9

Ⅰ.①机…　Ⅱ.①陈…②王…　Ⅲ.①电力传动控制
设备　Ⅳ.①TM921.5

中国版本图书馆 CIP 数据核字（2020）第 251017 号

内 容 简 介

本书根据机械设计制造及其自动化专业的"机电传动控制"课程教学大纲而编写。

全书共分 8 章，内容包括：机电传动系统的动力学基础，电机，传动控制系统，继电器-接触器控制系统，可编程序控制器（西门子 S7-1200），直流传动控制，交流传动控制，等等。

本书力求突出机电结合、电为机用的特点，力求理论联系实际。课程体系新，内容全面、实用，由浅入深，重点突出。每章后附有思考与习题。

本书是机械设计制造及其自动化专业本科生的教材，并可作为机械设计制造及其自动化专业高职、电大、函大、夜大、网大学生的教材和其他机械类与相近机械类专业本科生的教材，亦可供从事机电一体化工作的工程技术人员参考。

出　版　者：东北大学出版社
　　　　　地址：沈阳市和平区文化路三号巷 11 号
　　　　　邮编：110819
　　　　　电话：024-83687331（市场部）　83680267（社务部）
　　　　　传真：024-83680180（市场部）　83687332（社务部）
　　　　　网址：http://www.neupress.com
　　　　　E-mail：neuph@neupress.com
印　刷　者：抚顺光辉彩色广告印刷有限公司
发　行　者：东北大学出版社
幅面尺寸：185mm×260mm
印　　张：17.5
字　　数：437 千字
出版时间：2020 年 12 月第 1 版
印刷时间：2020 年 12 月第 1 次印刷
责任编辑：汪彤彤　王兆元　　　　　　　　　责任校对：项　阳
封面设计：潘正一　　　　　　　　　　　　　责任出版：唐敏志

ISBN 978-7-5517-2530-9　　　　　　　　　　　　定　价：48.00 元

前　言

　　"机电传动控制"课程是机械制造及自动化专业一门必修的专业基础课，它是机电一体化人才所需电知识结构的躯体。本课程的任务是使学生了解机电传动控制的一般知识，掌握电机、电器、电力电子器件等的工作原理、特性、应用和选用的方法，掌握常用的开环、闭环控制系统的工作原理、特点、性能及应用场所，掌握 PLC 的应用方法和设计方法，了解最新控制技术在机械设备中的应用。

　　本书的组成系统是根据机械制造及自动化专业的需要而建立的，内容比较全面，在编写时既注重基础理论知识，又注意与实际应用相结合；既描述了器件的外特性，又注重器件在控制系统中的应用；既结合当前的国情介绍当今广泛应用的机电传动与控制技术，又充分反映本领域的最新技术和发展趋势。

　　本书是机械制造及自动化专业本科生的教材，也可作为该专业电大、函大、夜大、职大生的教材，同时可供从事机电一体化工作的工程技术人员参考。

　　全书共分 8 章。第 1 章为概述；第 2 章重点介绍了机电传动系统基础知识；第 3，4 章分别介绍了直流电动机的工作原理、特性及其传动控制的基础与系统；第 5，6 章介绍了交流电动机的工作原理、特性及其传动控制的基础与系统；第 7 章介绍了继电器-接触器控制系统中用到的常用电器和基本控制线路，以及典型的应用实例等；第 8 章针对西门子 S7-1200 介绍了 PLC 原理与应用。本书各章后附有思考与习题。

本书由陈白宁、王海主编。其中，第 1, 2, 7 章由陈白宁编写；第 3 章由陈白宁、李丽、王瑛编写；第 4 章由辛丽丽、张昕编写；第 5 章由韩辉、张玉璞编写；第 6 章由邵崇雷编写；第 8 章由陈白宁、王海、李岩、姚旭东、邵崇雷编写。全书由陈白宁统稿。

由于编者水平所限，书中难免有疏漏和不足之处，恳请读者批评指正。

编　者

2020 年 5 月

目　录

第 1 章 概 述

1.1 机电传动控制的目的和任务

在现代化的生产中，生产机械的自动化程度反映了工业生产发展的水平。现代化的生产设备与系统已不再是传统意义上单纯的机械系统，而是机电一体化的综合系统，电气传动与控制系统已经成为现代生产机械的重要组成部分。机与电、传动与控制已经成为不可分割的整体。

所谓机电传动，是指以电动机为原动机驱动生产机械的系统的总称。它的目的是将电能转变为机械能，实现生产机械的起动、停止以及速度调节，完成各种生产工艺过程的要求，保证生产过程的正常进行。

在现代工业中，为了实现生产过程自动化的要求，机电传动不仅包括拖动生产机械的电动机，而且包含控制电动机的一整套控制系统。也就是说，现代机电传动是和由各种控制元件组成的自动控制系统紧密地联系在一起的，所以本书取名为《机电传动控制》。

机电传动控制系统所要完成的任务，从广义上讲，就是要使生产机械设备、生产线、车间，甚至整个工厂都实现自动化；从狭义上讲，则指通过控制电动机驱动生产机械，实现生产产品数量的增加、质量的提高、生产成本的降低、工人劳动条件的改善以及能量的合理利用。生产工艺的发展对机电传动控制系统提出了越来越高的要求。例如，一些精密机床要求加工精度达百分之几毫米，甚至几微米，重型镗床为保证加工精度和粗糙度达到要求，就要在极慢的稳速下进给，即要求在很宽的范围内调速；轧钢车间的可逆式轧机及其辅助机械，操作频繁，要求在不到 1 s 的时间内完成从正转到反转的过程，即要求能迅速地起动、制动和反转；对于电梯和提升机则要求起动与制动平稳，并能准确地停止在给定的位置上；为了提高效率，由数台或数十台设备组成的生产自动线，要求统一控制和管理。诸如此类的要求都是靠电动机及其控制系统和机械传动装置来实现的。

1.2 机电传动及其控制系统的发展概况

机电传动及其控制系统总是随着社会生产的发展而发展的。单就机电传动而言，它的发展大体上经历了成组拖动、单电动机拖动和多电动机拖动三个阶段。所谓成组拖动，就是一台电动机拖动一根天轴，再由天轴通过皮带轮和皮带分别拖动各生产机械，这种拖动方式生产效率低，劳动条件差，一旦电动机发生故障，将造成成组的生产机械停车；所谓单电动机拖动，就是用一台电动机拖动一台生产机械，它虽然较成组拖动前进了一步，但当一台生产机械的运动部件较多时，机械传动机构仍十分复杂；多电动机拖动，即一台生产机械的每一个运动部件分别由一台专门的电动机拖动，例如，龙门刨床的刨台、左右垂直刀架与侧刀架、横梁及其夹紧机构，均分别由一台电动机拖动，这种拖动方式不仅大大简化了生产机械的传动机构，而且控制灵活，为生产机械的自动化提供了有利的条件，所以，现代化机电传动基本上均采用这种拖动形式。

　　控制系统的发展伴随控制器件的发展而发展。随着功率器件、放大器件的不断更新，机电传动控制系统的发展日新月异，它主要经历了四个阶段：最早的机电传动控制系统出现在 20 世纪初，它仅借助于简单的接触器与继电器等控制电器，实现对控制对象的起动、停车以及有级调速等控制，它的控制速度慢、控制精度差。20 世纪 30 年代出现了电机放大机控制，它使控制系统从断续控制发展到连续控制，连续控制系统可随时检查控制对象的工作状态，并根据输出量与给定量的偏差，对控制对象进行自动调整，它的快速性及控制精度都大大超过了最初的断续控制，并简化了控制系统，减少了电路中的触点，提高了可靠性，使生产效率大为提高。20 世纪 40—50 年代出现了磁放大器控制和大功率可控水银整流器控制；时隔不久，于 20 世纪 50 年代末期出现了大功率固体可控整流元件——晶闸管，很快晶闸管控制就取代了水银整流器控制。之后又出现了功率晶体管控制，由于晶体管、晶闸管具有效率高、控制特性好、反应快、寿命长、可靠性高、维护容易、体积小、重量轻等优点，它的出现为机电传动自动控制系统开辟了新纪元。随着数控技术的发展，计算机的应用特别是微型计算机的出现和应用，又使控制系统发展到一个新阶段——采样控制，它也是一种断续控制，但是与最初的断续控制不同，它的控制间隔（采样周期）比控制对象的变化周期短得多，因此，在客观上完全等效于连续控制，它把晶闸管技术与微电子技术、计算机技术紧密地结合在一起，使晶体管与晶闸管控制具有强大的生命力。

　　20 世纪 70 年代初，计算机数字控制（CNC）系统被应用于数控机床和加工中心，这不仅提高了自动化程度，而且提高了机床的通用性和加工效率，在生产上得到了广泛的应用。工业机器人的诞生为实现机械加工全盘自动化创造了物质基础。20 世纪 80 年代以来，出现了由数控机床、工业机器人、自动搬运车等组成的统一由中心计算机控制的机械加工自动线——柔性制造系统（FMS），它是实现自动化车间和自动化工厂的重要组成部分。机械制造自动化高级阶段是走向设计、制造一体化，即利用计算机辅助设计（CAD）与计算机辅助制造（CAM）形成产品设计和制造过程的完整系统，使产品构思和设计直至装配、试验和质量管理这一全过程实现自动化。为了实现制造过程的高效率、高柔性、高质量，研制计算机集成制造系统（CIMS）是人们今后的任务。

1.3　内容安排

　　全书共分 8 章。第 1 章为概述；第 2 章重点介绍了机电传动系统的基础知识；第 3，4 章分别介绍了直流电动机的工作原理、特性及其传动控制的基础与系统；第 5，6 章介绍了交流电动机的工作原理、特性及其传动控制的基础与系统；第 7 章介绍了继电器-接触器控制系统中用到的常用电器和基本控制线路，以及典型的应用实例等；第 8 章介绍了 PLC 的原理与应用。本书各章后附有思考与习题。

第2章　机电传动系统的基础知识

机电传动系统是一个由电动机拖动并通过传动机构带动生产机械运转的机电运动的动力学整体。尽管电动机种类繁多、特性各异，生产机械的负载性质也可以各种各样，但从动力学的角度来分析，则都应服从动力学的统一规律。所以，本章首先分析机电传动系统的运动方程式，进而分析机电传动系统稳定运行的条件。

2.1　机电传动系统的运动方程式

图 2.1 所示为一单轴机电传动系统，它是由电动机 M 产生转矩 T，用来克服负载转矩 T_L，以带动生产机械运动。当这两个转矩平衡时，传动系统维持恒速转动，转速 n 或角速度 ω 不变，加速度 dn/dt 或角加速度 $d\omega/dt$ 等于零，即当 $T = T_L$ 时，$n =$ 常数，$dn/dt = 0$，或 $\omega =$ 常数，$d\omega/dt = 0$，这种运动状态称为静态（相对静止状态）或稳态（稳定运转状态）。当 $T \neq T_L$ 时，转速 n（或 ω）就要变化，产生加速或减速，转速变化的大小与传动系统的转动惯量 J 有关，把上述的这些关系用方程式表示，即为

$$T - T_L = J\frac{d\omega}{dt} \tag{2.1}$$

式中：T——电动机产生的转矩；

　　　T_L——单轴传动系统的负载转矩；

　　　J——单轴传动系统的转动惯量；

　　　ω——单轴传动系统的角速度；

　　　t——时间。

式（2.1）即为单轴机电传动系统方程式。

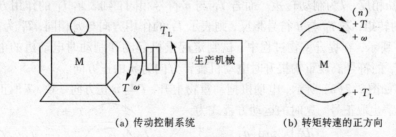

（a）传动控制系统　　　　　　　（b）转矩转速的正方向

图 2.1　单轴机电传动系统

在实际工程计算中，往往用转速 n 代替角速度 ω，用飞轮惯量（也称飞轮转矩）GD^2 代替转动惯量 J。由于 $J = m\rho^2 = mD^2/4$，其中，ρ 和 D 分别定义为惯性半径和惯性直径，而质量 m 和重力 G 的关系是 $G = mg$，g 为重力加速度，所以，J 与 GD^2 的关系是

$$\{J\}_{kg\cdot m^2} = \frac{1}{4}\{m\}_{kg}\{D^2\}_{m^2} = \frac{1}{4}\frac{\{G\}_N}{\{g\}_{m/s^2}}\{D^2\}_{m^2} = \frac{1}{4}\{GD^2\}_{N\cdot m^2}/\{g\}_{m/s^2} \tag{2.2}$$

且

$$\{\omega\}_{\text{rad/s}} = \frac{2\pi}{60}\{n\}_{\text{r/min}} \tag{2.3}$$

将式(2.2)和式(2.3)代入式(2.1),就可得运动方程式的实用形式:

$$\{T\}_{\text{N·m}} - \{T_{\text{L}}\}_{\text{N·m}} = \frac{\{GD^2\}_{\text{N·m}^2}\text{d}\{n\}_{\text{r/min}}}{375\ \ \text{d}\{t\}_{\text{s}}} \tag{2.4}$$

式中,常数 375 包含着 $g = 9.81\text{m/s}^2$,故它有加速度的量纲,GD^2 是一个整体物理量。运动方程式是研究机电传动系统最基本的方程式,它决定着系统运动的特征。当 $T > T_{\text{L}}$ 时,加速度 $a = \text{d}n/\text{d}t$ 为正,系统为加速运动;当 $T < T_{\text{L}}$ 时,$a = \text{d}n/\text{d}t$ 为负,系统为减速运动。系统处于加速或减速的运动状态称为动态。处于动态时,系统中必然存在一个动态转矩

$$\{T_{\text{d}}\}_{\text{N·m}} = \frac{\{GD^2\}_{\text{N·m}^2}\text{d}\{n\}_{\text{r/min}}}{375\ \ \text{d}\{t\}_{\text{s}}} \tag{2.5}$$

它使系统的运动状态发生变化。这样,运动方程式(2.1)或(2.4)也可以写成转矩平衡方程式

$$T - T_{\text{L}} = T_{\text{d}}$$

或

$$T = T_{\text{L}} + T_{\text{d}} \tag{2.6}$$

就是说,电动机所产生的转矩在任何情况下,总是由轴上的负载转矩(即静态转矩)和动态转矩之和所平衡。

当 $T = T_{\text{L}}$ 时,$T_{\text{d}} = 0$,这表示没有动态转矩,系统恒速运转,即系统处于稳态。稳态时,电动机发出转矩的大小仅由电动机所带的负载(生产机械)所决定。

值得指出的是,图2.1(b)中关于转矩正方向的约定:由于传动系统有各种运动状态,相应的运动方程式中的转速和转矩就有不同的符号。因为电动机和生产机械以共同的转速旋转,所以,一般以转动方向为参考来确定转矩的正负。设电动机某一转动方向的转速 n 为正,则约定电动机转矩 T 与 n 一致的方向为正向,负载转矩 T_{L} 与 n 相反的方向为正向。根据上述约定,可以从转矩与转速的符号上判定 T 与 T_{L} 的性质:若 T 与 n 符号相同(同为正或同为负),则表示 T 的作用方向与 n 相同,T 为拖动转矩;若 T 与 n 符号相反,则表示 T 的作用方向与 n 相反,T 为制动转矩。而若 T_{L} 与 n 符号相同,则表示 T_{L} 的作用方向与 n 相反,T_{L} 为制动转矩;若 T_{L} 与 n 符号相反,则表示 T_{L} 的作用方向与 n 相同,T_{L} 为拖动转矩。

如图 2.2 所示,在提升重物过程中,试判定起重机起动和制动时电动机的电磁转矩 T 和负载转矩 T_{L} 的符号。设重物提升时电动机旋转方向为 n 的正方向。

起动时:如图 2.2(a)所示,电动机拖动重物上升,T 与 n 正方向一致,T 取正号;T_{L} 与 n 方向相反,T_{L} 也取正号。这时的运动方程式为

$$\{T\}_{\text{N·m}} - \{T_{\text{L}}\}_{\text{N·m}} = \frac{\{GD^2\}_{\text{N·m}^2}\text{d}\{n\}_{\text{r/min}}}{375\ \ \text{d}\{t\}_{\text{s}}}$$

若能提升重物,必存在 $T > T_{\text{L}}$,即动态转矩 $T_{\text{d}} = T - T_{\text{L}}$ 和加速度 $a = \text{d}n/\text{d}t$ 均为正,系统加速运行。

制动时:如图 2.2(b)所示,仍是提升过程,n 为正,只是此时电动机的电磁转矩制止系统运

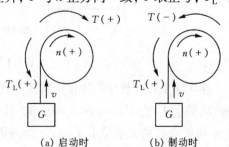

(a) 启动时　　　(b) 制动时

图2.2　T,T_{L} 符号的判别

动，所以，T 与 n 方向相反，T 取负号，而重物产生的转矩总是向下，与起动过程一样 T_L 仍取正号，这时的运动方程式为

$$-\{T\}_{\mathrm{N\cdot m}} - \{T_\mathrm{L}\}_{\mathrm{N\cdot m}} = \frac{\{GD^2\}_{\mathrm{N\cdot m^2}}\mathrm{d}\{n\}_{\mathrm{r/min}}}{375} \frac{}{\mathrm{d}\{t\}_{\mathrm{s}}}$$

可见，此时动态转矩和加速度都是负值，它使重物减速上升，直到停止。制动过程中，系统中动能产生的动态转矩由电动机的制动转矩和负载转矩所平衡。

2.2　多轴系统转矩、转动惯量和飞轮转矩的折算

2.1 节所介绍的是单轴拖动系统的运动方程式，但实际的拖动系统一般常是多轴拖动系统，如图 2.3 所示。这是因为许多生产机械要求低速运转，而电动机一般具有较高的额定转速。这样，电动机与生产机械之间就必须安装减速机构，如减速齿轮箱或蜗轮蜗杆、皮带等减速装置。在这种情况下，为了列出这个系统的运动方程，必须先将各转动部分的转矩和转动惯量或直线运动部分的质量都折算到某一根轴上。一般折算到电动机轴上，即折算成如图 2.1 所示的最简单的典型单轴系统，折算的基本原则是，折算前的多轴系统同折算后的单轴系统在能量关系或功率关系上保持不变。下面简单地介绍折算方法。

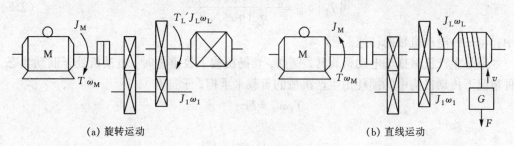

（a）旋转运动　　　　　　　　　　　　　（b）直线运动

图 2.3　多轴拖动系统

2.2.1　负载转矩的折算

由于负载转矩是静态转矩，它是一个与功率有关的物理量，因此可根据静态时功率守恒原则进行折算。

对于旋转运动，如图 2.3（a）所示，当系统匀速运动时，生产机械的负载功率为

$$P_\mathrm{L}' = T_\mathrm{L}'\omega_\mathrm{L}$$

式中：T_L'，ω_L——生产机械的负载转矩和旋转角速度。

设 T_L' 折算到电机轴上的负载转矩为 T_L，则电动机轴上的负载功率为

$$P_\mathrm{M} = T_\mathrm{L}\omega_\mathrm{M}$$

式中：ω_M——电动机输出轴上的角速度。

考虑到传动机构在传递功率的过程中有损耗，这个损耗可以用传动效率 η_C 来表示，且

$$\eta_\mathrm{C} = \frac{输出功率}{输入功率} = \frac{P_\mathrm{L}'}{P_\mathrm{M}} = \frac{T_\mathrm{L}'\omega_\mathrm{L}}{T_\mathrm{L}\omega_\mathrm{M}}$$

于是，可得折算到电动机轴上的负载转矩

$$T_\mathrm{L} = \frac{T_\mathrm{L}'\omega_\mathrm{L}}{\eta_\mathrm{C}\omega_\mathrm{M}} = \frac{T_\mathrm{L}'}{\eta_\mathrm{C}j} \qquad (2.7)$$

式中：η_C——电动机拖动生产机械运动时的传动效率；

　　　j——传动机构的速比，$j = \omega_M / \omega_L$。

对于直线运动，如图 2.3（b）所示的卷扬机构就是一例。若生产机械直线运动部件的负载力为 F，运动速度为 v，则所需的机械功率为

$$P_L' = Fv$$

它反映在电动机轴上的机械功率为

$$P_M = T_L \omega_M$$

式中：T_L——负载力 F 在电动机轴上产生的负载转矩。

如果是电动机拖动生产机械旋转或移动，则传动机构中的损耗应由电动机承担。根据功率平衡关系，有

$$T_L \omega_M = \frac{Fv}{\eta_C}$$

将

$$\{\omega\}_{\text{rad/s}} = \frac{2\pi}{60}\{n\}_{\text{r/min}}$$

代入上式，可得

$$\{T_L\}_{\text{N·m}} = \frac{9.55\{F\}_N\{v\}_{\text{m/s}}}{\eta_C\{n_M\}_{\text{r/min}}} \tag{2.8}$$

式中：n_M——电动机轴的转速。

如果是生产机械拖动电动机旋转，例如，卷扬机构下放重物时，电动机处于制动状态，这种情况下传动机构中的损耗由生产机械的负载来承担，于是有

$$T_L \omega_M = Fv\eta_C'$$

或

$$\{T_L\}_{\text{N·m}} = \frac{9.55\eta_C'\{F\}_N\{v\}_{\text{m/s}}}{\{n_M\}_{\text{r/min}}} \tag{2.9}$$

式中：η_C'——生产机械拖动电动机运动时的传动效率。

2.2.2　转动惯量和飞轮转矩的折算

由于转动惯量和飞轮转矩与运动系统的动能有关，因此，可根据动能守恒原则进行折算。对于旋转运动［如图 2.3（a）所示的拖动系统］，折算到电动机轴上的总转动惯量为

$$J_Z = J_M + \frac{J_1}{j_1^2} + \frac{J_L}{j_L^2} \tag{2.10}$$

式中：J_M，J_1，J_L——电动机轴、中间传动轴、生产机械轴上的转动惯量；

　　　$j_1 = \omega_M / \omega_1$——电动机轴与中间传动轴之间的速比；

　　　$j_L = \omega_M / \omega_L$——电动机轴与生产机械轴之间的速比；

　　　ω_M，ω_1，ω_L——电动机轴、中间传动轴、生产机械轴上的角速度。

折算到电动机轴上的总飞轮转矩为

$$GD_Z^2 = GD_M^2 + \frac{GD_1^2}{j_1^2} + \frac{GD_L^2}{j_L^2} \tag{2.11}$$

式中：GD_M^2，GD_1^2，GD_L^2——电动机轴、中间传动轴、生产机械轴上的飞轮转矩。

当速比 j_1 较大时，中间传动机构的转动惯量 J_1 或飞轮转矩 GD_1^2，在折算后占整个系统的比重不大。在实际工程中，为了计算方便起见，多采用适当加大电动机轴上的转动惯量 J_M 或飞轮转矩 GD_M^2 的方法，来考虑中间传动机构的转动惯量 J_1 或飞轮转矩 GD_1^2 的影响。于是有

$$J_Z = \delta J_M + \frac{J_L}{J_L^2} \tag{2.12}$$

或

$$GD_Z^2 = \delta GD_M^2 + \frac{GD_L^2}{j_L^2} \tag{2.13}$$

一般 $\delta = 1.1 \sim 1.25$。

对于直线运动［如图 2.3（b）所示的拖动系统］，设直线运动部件的质量为 m，折算到电动机轴上的总转动惯量或总飞轮转矩分别为

$$J_Z = J_M + \frac{J_1}{j_1^2} + \frac{J_L}{j_L^2} + m\frac{v^2}{\omega_M^2} \tag{2.14}$$

或

$$\{GD_Z^2\}_{N\cdot m^2} = \{GD_M^2\}_{N\cdot m^2} + \frac{\{GD_1^2\}_{N\cdot m^2}}{j_1^2} + \frac{\{GD_L^2\}_{N\cdot m^2}}{j_L^2} + 365\frac{\{G\}_N\{v^2\}_{(m/s)^2}}{\{n_M^2\}_{(r/min)^2}} \tag{2.15}$$

依照上述方法，就可把具有中间传动机构带有旋转运动部件和直线运动部件的多轴拖动系统折算成等效的单轴拖动系统。将所求得的 T_L，GD_Z^2 代入式（2.4），就可得到多轴拖动系统的运动方程式

$$\{T\}_{N\cdot m} - \{T_L\}_{N\cdot m} = \frac{\{GD_Z^2\}_{N\cdot m^2}d\{n\}_{r/min}}{375}\frac{}{d\{t\}_s} \tag{2.16}$$

以此来研究机电传动系统的运动规律。

2.3 生产机械的机械特性

上面所讨论的机电传动系统运动方程式中，负载转矩 T_L 可能是不变的常数，也可能是转速 n 的函数。同一转轴上负载转矩和转速之间的函数关系，称为生产机械的机械特性。为了便于和电动机的机械特性配合起来分析传动系统的运行情况，今后提及生产机械的机械特性时，除特别说明外，均指电动机轴上的负载转矩和转速之间的函数关系，即 $n = f(T_L)$。不同类型的生产机械在运动中受阻力的性质不同，其机械特性曲线的形状也有所不同，大体上可以归纳为以下几种典型的机械特性。

2.3.1 恒转矩型机械特性

此类机械特性的特点是负载转矩为常数，如图 2.4 所示。属于这一类的生产机械有提升机构、提升机的行走机构、皮带运输机以及金属切削机床等。

依据负载转矩与运动方向的关系，可以将恒转矩型的负载转矩分为反抗转矩和位能转矩。反抗转矩也称摩擦转矩，是因为摩擦及非弹性体的压缩、拉伸与扭转等作用所产生的

负载转矩。机床加工过程中切削力所产生的负载转矩就是反抗转矩。反抗转矩的方向恒与运动方向相反，运动方向发生改变时，负载转矩的方向也会随着改变，因而它总是阻碍运动的。由 2.1 节中关于转矩正方向的约定可知，反抗转矩恒与转速 n 取相同的符号，即 n 为正方向时 T_L 为正，特性在第一象限；n 为反方向时 T_L 为负，特性在第三象限，如图 2.4(a) 所示。位

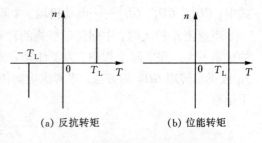

图 2.4　两种恒转矩型机械特性

能转矩与摩擦转矩不同，它是由物体的重力和弹性体的压缩、拉伸与扭转等作用所产生的负载转矩。卷扬机起吊重物时重力所产生的负载转矩就是位能转矩。位能转矩的作用方向恒定，与运动方向无关，它在某方向阻碍运动，而在相反方向便促进运动。卷扬机起吊重物时由于重力的作用方向永远向着地心，所以，由它产生的负载转矩永远作用在使重物下降的方向。当电动机拖动重物上升时，T_L 与 n 方向相反；而当重物下降时，T_L 则与 n 方向相同。不管 n 为正向还是反向，T_L 都不变，特性在第一、四象限，如图 2.4(b) 所示。不难理解，在运动方程中，位能转矩 T_L 的符号总是正的；反抗转矩 T_L 的符号则有时为正，有时为负。

2.3.2　离心式通风机型机械特性

这一类型的机械是按离心力原理工作的，如离心式鼓风机、水泵等，它们的负载转矩 T_L 与 n 的平方成正比，即 $T_L = Cn^2$，C 为常数，如图 2.5 所示。

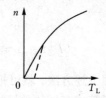

图 2.5　离心式通风机型机械特性

2.3.3　直线型机械特性

这一类机械的负载转矩 T_L 随 n 的增加成正比例增大，即 $T_L = Cn$，C 为常数，如图 2.6 所示。

实验室中作模拟负载用的他励直流发电机，当励磁电流和电枢电阻固定不变时，其电磁转矩与转速即成正比。

2.3.4　恒功率型机械特性

此类机械的负载转矩 T_L 与转速 n 成反比，即 $T_L = K/n$，或 $K = T_L n \propto P$ 为常数，如图 2.7 所示。例如，车床加工，粗加工时，切削量大，负载阻力大，开低速；精加工时，切削量小，负载阻力小，开高速。当选择这样的方式加工时，不同转速下，切削功率基本不变。

除了上述几种类型的生产机械外，还有一些生产机械具有各自的转矩特性，如带曲柄连杆机构的生产机械，它们的负载

图 2.6　直线型机械特性

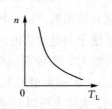

图 2.7　恒功率型机械特性

转矩 T_L 是随转角 α 而变化的；而球磨机、碎石机等生产机械，其负载转矩则随时间做无规律的随机变化。

还应指出，实际负载可能是单一类型的，也可能是几种类型的综合。例如，实际通风机除了主要是通风机性质的负载特性外，轴上还有一定的摩擦转矩 T_0，所以，实际通风机的机械特性应为 $T_L = T_0 + Cn^2$，如图 2.5 中的虚线所示。

2.4 机电传动系统稳定运行的条件

机电传动系统里，电动机与生产机械连成一体，为了使系统运行合理，就要使电动机的机械特性与生产机械的机械特性尽量相配合。特性配合好的一个基本要求是系统要能稳定运行。

机电传动系统的稳定运行包含两重含义：一是系统应能以一定速度匀速运转；二是系统受某种外部干扰作用（如电压波动、负载转矩波动等）而使运行速度稍有变化时，应保证在干扰消除后系统能恢复到原来的运行速度。

为保证系统匀速运转，必要条件是电动机轴上的拖动转矩 T 和折算到电动机轴上的负载转矩 T_L 大小相等，方向相反，相互平衡。从 T–n 坐标平面上看，这意味着电动机的机械特性曲线 $n = f(T)$ 和生产机械的机械特性曲线 $n = f(T_L)$ 必须有交点，如图 2.8 所示，图中，曲线 1 为异步电动机的机械特性，曲线 2 为电动机拖动的生产机械的机械特性（恒转矩型的），两特性曲线的交点为 a 和 b。

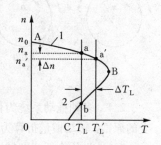

图 2.8　稳定工作点的判别

但是机械特性曲线存在交点只是保证系统稳定运行的必要条件，还不是充分条件，实际上只有 a 点才是系统的稳定平衡点。因为在系统出现干扰时——例如负载转矩突然增加 ΔT_L，变为 T_L'，于是 $T < T_L'$，由拖动系统运动方程可知，系统要减速，即 n 要下降到 $n_a' = n_a - \Delta n$，从电动机机械特性的 AB 段可以看出，电动机转矩 T 将增大为 $T' = T + \Delta T$，当干扰消除（$\Delta T_L = 0$）后，必有 $T' > T_L'$，迫使电动机加速，转速 n 上升，而 T 又要随 n 的上升而减小，直到 $\Delta n = 0$，$T = T_L$，系统重新回到原来的运行点 a；反之，若 T_L 突然减小，n 上升，当干扰消除后，也能回到 a 点工作，所以 a 点是系统的稳定平衡点。在 b 点，若 T_L 突然增加，n 要下降，从电动机机械特性的 BC 段可以看出，T 要减小，当干扰消除后，则有 $T < T_L$，使得 n 又要下降，T 随 n 的下降而进一步减小，使 n 进一步下降，一直到 $n = 0$，电动机停转；反之，若 T_L 突然减小，n 上升，直至越过 B 点进入 AB 段的 a 点工作。所以，b 点不是系统的稳定平衡点。从以上分析可以总结出机电传动系统稳定运行的充分必要条件是：

（1）电动机和生产机械的机械特性曲线 $n = f(T)$ 和 $n = f(T_L)$ 有交点（即拖动系统的平衡点）；

（2）当转速大于平衡点所对应的转速时，$T < T_L$，即若干扰使转速上升，当干扰消除后，应有 $T - T_L < 0$；而当转速小于平衡点所对应的转速时，$T > T_L$，即若干扰使转速下降，当干扰消除后，应有 $T - T_L > 0$。

只有满足上述两个条件的平衡点，才是拖动系统的稳定平衡点，即只有这样的特性配合，系统在受到外界干扰后，才具有恢复到原平衡状态的能力而进入稳定运行。

例如，当异步电动机拖动直流他励发电机工作，具有图 2.9 的特性时，b 点便符合稳定运行条件，因此，在此情况下，b 点是稳定平衡点。

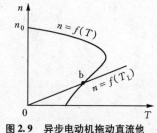

图 2.9　异步电动机拖动直流他励发电机工作时的特性

思考与习题

2.1　说明机电传动系统运动方程式中的拖动转矩、静态转矩和动态转矩的概念。

2.2　从运动方程式怎样看出系统是处于加速的、减速的、稳定的和静止的各种工作状态?

2.3　试列出图示几种情况下系统的运动方程式,并针对各系统说明:

(1)　T,T_L 的性质和符号,并代入运动方程。

(2)　运动状态是加速、减速还是匀速?

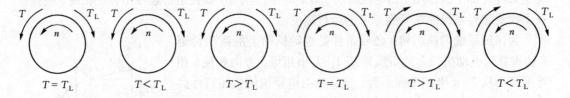

$T = T_L$　　　　$T < T_L$　　　　$T > T_L$　　　　$T = T_L$　　　　$T > T_L$　　　　$T < T_L$

题 2.3 图

2.4　多轴拖动系统为什么要折算成单轴拖动系统? 转矩折算为什么依据折算前后功率不变的原则? 转动惯量折算为什么依据折算前后动能不变的原则?

2.5　为什么低速轴转矩大,高速轴转矩小?

2.6　如图 2.3(a) 所示,电动机轴上的转动惯量 $J_M = 2.5\ kg \cdot m^2$,转速 $n_M = 900\ r/min$;中间传动轴的转动惯量 $J_1 = 2\ kg \cdot m^2$,转速 $n_1 = 300\ r/min$;生产机械轴的转动惯量 $J_L = 16\ kg \cdot m^2$,转速 $n_L = 60\ r/min$。试求折算到电动机轴上的等效转动惯量。

2.7　如图 2.3(b) 所示,电动机转速 $n_M = 950\ r/min$,齿轮减速箱的传动比 $j_1 = j_2 = 4$,卷筒直径 $D = 0.24m$,滑轮的减速比 $j_3 = 2$,起重负荷力 $F = 100\ N$,电动机的飞轮转矩 $GD_M^2 = 1.05$ $N \cdot m^2$,齿轮、滑轮和卷筒总的传动效率为 0.83。试求提升速度 v 和折算到电动机轴上的静态转矩 T_L 以及折算到电动机轴上整个拖动系统的飞轮惯量 GD_Z^2。

2.8　一般生产机械按其运动受阻力的性质来分,有哪几种类型的负载?

2.9　反抗静态转矩与位能静态转矩有何区别? 各有什么特点?

2.10　在图中曲线 1 和 2 分别为电动机和负载的机械特性,试判定哪些是系统的稳定平衡点,哪些不是。

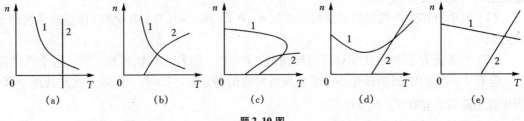

(a)　　　　　　(b)　　　　　　(c)　　　　　　(d)　　　　　　(e)

题 2.10 图

第 3 章　直流电机的工作原理及特性

电动机有直流电动机和交流电动机两大类。直流电动机虽不及交流电动机结构简单、制造容易、维护方便、运行可靠，但是在速度调节要求较高，正转、反转和起动、制动频繁或多单元同步协调运转的生产机械上，仍采用直流电动机拖动。

直流电机既可用作电动机(将电能转换为机械能)，也可用作发电机(将机械能转换为电能)。直流发电机主要作为直流电源，例如，供给直流电动机、同步电机的励磁以及化工、冶金、采矿、交通运输等部门的直流电源。目前，随着晶闸管等整流设备的大量使用，直流发电机已逐步被取代，但从电源的质量与可靠性来说，直流发电机仍有其优点，所以，直流发电机现在仍有一定的应用。

3.1　直流电机的基本结构和工作原理

3.1.1　直流电机的基本结构

直流电机的结构包括定子和转子两部分。定子和转子由空气隙分开。定子的作用是产生主磁场和在机械上支撑电机。它的组成部分有主磁极、换向极、机座、端盖和轴承等，电刷也用电刷座固定在定子上。转子的作用是产生感应电势或产生机械转矩以实现能量的转换。它的组成部分有电枢铁芯、电枢绕组、换向器、轴、风扇等。现分别介绍如下。

(1) 主磁极。

主磁极包括主磁极铁芯和套在上面的励磁绕组，其主要任务是产生主磁场。磁极下面扩大的部分称为极掌，它的作用是使通过空气隙中的磁通分布最为合适，并使励磁绕组能牢固地固定在铁芯上。磁极是磁路的一部分，采用 1.0 ~ 1.5 mm 的硅钢片叠压制成。励磁绕组是用绝缘铜线绕成的。

(2) 换向极。

换向极用来改善电枢电流的换向性能。它也由铁芯和绕组构成，用螺杆固定在定子的两个主磁极的中间。

(3) 机座。

机座一方面用来固定主磁极、换向极和端盖等，并为整个电机的支架，用地脚螺钉将电机固定在基础上；另一方面也是电机磁路的一部分，因此，用铸钢或者钢板压成。

(4) 电枢铁芯。

电枢铁芯是主磁通磁路的一部分，用硅钢片叠成，呈圆柱形，表面冲了槽，槽内嵌放电枢绕组。为了加强铁芯的冷却，电枢铁芯上有轴向通风孔。

(5) 电枢绕组。

电枢绕组是直流电机产生感应电势及电磁转矩以实现能量转换的关键部分。绕组一般由铜线绕成，包上绝缘后嵌入电枢铁芯的槽中，为了防止离心力将绕组甩出槽外，用槽楔将绕组导体楔在槽内。

（6）换向器。

换向器的作用对发电机而言是将电枢绕组内感应的交流电动势转换成电刷间的直流电动势。对电动机而言，则是将外加的直流电流转换为电枢绕组的交流电流，并保证每一磁极下，电枢导体的电流方向不变，以产生恒定的电磁转矩。换向器由很多彼此绝缘的铜片组合而成，这些铜片称为换向片，每个换向片都和电枢绕组连接。

（7）电刷装置。

电刷装置包括电刷及电刷座，它们固定在定子上，其电刷与换向器保持滑动接触，以便将电枢绕组和外电路接通。

3.1.2　直流电机的基本工作原理

任何电机的工作原理都是建立在电磁力和电磁感应基础上的，直流电机也是如此。为了讨论直流电机的工作原理，可把复杂的直流电机结构简化为图 3.1 和图 3.2 所示的工作原理图。电机具有一对磁极，电枢绕组只是一个线圈，线圈两端分别连在两个换向片上，换向片上压着电刷 A 和 B。

直流电机作为发电机运行（见图 3.1）时，电枢由原动机驱动而在磁场中旋转，在电枢线圈的两根有效边（切割磁力线的导体部分）中便感应出电动势 E。显然，每一有效边中的电动势是交变的，即在 N 极下是一个方向，当它转到 S 极下时则是另一个方向。但是，由于电刷 A 总是同与 N 极下的有效边相连的换向片接触，而电刷 B 总是同与 S 极下的有效边相连的换向片接触，因此，在电刷间就出现一个极性不变的电动势或电压，所以，换向器的作用在于将发电机电枢绕组内的交流电动势变换成电刷之间的极性不变的电动势。当电刷之间接有负载时，在电动势的作用下，就在电路中产生一定方向的电流。

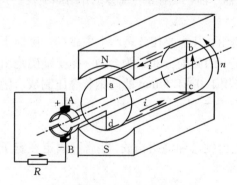

图 3.1　直流发电机的工作原理图

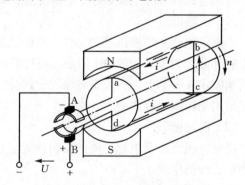

图 3.2　直流电动机的工作原理图

直流电机作电动机运行（见图 3.2）时，将直流电源接在电刷之间而使电流通入电枢线圈。电流方向应该是这样的：N 极下的有效边中的电流总是一个方向，而 S 极下的有效边中的电流总是另一个方向，这样才能使两个边上受到的电磁力的方向一致，电枢因而转动。因此，当线圈的有效边从 N（S）极下转到 S（N）极下时，其中电流的方向必须同时改变，以使电磁力的方向不变，而这也必须通过换向器才得以实现。电动机电枢线圈通电后在磁场中受力而转动，同时，当电枢在磁场中转动时，线圈中也要产生感应电动势 E，这个电动势的方向（由右手定则确定）与电流或外加电压的方向总是相反，所以称为反电势，它与发电机中电动势的作用是不同的。

直流电机电刷间的电动势常用下式表示：

$$E = K_e \Phi n \tag{3.1}$$

式中：E——电动势，V；

    Φ——一对磁极的磁通，Wb；

    n——电枢转速，r/min；

    K_e——与电机结构有关的常数。

直流电机电枢绕组中的电流与磁通 Φ 相互作用，产生电磁力和电磁转矩。直流电机的电磁转矩常用下式表示：

$$T = K_t \Phi I_a \tag{3.2}$$

式中：T——电磁转矩，N·m；

    Φ——一对磁极的磁通，Wb；

    I_a——电枢电流，A；

    K_t——与电机结构有关的常数，$K_t = 9.55 K_e$。

直流发电机和直流电动机的电磁转矩的作用是不同的。发电机的电磁转矩是阻转矩，它与电枢转动的方向或原动机的驱动转矩的方向相反，在图 3.1 中，应用左手定则就可以看出。因此，在等速转动时，原动机的转矩 T_1 必须与发电机的电磁转矩 T 及空载损耗转矩 T_0 相平衡。当发电机的负载（即电枢电流）增加时，电磁转矩和输出功率也随之增加，这时原动机的驱动转矩和所供给的机械功率也必须相应增加，以保持转矩之间及功率之间的平衡，而转速基本上不变。电动机的电磁转矩是驱动转矩，它使电枢转动。因此，电动机的电磁转矩 T 必须与机械负载转矩 T_L 及空载损耗转矩 T_0 相平衡。当轴上的机械负载发生变动时，则电动机的转速、电动势、电流及电磁转矩将自动进行调整，以适应负载的变化，保持新的平衡。比如，当负载增加，即阻转矩增加时，电动机的电磁转矩便暂时小于阻转矩，所以，转速开始下降。随着转速的下降，当磁通 Φ 不变时，反电动势 E 必将减小，而电枢电流即 $I_a = (U - E)/R_a$ 将增加，于是电磁转矩也随着增加，直到电磁转矩与阻转矩达到新的平衡后，转速不再下降。而电动机以较原先低的转速稳定运行，这时的电枢电流已大于原先的数值。也就是说，从电源输入的功率增加了（电源电压保持不变）。

从以上分析可知，直流电机做发电机运行和做电动机运行时，虽然都产生电动势 E 和电磁转矩 T，但二者的作用正好相反，见表 3.1。

表 3.1　电机在不同运行方式下，E 的作用和 T 的性质

电机运行方式	E 和 I_a 的方向	E 的作用	T 的性质	转矩之间的关系
发电机	相同	电源电动势	阻转矩	$T_1 = T + T_0$
电动机	相反	反电动势	驱动转矩	$T = T_L + T_0$

3.2　直流他励电动机的机械特性

直流电动机按励磁方法分为他励、并励、串励和复励四类。它们的运行特性不尽相同，本节主要介绍在调速系统中用得最多的他励电动机的机械特性。

图 3.3 所示为直流他励电动机的电路原理图。

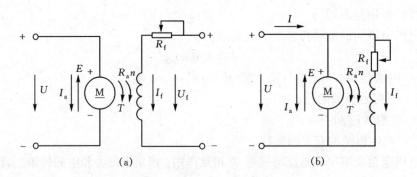

图 3. 3   直流他励电动机电路原理图

电枢回路中的电压平衡方程式为

$$U = E + I_a R_a \tag{3.3}$$

将 $E = K_e \Phi n$ 代入式(3.3),并略加整理后,得

$$n = \frac{U}{K_e \Phi} - \frac{R_a}{K_e \Phi} I_a \tag{3.4}$$

式(3.4)称为直流电动机的转速特性 $n = f(I_a)$。再将 $I_a = T/(K_t \Phi)$ 代入式(3.4),即可得直流电动机机械特性的一般表达式

$$n = \frac{U}{K_e \Phi} - \frac{R_a}{K_e K_t \Phi^2} T = n_0 - \Delta n \tag{3.5}$$

在式(3.5)中,$T = 0$ 时的转速 $n_0 = U/(K_e \Phi)$ 称为理想空载转速。实际上,电动机总存在空载制动转矩,靠电动机本身的作用是不可能使其转速上升到 n_0 的,"理想"的含义就在这里。

为了衡量机械特性的平直程度,引进一个机械特性硬度的概念,记作 β,其定义为

$$\beta = \frac{dT}{dn} = \frac{\Delta T}{\Delta n} \times 100\% \tag{3.6}$$

即转矩变化 dT 与所引起的转速变化 dn 的比值,称为机械特性的硬度。根据 β 值的不同,可将电动机机械特性分为三类:

(1)绝对硬特性($\beta \to \infty$):如交流同步电动机的机械特性。

(2)硬特性($\beta > 10$):如直流他励电动机的机械特性、交流异步电动机机械特性的上半部。

(3)软特性($\beta < 10$):如直流串励电动机和直流复励电动机的机械特性。

在生产实际中,应根据生产机械和工艺过程的具体要求来决定选用何种特性的电动机。例如,一般金属切削机床、连续式冷轧机、造纸机等需选用硬特性的电动机,而起重机、电车等,则需选用软特性的电动机。

3. 2. 1   固有机械特性

电动机的机械特性有固有特性和人为特性之分。固有特性又称自然特性,它是指在额定条件下的 $n = f(T)$,对于直流他励电动机,就是在额定电压 U_N 和额定磁通 Φ_N 下,电枢电路内不外接任何电阻时的 $n = f(T)$。直流他励电动机的固有特性可以根据电动机的铭牌数据来绘制。由式(3.5)可知,当 $U = U_N$,$\Phi = \Phi_N$ 时,且 K_e,K_t,R_a 都为常数,故 $n = f(T)$

是一条直线。只要确定其中的两个点，就能画出这条直线，一般就用理想空载点 $(0, n_0)$ 和额定运行点 (T_N, n_N) 近似地来做出直线。通常在电动机铭牌上给出了额定功率 P_N、额定电压 U_N、额定电流 I_N、额定转速 n_N 等，由这些已知数据就可求出 $R_a, K_e\Phi_N, n_0, T_N$。其计算步骤如下。

（1）估算电枢电阻 R_a：

通常电动机在额定负载下的铜耗 $I_a^2 R_a$ 约占总损耗 $\sum \Delta P_N$ 的 50% ~ 75%。因为

$$\sum \Delta P_N = \text{输入功率} - \text{输出功率}$$

$$= U_N I_N - P_N = U_N I_N - \eta_N U_N I_N = (1 - \eta_N) U_N I_N \tag{3.7}$$

即

$$I_a^2 R_a = (0.50 \sim 0.75)(1 - \eta_N) U_N I_N$$

式中，$\eta_N = P_N / (U_N I_N)$ 是额定运行条件下电动机的效率，且此时 $I_a = I_N$，故得

$$R_a = (0.50 \sim 0.75)\left(1 - \frac{P_N}{U_N I_N}\right)\frac{U_N}{I_N} \tag{3.8}$$

（2）求 $K_e\Phi_N$：

额定运行条件下的反电势 $E_N = K_e\Phi_N n_N = U_N - I_N R_a$，故

$$K_e\Phi_N = \frac{U_N - I_N R_a}{n_N} \tag{3.9}$$

（3）求理想空载转速：

$$n_0 = \frac{U_N}{K_e\Phi_N}$$

（4）求额定转矩：

$$\{T_N\}_{N \cdot m} = \frac{\{P_N\}_W}{\{\omega\}_{rad/s}} = 9.55 \frac{\{P_N\}_W}{\{n_N\}_{r/min}} \tag{3.10}$$

根据 $(0, n_0)$ 和 (T_N, n_N) 两点，就可以做出他励电动机近似的机械特性曲线 $n = f(T)$。

还可以求出斜截式直线方程的形式：

$$n = \frac{U_N}{K_e\Phi_N} - \frac{R_a}{K_e\Phi_N K_t\Phi_N}T = \frac{U_N}{K_e\Phi_N} - \frac{R_a}{9.55(K_e\Phi_N)^2}T \tag{3.11}$$

前面讨论的是直流他励电动机正转时的机械特性，它在 T-n 直角坐标平面的第一象限内。实际上电动机既可正转，也可反转。若将式（3.5）的等号两边乘以负号，即得电动机反转时的机械特性表示式。因为 n 和 T 均为负，故其特性应在 T-n 平面的第三象限中，如图 3.4 所示。

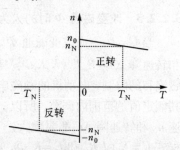

图 3.4　直流他励电动机正反转时的固有机械特性

3.2.2　人为机械特性

人为机械特性是指式（3.11）中供电电压 U 或磁通 Φ 不是额定值，电枢电路内接有外加电阻 R_{ad} 时的机械特性，亦称人为特性。下面分别介绍直流他励电动机的三种人为机械特性。

3.2.2.1 电枢回路中串接附加电阻时的人为机械特性

如图 3.5(a) 所示，当 $U = U_N$，$\Phi = \Phi_N$ 时，电枢回路中串接附加电阻 R_{ad}，若以 $R_{ad} + R_a$ 代替式(3.5)中的 R_a，就可求得人为机械特性方程式

$$n = \frac{U_N}{K_e \Phi_N} - \frac{R_{ad} + R_a}{9.55(K_e \Phi_N)^2} T$$

从它与固有机械特性式(3.11)的比较可以看出，当 U 和 Φ 都是额定值时，二者的理想空载转速 n_0 是相同的，而转速降 Δn 却变大了，即特性变软。R_{ad} 越大，特性越软，在不同的 R_{ad} 值时，可得一簇由同一点 $(0, n_0)$ 出发的人为特性曲线，如图 3.5(b) 所示。

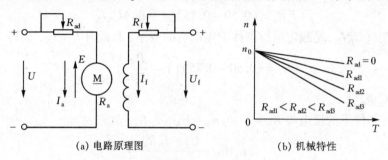

(a) 电路原理图   (b) 机械特性

图 3.5 电枢回路中串接附加电阻的他励电动机

3.2.2.2 改变电枢电压 U 时的人为机械特性

由式(3.11)可知，当 $\Phi = \Phi_N$，而改变电枢电压 U（即 $U \neq U_N$）时，理想空载转速 $n_0 = U/(K_e \Phi_N)$ 要随 U 的变化而变化，但转速降 Δn 不变，所以，在不同的电枢电压 U 时，可得一簇平行于固有特性曲线的人为特性曲线，如图 3.6 所示。由于电动机绝缘耐压强度的限制，电枢电压只允许在其额定值以下调节，所以，不同 U 值时的人为特性曲线均在固有特性曲线之下。其人为机械特性为

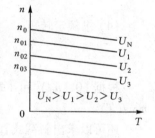

**图 3.6 改变电枢电压的
人为特性曲线**

$$n = \frac{U}{K_e \Phi_N} - \frac{R_a}{9.55(K_e \Phi_N)^2} T$$

3.2.2.3 改变磁通 Φ 时的人为机械特性

当 $U = U_N$，而改变磁通 Φ 时，由式(3.11)可知，此时，理想空载转速 $n_0 = U_N/(K_e \Phi)$ 和转速降 $\Delta n = R_a T/(K_e K_t \Phi^2)$ 都要随磁通 Φ 的改变而变化。由于励磁线圈发热和电动机磁饱和的限制，电动机的励磁电流和它对应的磁通 Φ 只能在低于其额定值的范围内调节，所以，随着磁通 Φ 的降低，理想空载转速 n_0 和转速降 Δn 都要增大。又因为在 $n = 0$ 时，由电压平衡方程式 $U = E + I_a R_a$ 和 $E = K_e \Phi n$ 知，此时 $I_{st} = U/R_a = $ 常数，故与其对应的电磁转矩 $T_{st} = K_t \Phi I_{st}$ 随着 Φ 的降低而减小。根据以上所述，就可得不同磁通 Φ 值下的人为特性曲线簇，如图 3.7 所示。从图 3.7 可以看出，每条人为特性曲线均与固有特性曲线相交，交点左边的一段在固有特性曲线之上，右边的一段在固有特性曲线之下，而在额定运转条件（额定电压、额定电流、额定功率）

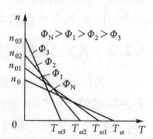

**图 3.7 改变磁通 Φ 的
人为特性曲线**

下，电动机总是工作在交点的左边区域内。其人为机械特性为

$$n = \frac{U_N}{K_e \Phi} - \frac{R_a}{9.55(K_e \Phi)^2} T$$

削弱磁通时，必须注意：当磁通过分削弱后，如果负载转矩不变，将使电动机电流大大增加而严重过载。另外，当 $\Phi = 0$ 时，从理论上说，电动机转速将趋于无穷大，实际上励磁电流为零时，电动机尚有剩磁，这时转速虽不趋于无穷大，但会升到机械强度所不允许的数值，通常称为"飞车"。因此，直流他励电动机起动前必须先加励磁电流，在运转过程中，决不允许励磁电路断开或励磁电流为零，为此，直流他励电动机在使用中，一般都设有"失磁"保护。

【例 3-1】 一台 Z2 系列他激直流电动机，$P_N = 22$ kW，$U_N = 220$ V，$I_N = 116$ A，$n_N = 1500$ r/min，试计算并绘制：

（1）固有机械特性；

（2）电枢回路串 $R_{ad} = 0.4\ \Omega$ 电阻的人为特性；

（3）电源电压降低为 100 V 时的人为特性；

（4）弱磁至 $\Phi = 0.8\Phi_N$ 时的人为特性。

解　（1）固有机械特性：

$$R_a = 0.75\left(\frac{U_N I_N - P_N \times 10^3}{I_N^2}\right) = 0.75\left(\frac{220 \times 116 - 22 \times 10^3}{116^2}\right) = 0.196\ \Omega$$

$$K_e \Phi_N = \frac{U_N - I_N R_a}{n_N} = \frac{220 - 116 \times 0.196}{1500} = 0.132$$

$$n_0 = \frac{U_N}{K_e \Phi_N} = \frac{220}{0.132} \doteq 1667\ \text{r/min}$$

$$n = n_0 - \frac{R_a}{9.55(K_e \Phi_N)^2} T = 1667 - \frac{0.196}{9.55 \times 0.132^2} T = 1667 - 1.18T$$

在直角坐标上标出理想空载点和额定工作点，连成直线，如图 3.8 中曲线 1 所示。

（2）串入 R_{ad} 的人为特性：

$$n = n_0 - \frac{R_a + R_{ad}}{9.55(K_e \Phi_N)^2} T = 1667 - \frac{0.196 + 0.4}{9.55 \times 0.132^2} \times T = 1667 - 3.58T$$

其人为特性曲线如图 3.8 中曲线 2 所示。

（3）降低电源电压的人为特性：

$$n = \frac{U}{K_e \Phi_N} - \frac{R_a}{9.55(K_e \Phi_N)^2} T = \frac{100}{0.132} - \frac{0.196}{9.55 \times 0.132^2} T = 758 - 1.18T$$

其人为特性曲线如图 3.8 中曲线 3 所示。

（4）弱磁时的人为特性：

$$n = \frac{U_N}{0.8 K_e \Phi_N} - \frac{R_a}{9.55(0.8 K_e \Phi_N)^2} T$$

$$= \frac{220}{0.8 \times 0.132} - \frac{0.196}{9.55 \times (0.8 \times 0.132)^2} T$$

$$= 2083 - 1.84T$$

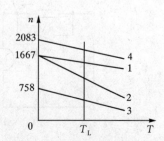

图 3.8　改变不同参数时的人为特性曲线

其人为特性曲线如图3.8中曲线4所示。

3.3 直流他励电动机的起动特性

电动机的起动就是施电于电动机，使电动机转子转动起来，达到所要求的转速后正常运转。对直流电动机而言，由式(3.3)可知，电动机在未起动之前，$n = 0$，$E = 0$，而 R_a 很小，所以，将电动机直接接入电网并施加额定电压时，起动电流($I_{st} = U_N/R_a$)将很大，一般情况下能达到其额定电流的 10～20 倍。这样大的起动电流不仅使电动机在换向过程中产生危险的火花，烧坏整流子，同时过大的电枢电流产生过大的电动应力，还可能引起绕组的损坏，而且产生与起动电流成正比例的起动转矩，会在机械系统和传动机构中产生过大的动态转矩冲击，使机械传动部件损坏。另外，对于供电电网来说，过大的起动电流将使保护装置动作，切断电源造成事故，或者引起电网电压的下降，影响其他负载的正常运行。因此，直流电动机是不允许直接起动的，即在起动时，必须设法限制电枢电流，例如普通的 Z2 型直流电动机，规定电枢的瞬时电流不得大于额定电流的 1.5～2 倍。

限制直流电动机的起动电流一般有两种方法：

一是降压起动，即在起动瞬间，降低供电电源电压，随着转速 n 的升高，反电势 E 增大，再逐步提高供电电压，最后达到额定电压 U_N 时，电动机达到所要求的转速。直流发电机-电动机组和晶闸管整流装置-电动机组等就是采用这种降压方式起动的，这将在第 5 章予以讨论。

二是在电枢回路内串接外加电阻起动，此时起动电流 $I_{st} = U_N/(R_a + R_{st})$ 将受到外加起动电阻 R_{st} 的限制，随着电动机转速 n 的升高，反电势 E 增大，再逐步切除外加电阻一直到全部切除，电动机达到所要求的转速。

生产机械对电动机起动的要求是有差异的。例如，市内无轨电车的直流电动机传动系统，要求平稳慢速起动，若起动过快，会使乘客感到不舒适；而一般生产机械则要求有足够的起动转矩，以缩短起动时间，提高生产效率。从技术上来说，一般希望平均起动转矩大些，以缩短起动时间，这样起动电阻的段数就应多些；而从经济上来看，则要求起动设备简单、经济和可靠，这样起动电阻的段数就应少些。如图 3.9(a) 所示。图中只有一段起动电阻，若起动后，将起动电阻一下全部切除，则起动特性如图 3.9(b) 所示。此时由于电阻被切除，工作点将从特性 1 切换到特性 2 上，由于在切除电阻的瞬间，机械惯性的作用使电动机的转速不能突变，即从 a 点切换到 b 点，此时冲击电流仍会很大，为了避免出现这种情况，通常采用逐级切除起动电阻的方法来起动。

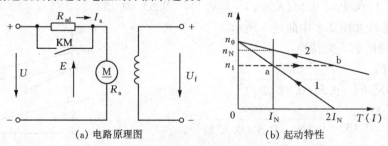

(a) 电路原理图　　　　(b) 起动特性

图3.9 具有一段起动电阻的他励电动机

图 3.10 所示为具有三段起动电阻的原理线路和起动特性，T_1，T_2 分别称为尖峰（最大）转矩和换接（最小）转矩，起动过程中，接触器 KM1，KM2，KM3 依次将外接电阻 R_1，R_2，R_3 短接，其起动特性如图 3.10(b) 所示，n 和 T 沿着箭头方向在各条特性曲线上变化。

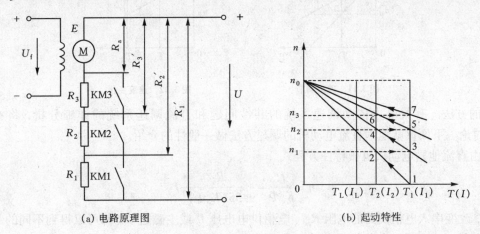

（a）电路原理图   （b）起动特性

图 3.10 具有三段起动电阻的他励电动机

可见，起动级数越多，T_1，T_2 越与平均转矩 $T_{av} = (T_1 + T_2)/2$ 接近，起动过程就快而平稳，但所需的控制设备也就越多。我国生产的标准控制柜都是按快速起动原则设计的，一般起动电阻为 3 ~ 4 段。

多级起动时，T_1，T_2 的数值需按照电动机的具体起动条件决定，一般原则是保持每一级的最大转矩 T_1（或最大电流 I_1）不超过电动机的允许值，而每次切换电阻时的 T_2（或 I_2）也基本相同，一般选择 $T_1 = (1.6 ~ 2)T_N$，$T_2 = (1.1 ~ 1.2)T_N$。

3.4 直流他励电动机的调速特性

电动机的调速就是在一定的负载条件下，人为地改变电动机的电路参数，以改变电动机的稳定转速，如图 3.11 所示的特性曲线 1 与 2。在负载转矩一定时，电动机工作在特性 1 上的 A 点，以 n_A 转速稳定运行；若人为地增加电枢电路的电阻，则电动机将降速至特性 2 上的 B 点，以 n_B 转速稳定运行。这种转速的变化是人为改变（或调节）电枢电路的电阻所造成的，故称调速或速度调节。

注意：速度变化与速度调节是两个完全不同的概念。所谓速度变化，是指由于电动机负载转矩发生变化（增大或减小）而引起的电动机转速变化（下降或上升），如图 3.12 所示。当负载转矩由 T_1 增加到 T_2 时，电动机的转速由 n_A 降低到 n_B，它是沿某一条机械特性发生的转速变化。总之，速度变化是在某条机械特性下，由负载改变而引起的；而速度调节则是在某一特定的负载下，靠人为改变机械特性而得到的，如图 3.11 所示。

电动机的调速是生产机械所要求的。如金属切削机床，由于工件尺寸、材料性质、切削用量、刀具特性、加工精度等不同，需要选用不同的切削速度，以保证产品质量和提高生产效率；电梯类或其他要求稳速运行或准确停止的生产机械，要求在起动和制动时速度要慢或停车前降低运转速度，以实现准确停止。实现生产机械的调速可以采用机械、液压或

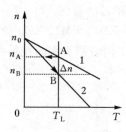
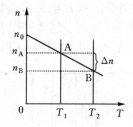

图 3.11 速度调节 图 3.12 速度变化

电气的方法。有关电力传动调速系统的共性问题和直流调速系统的详细分析，将在第 5 章讨论。下面仅就他励直流电动机的调速方法做一般性的介绍。

由直流他励电动机机械特性方程式

$$n = \frac{U}{K_e \Phi} - \frac{R_a}{9.55(K_e \Phi)^2} T$$

可知，改变串入电枢回路的电阻 R_{ad}、电枢供电电压 U 或主磁通 Φ，都可以得到不同的人为机械特性，从而可以在负载不变时改变电动机的转速，以达到速度调节的要求，故直流电动机调速的方法有以下三种。

3.4.1 改变电枢电路外串电阻 R_{ad}

前已介绍，直流电动机电枢回路串电阻后，可以得到人为的机械特性（见图 3.5），并可用此法进行起动控制（见图 3.9）。同样，采用这个方法也可以进行调速。图 3.13 所示特性为串电阻调速的特性，从特性可以看出，在一定的负载转矩 T_L 下，串入不同的电阻，可以得到不同的转速，如在电阻分别为 R_a、R_3'、R_2'、R_1' 的情况下，可以得到对应于 A，C，D 和 E 点的转速 n_A，n_C，n_D 和 n_E。在不考虑电枢电路的电感时，电动机调速时的机电过程（如降低转速）见图中沿 A—B—C 的箭头方向所示，即从稳定转速 n_A 调至新的稳定转速 n_C。这种调速方法存在不少的缺点，如机械特性较

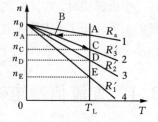

图 3.13 电枢回路串电阻调速的特性

软，电阻越大则特性越软，稳定度越低；在空载或轻载时，调速范围不大；实现无级调速困难；在调速电阻上消耗大量电能等。特别注意，起动电阻不能当作调速电阻用，否则将被烧坏。正因为缺点不少，目前已很少采用，仅在有些起重机、卷扬机等低速运转、时间不长的传动系统中采用。

3.4.2 改变电动机电枢供电电压 U

改变电枢供电电压 U 可得到人为机械特性，如图 3.14 所示。从特性可以看出，在一定负载转矩 T_L 下，加上不同的电压 U_N，U_1，U_2，U_3，…，可以得到不同的转速 n_a，n_b，n_c，n_d，…，即改变电枢电压可以达到调速的目的。

现以电压由 U_1 突然升高至 U_N 为例，说明其升速的机电过程。电压为 U_1 时，电动机工作在 U_1 特性的 b 点，稳定转速为 n_b，当电压突然上升为 U_N 的一瞬间，由于系统机械惯性的作用，转速 n 不能突变，相应的反电势 $E = K_e \Phi n$ 也不能突变，仍为 n_b 和 E_b。在不考

虑电枢电路的电感时，电枢电流将随 U 的突然上升，由 $I_L = (U_1 - E_b)/R_a$ 突增至 $I_g = (U_N - E_b)/R_a$，则电动机的转矩也由 $T = T_L = K_t \Phi I_L$ 突然增至 $T' = T_g = K_t \Phi I_g$，即在 U 突增的这一瞬间，电动机的工作点由 U_1 特性的 b 点过渡到 U_N 特性的 g 点（实际上平滑调节时，I_g 是不大的）。由于 $T_g > T_L$，所以系统开始加速，反电势 E 也随转速 n 的上升而增加，电枢电流则逐渐减少，电动机转矩也相应减少，电动机的工作点将沿 U_N 特性由 g 点向 a 点移动，直到 $n = n_a$ 时，T 又下降到 $T = T_L$，此时电动机已工作在一个新的稳定转速 n_a。

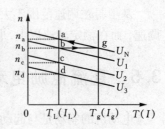

图 3.14　改变电枢电压调速的特性

由于调压调速过程中 $\Phi = \Phi_N = $ 常数，所以，当 T_L 为常数时，稳定运行状态下的电枢电流 I_a 也是一个常数，而与电枢电压 U 的大小无关。

这种调速方法的特点是：

（1）当电源电压连续变化时，转速可以平滑无级调节，一般只能在额定转速以下调节；

（2）调速特性与固有特性互相平行，机械特性硬度不变，调速的稳定度较高，调速范围较大；

（3）调速时，因为电枢电流与电压 U 无关，且 $\Phi = \Phi_N$，故电动机转矩 $T = K_t \Phi_N I_a$ 不变，属于恒转矩调速，适合于对恒转矩型负载进行调速；

（4）可以靠调节电枢电压来起动电机，而不用其他起动设备。

过去调压电源是用直流发电机组、电机放大机组、汞弧整流器、闸流管等，目前已普遍采用晶闸管整流装置，用晶体管脉宽调制放大器供电的系统也已应用于工业生产中，这将在第 5 章中讲述。

3.4.3　改变电动机主磁通 Φ

改变电动机主磁通 Φ 的机械特性如图 3.15 所示，从特性可以看出，在一定的负载功率下，不同的主磁通 Φ_N，Φ_1，Φ_2，…，可以得到不同的转速 n_a，n_b，n_c，…，即改变主磁通 Φ 以达到调速的目的。

在不考虑励磁电路的电感时，电动机调速时的机电过程如图 3.15 所示。降速时沿 c→d→b 进行，从稳定转速 n_c 降至 n_b，升速时沿 b→e→c 进行，即从稳定转速 n_b 升至 n_c。这种调速方法的特点如下。

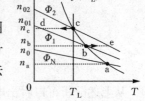

图 3.15　改变主磁通 Φ 调速的特性

（1）可以平滑无级调速，但只能弱磁调速，即在额定转速以上调节。

（2）调速特性较软，且受电动机换向条件等的限制，普通他励电动机的最高转速不得超过额定转速的 1~2 倍，所以，调速范围不大。若使用特殊制造的"调速电动机"，调速范围可以增加，但这种调速电动机的体积和所消耗的材料都比普通电动机大得多。

（3）调速时维持电枢电压 U 和电枢电流 I_a 不变，即功率 $P = U I_a$ 不变，属恒功率调速，所以，这种调速适合于对恒功率型负载进行调速。在这种情况下，电动机的转矩 $T = K_t \Phi I_a$ 随主磁通 Φ 的减小而减小。

基于弱磁调速范围不大,它往往是和调压调速配合使用,即在额定转速以下,用降压调速,而在额定转速以上,则用弱磁调速。

3.5 直流他励电动机的制动特性

电动机的制动是与起动相对应的一种工作状态,起动是从静止加速到某一稳定转速,而制动则是从某一稳定转速开始减速到停止或者限制位能负载下降速度的一种运转状态。

注意:电动机的制动与自然停车是两个不同的概念。自然停车是电动机脱离电网,靠很小的摩擦阻转矩消耗机械能使转速慢慢下降,直到转速为零而停车。这种停车过程需时较长,不能满足生产机械的要求。为了提高生产效率,保证产品质量,需要加快停车过程,实现准确停车等,要求电动机运行在制动状态,常简称为电动机的制动。

从能量转换的观点而言,电动机有两种运转状态,即电动状态和制动状态。电动状态是电动机最基本的工作状态,其特点是电动机所发出的转矩 T 的方向与转速 n 的方向相同,如图 3.16(a) 所示,当起重机提升重物时,电动机将电源输入的电能转换成机械能,使重物 G 以速度 v 上升;但电动机也可工作在其发出的转矩 T 与转速 n 方向相反的状态,如图 3.16(b) 所示,这就是电动机的制动状态。此时,为使重物稳速下降,电动机必须发出与转速方向相反的转矩,以吸收或消耗重物的机械位能;否则重物由于重力作用,其下降速度将愈来愈快。又如,当生产机械要由高速运转迅速降到低速或者生产机械要求迅速停车时,也需要电动机发出与旋转方向相反的转矩,来吸收或消耗机械能,使它迅速制动。

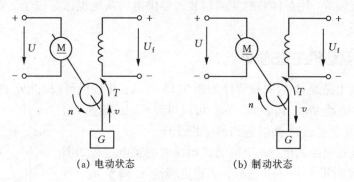

(a) 电动状态　　　　　　(b) 制动状态

图 3.16　直流他励电动机的工作状态

从上述分析可以看出电动机的制动状态有两种形式:

(1) 在卷扬机下放重物时,为限制位能负载的运动速度,电动机的转速不变,以保持重物的匀速下降,这属于稳定的制动状态;

(2) 在降速或停车制动时,电动机的转速是变化的,则属于过渡的制动状态。

两种制动状态的区别在于转速是否变化。它们的共同点是,电动机发出的转矩 T 与转速 n 的方向相反,电动机工作在发电机运行状态,电动机吸收或消耗机械能(位能或动能),并将其转化为电能反馈回电网或消耗在电枢电路的电阻中。

根据直流他励电动机处于制动状态时的外部条件和能量传递情况,它的制动状态分为反馈制动、反接制动和能耗制动三种形式。

3.5.1 反馈制动

电动机为正常接法时，在外部条件作用下电动机的实际转速 n 大于其理想空载转速 n_0，此时，电动机即运行于反馈制动状态。如电车走平路时，电动机工作在电动状态，电磁转矩 T 克服摩擦性负载转矩 T_r，并以 n_a 转速稳定在 a 点工作，如图 3.17 所示。当电车下坡时，电车位能负载转矩 T_p 使电车加速，转速 n 增加，当 $n = n_0$ 时，由于 $T_p > T + T_r$，电动机继续加速，使 $n > n_0$，感应电势 E 大于电源电压 U，故电枢中电流 I_a 的方向便与电动状态相反，转矩的方向也由于电流方向的改变而变得

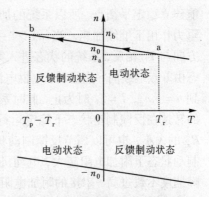

图 3.17 直流他励电动机的反馈制动

与电动运转状态相反。直到 $T_p = T + T_r$ 时，电动机以 n_b 的稳定转速控制电车下坡，实际上这时是电车的位能转矩带动电动机发电，把机械能转变成电能，向电源馈送，故称反馈制动，也称再生制动或发电制动。

在反馈制动状态下电动机的机械特性表达式仍是式（3.11）。所不同的仅是 T 改变了符号（即 T 为负值），而理想空载转速和特性的斜率均与电动状态下的一致。这说明电动机正转时，反馈制动状态下的机械特性是第一象限中电动状态下的机械特性在第二象限内的延伸。

在电动机电枢电压突然降低使电动机转速降低的过程中，也会出现反馈制动状态。例如，原来电压为 U_1，相应的机械特性为图 3.18 中的直线 1，在某一负载下以

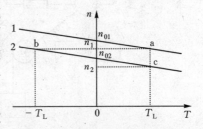

图 3.18 电枢电压突然降低时的反馈制动过程

n_1 运行在电动状态。当电枢电压由 U_1 突降为 U_2 时，对应的理想空载转速为 n_{02}，机械特性变为直线 2。但由于电动机转速和由它所决定的电枢电势不能突变，若不考虑电枢电感的作用，则电枢电流将由 $I_a = \dfrac{U_1 - E}{R_a + R_{ad}}$ 突然变为 $I_b = \dfrac{U_2 - E}{R_a + R_{ad}}$。

当 $n_{02} < n_1$，即 $U_2 < E$ 时，电流 I_b 为负值并产生制动转矩，即电压 U 突降的瞬时，系统的状态在第二象限中的 b 点，从 b 点到 n_{02} 这段特性上，电动机进行反馈制动，转速逐步降低，转速下降至 $n = n_{02}$ 时，$E = U_2$，电动机的制动电流和由它建立的制动转矩下降为零，反馈制动过程结束。此后，在负载转矩 T_L 的作用下，转速进一步下降，电磁转矩又变为正值，电动机又重新运行于第一象限的电动状态，直至达到 c 点时，$T = T_L$，电动机又以 n_2 的转速在电动状态下稳定运行。

同样，电动机在弱磁状态用增加磁通 Φ 的方法来降速时，也能产生反馈制动过程，以实现迅速降速的目的。

卷扬机构下放重物时，也能产生反馈制动过程，以保持重物匀速下降，如图 3.19 所示。设电动机正转时是提升重物，机械特性曲线在第一象限；若改变加在电枢上的电压极性，其理想空载转速为（$-n_0$），特性在第三象限，电动机反转，在电磁转矩 T 与负载转矩（位能负载）T_L 的共同作用下，重物迅速下降，且愈来愈快，使电枢电势 $E = K_e \Phi n$ 增加，电枢电流 $I_a = (U - E)/(R_a + R_{ad})$ 减小，电动机转矩 $T = K_t \Phi I_a$ 亦减小，传动系统的状态沿其

特性由 a 点向 b 点移动，由于电动机和生产机械特性曲线在第三象限没有交点，系统不可能建立稳定平衡点，所以系统的加速过程一直进行到 $n = -n_0$ 和 $T = 0$ 时仍不会停止，而在重力作用下继续加速。当 $|n| > |-n_0|$ 时，$E > U$，I_a 改变方向，电动机转矩 T 变为正值，其方向与 T_L 相反，系统的状态进入第四象限，电动机进入反馈制动状态，在 T_L 的作用下，状态由 b 点继续向 c 点移动，电枢电流和它所建立的电磁制动转矩 T 随转速的上升而增大，直到 $n = -n_c$，$T = T_L$ 时为止，此时系统的稳定平衡点在第四象限中的 c 点，电动机以 $n = -n_c$ 的转速在反馈制动状态下稳定运行，以保持重物匀速下降。若改变电枢电路中的附加电阻 R_{ad} 的大小，也可以调节反馈制动状态下电动机的转速，但与电动状态下的情况相反。反馈制动状态下附加电阻越大，电动机转速越高［见图 3.19(b) 中的 c，d 两点］。为使重物下降速度不致过高，串接的附加电阻不宜过大。但即使不串接任何电阻，重物下放过程中电动机的转速仍高于 n_0，如果下放的工件较重，则采用这种制动方式运行是不太安全的。

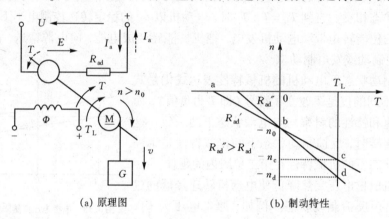

(a) 原理图　　　　　　　　(b) 制动特性

图 3.19　下放重物时的反馈制动过程

3.5.2　反接制动

当他励电动机的电枢电压 U 或电枢电势 E 在外部条件作用下改变了方向，即二者由方向相反变为方向一致时，电动机即运行于反接制动状态。把改变电枢电压 U 的方向所产生的反接制动称为电源反接制动，而把改变电枢电势 E 的方向所产生的反接制动称为倒拉反接制动。下面对这两种反接制动分别进行讨论。

3.5.2.1　电源反接制动

如图 3.20 所示，若电动机原运行在正向电动状态，电动机电枢电压 U 的极性如图 3.20(a) 中的实线所示，此时电动机稳速运行在第一象限中特性曲线 1 的 a 点，转速为 n_a。若电枢电压 U 的极性突然反接，如图 3.20(a) 中的虚线所示，此时电势平衡方程式为

$$E = -U - I_a(R_a + R_{ad}) \tag{3.12}$$

注意：电势 E，电枢电流 I_a 的方向为电动状态下假定的正方向。以 $E = K_e \Phi n$，$I_a = T/(K_t \Phi)$ 代入式(3.12)，便可得到电源反接制动状态的机械特性表达式：

$$n = \frac{-U}{K_e \Phi} - \frac{R_a + R_{ad}}{K_e K_t \Phi^2} T \tag{3.13}$$

可见，当理想空载转速 n_0 变为 $-n_0 = -U/(K_e \Phi)$ 时，电动机的机械特性曲线为图 3.20(b) 中的直线 2，其反接制动特性曲线在第二象限。由于在电源极性反接的瞬间，电动

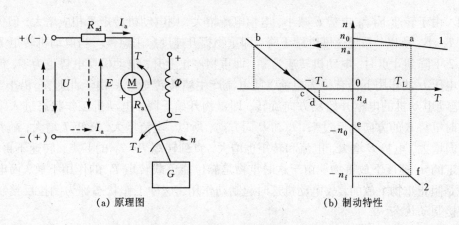

(a) 原理图　　　　　　　　　　(b) 制动特性

图 3.20　电源反接时的反接制动过程

机的转速和它所决定的电枢电势不能突变,若不考虑电枢电感的作用,此时系统的状态由直线 1 的 a 点变到直线 2 的 b 点,电动机发出与转速 n 方向相反的转矩 T(即 T 为负值),它与负载转矩共同作用,使电机转速迅速下降,制动转矩将随 n 的下降而减小,系统的状态沿直线 2 自 b 点向 c 点移动。当 n 下降到零时,反接制动过程结束。这时若电枢还不从电源断开,电动机将反向起动,并将在 d 点(T_L 为反抗转矩时)或 f 点(T_L 为位能转矩时)建立系统的稳定平衡点。

注意:由于在反接制动期间,电枢电势 E 和电源电压 U 是串联相加的,因此,为了限制电枢电流 I_a,电动机的电枢电路中必须串接足够大的限流电阻 R_{ad}。

电源反接制动一般应用在生产机械要求迅速减速、停车和反向的场合以及要求经常正反转的机械上。

3.5.2.2　倒拉反接制动

如图 3.21 所示,在进行倒拉反接制动以前,设电动机处于正向电动状态,以 n_a 转速稳定运转,提升重物。若欲下放重物,则需在电枢电路内串入附加电阻 R_{ad},这时电动机的运行状态将由自然特性曲线 1 的 a 点过渡到人为特性曲线 2 的 c 点,电动机转矩 T 远小于负载转矩 T_L,因此,传动系统转速下降(即提升重物上升的速度减慢),即沿着特性曲线 2 向

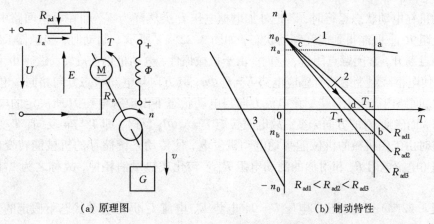

(a) 原理图　　　　　　　　　　(b) 制动特性

图 3.21　倒拉反接制动状态下的机械特性

下移动。由于转速下降，电势 E 减小，电枢电流增大，则电动机转矩 T 相应增大，但仍比负载转矩 T_L 小，所以，系统速度继续下降，即重物提升速度愈来愈慢。当电动机转矩 T 沿特性曲线 2 下降到 d 点时，电动机转速为零，即重物停止上升，电动机反电势也为零，但电枢在外加电压 U 的作用下仍有很大电流，此电流产生堵转转矩 T_{st}。由于此时 T_{st} 仍小于 T_L，故 T_L 拖动电动机的电枢开始反方向旋转，即重物开始下降，电动机工作状态进入第四象限。这时电势 E 的方向也反过来，E 和 U 同方向，所以，电流增大，转矩 T 增大，随着转速在反方向增大，电势 E 增大，电流和转矩也增大，直到转矩 $T = T_L$ 的 b 点，转速不再增加，而以稳定的 n_b 速度下放重物。由于这时重物是靠位能负载转矩 T_L 的作用下放，而电动机转矩 T 是阻止重物下放的，故电动机这时起制动作用，这种工作状态称为倒拉反接制动或电势反接制动状态。

适当选择电枢电路中附加电阻 R_{ad} 的大小，即可得到不同的下降速度，且附加电阻越小，下降速度越慢。这种下放重物的制动方式弥补了反馈制动的不足，它可以得到极低的下降速度，保证了生产的安全。故倒拉反接制动常用在控制位能负载的下降速度，使之不致在重物作用下有愈来愈大的加速。其缺点是，若对 T_L 的大小估计不准，则本应下降的重物可能向上升的方向运动。另外，其机械特性硬度小，因而较小的转矩波动就可能引起较大的转速波动，即速度的稳定性较差。

由于图 3.21(a) 中电压 U、电势 E、电流 I_a 都是电动状态下假定的正方向，所以，倒拉反接制动状态下的电势平衡方程式、机械特性在形式上均与电动状态下的相同，即分别为

$$E = U - I_a(R_a + R_{ad}) \tag{3.14}$$

$$n = \frac{U}{K_e\Phi} - \frac{R_a + R_{ad}}{K_eK_t\Phi^2}T \tag{3.15}$$

因在倒拉反接制动状态下电机反向旋转，故上列各式中的转速 n、电势 E 应是负值，可见倒拉反接制动状态下的机械特性曲线实际上是第一象限中电动状态下的机械特性曲线在第四象限中的延伸；若电动机反向运转在电动状态，则倒拉反接制动状态下的机械特性曲线就是第三象限中电动状态下的机械特性曲线在第二象限的延伸，如图 3.21(b) 曲线 3 所示。

3.5.3 能耗制动

电动机在电动状态运行时，若把外加电枢电压 U 突然降为零，而在电枢回路中串接一个附加电阻 R_{ad}，便能得到能耗制动状态，如图 3.22(a) 所示。制动时，接触器 KM 断电，其常开触点断开，常闭触点闭合，这时，由于机械惯性，电动机仍在旋转，磁通 Φ 和转速 n 的存在，使电枢绕组上继续有感应电势 $E = K_e\Phi n$，其方向与电动状态方向相同。电势 E 在电枢和 R_{ad} 回路内产生电流 I_a，该电流方向与电动状态下由电源电压 U 所决定的电枢电流方向相反，而磁通 Φ 的方向未变，故电磁转矩 $T = K_t\Phi I_a$ 反向，即 T 与 n 反向，T 变成制动转矩。这时由工作机械的机械能带动电动机发电，使传动系统储存的机械能转变成电能，通过电阻（电枢电阻 R_a 和附加的制动电阻 R_{ad}）转化成热量消耗掉，故称之为"能耗"制动。

由图 3.22(a) 可以看出，电压 $U = 0$，电势 E、电流 I_a 仍为电动状态下假定的正方向，故能耗制动状态下的电势平衡方程式为

$$E = -I_a(R_a + R_{ad}) \tag{3.16}$$

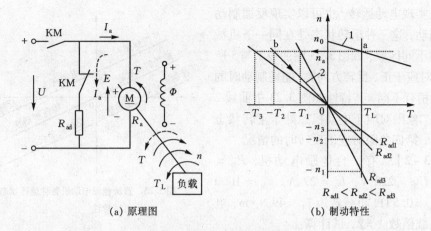

(a) 原理图　　　　　　　　　(b) 制动特性

图 3.22　能耗制动状态下的机械特性

因 $E = K_e \Phi n$，$I_a = T/(K_t \Phi)$，故

$$n = -\frac{R_a + R_{ad}}{K_e K_t \Phi^2} T \tag{3.17}$$

其机械特性曲线见图 3.22(b) 中的直线 2，它是通过原点，且位于第二象限和第四象限的一根直线。

如果电动机带动的是反抗性负载，它只具有惯性能量（动能），能耗制动的作用是消耗掉传动系统储存的动能，使电动机迅速停车。其制动过程如图 3.22(b) 所示，设电动机原来运行在 a 点，转速为 n_a，刚开始制动时，n_a 不变，但制动特性为曲线 2，工作点由 a 点转到 b 点，这时电动机的转矩 T 为负值（因此时在电势 E 的作用下，电枢电流 I_a 反向），是制动转矩，在制动转矩和负载转矩共同作用下，拖动系统减速。电动机工作点沿特性 2 上的箭头方向变化，随着转速 n 的下降，制动转矩也逐渐减小，直至 $n = 0$ 时，电动机产生的制动转矩也下降到零，制动作用自行结束。这种制动方式的优点之一是不像电源反接制动那样存在着电动机反向起动的危险。

如果是位能负载，则在制动到 $n = 0$ 时，重物还将拖着电动机反转，使电动机向下降的方向加速，即电动机进入第四象限的能耗制动状态，随着转速的升高，电势 E 增加，电流和制动转矩也增加，系统的状态由能耗制动特性曲线 2 的 0 点向 c 点移动，当 $T = T_L$ 时，系统进入稳定平衡状态。电动机以 $-n_2$ 转速使重物匀速下降。采用能耗制动下放重物的主要优点是，不会出现像倒拉反接制动那样因对 T_L 的大小估计错误而引起重物上升的事故，运行速度也较反接制动时稳定。

能耗制动通常应用于拖动系统需要迅速而准确地停车及卷扬机重物恒速下放的场合。

改变制动电阻 R_{ad} 的大小，可得到不同斜率的特性，如图 3.22(b) 所示。在一定负载转矩 T_L 作用下，不同大小的 R_{ad}，便有不同的稳定转速（如 $-n_1$、$-n_2$、$-n_3$）；或者在一定转速 n_a 下，可使制动电流与制动转矩不同（如 $-T_1$、$-T_2$、$-T_3$）。R_{ad} 愈小，制动特性愈平，也即制动转矩愈大，制动效果愈强烈。但需注意，为避免电枢电流过大，R_{ad} 的最小值应该使制动电流不超过电动机允许的最大电流。

从以上分析可知，电动机有电动和制动两种运转状态，在同一种接线方式下，有时既可以运行在电动状态，也可以运行在制动状态。对直流他励电动机，用正常的接线方法，不仅可以实现电动运转，也可以实现反馈制动和反接制动，这三种运转状态处在同一条机械特性上的不同区域，如图3.23中曲线1与3所示（分别对应于正、反转方向）。能耗制动时的接线方法稍有不同，其特性如图3.23中曲线2所示，第二象限对应于电动机原处于正转状态时的情况，第四象限对应于反转时的情况。

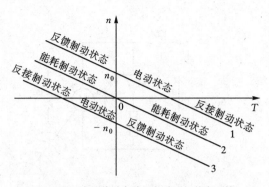

图3.23　直流他励电动机各种运行状态下的机械特性

【**例 3 - 2**】　有一台他励电动机，$P_N = 5.6$ kW，$U_N = 220$ V，$I_N = 27$ A，$n_N = 1000$ r/min，$R_a = 0.5\ \Omega$，负载转矩 $T_L = 49$ N·m，电动机的过载倍数 $\lambda = 2$，试计算：

（1）电动机拖动摩擦性负载，采用能耗制动过程停车，电枢回路应串入的制动电阻最小值是多少？若采用电源反接制动停车，串电阻最小值是多少？

（2）电动机拖动位能性恒转矩负载，要求以 300 r/min 速度下放重物，采用倒拉反接制动，电枢回路应串多大电阻？若采用能耗制动，电枢回路应串多大电阻？

（3）若使电机以 1200 r/min 速度，在反馈制动状态下，匀速下放重物，电枢回路应串多大电阻？若电枢回路不串电阻，匀速下放重物的转速是多少？

解　要想求解此题，首先应该根据电动机的额定参数，利用电压平衡方程，求出 $K_e\Phi_N$。

由
$$U_N = K_e\Phi_N n_N + I_N R$$

得
$$K_e\Phi_N = \frac{U_N - I_N R_a}{n_N} = \frac{220 - 27 \times 0.5}{1000} = 0.21$$

（1）设能耗制动时，串入电阻为 R_{ad1}，电源反接制动时串入电阻为 R_{ad2}。

① 能耗制动。

能耗制动状态下的机械特性方程为

$$n = -\frac{R_a + R_{ad1}}{9.55\ (K_e\Phi_N)^2}T \qquad (3.18)$$

又，制动瞬间的最大制动转矩为 $-\lambda T_N$，而

$$T_N = 9.55\frac{P_N}{n_N} = 9.55 \times \frac{5.6 \times 10^3}{1000} = 53.48\ \text{N·m}$$

由于串电阻瞬间转速不变，电动机的速度仍为原稳态转速，即固有机械特性和负载 T_L 的交点速度 n_s，如图3.24所示。所以，n_s 可求解如下：

$$n_s = \frac{U_N}{K_e\Phi_N} - \frac{R_a}{9.55\ (K_e\Phi_N)^2}T_L$$

$$= \frac{220}{0.21} - \frac{0.5}{9.55 \times 0.21^2} \times 49 = 989.45\ \text{r/min}$$

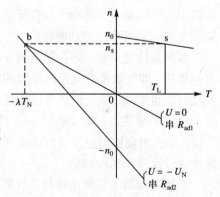

图3.24　能耗制动与电源反接制动停车特性曲线图

将求出的 T_N 和 n_s 代入式(3.18)，可以求出所串电阻 R_{ad1}：

$$R_{ad1} = \frac{-9.55\ (K_e\Phi_N)^2 n_s}{-\lambda T_N} - R_a = \frac{9.55 \times 0.21^2 \times 989.45}{2 \times 53.48} - 0.5 = 3.4\ \Omega$$

② 电源反接制动。

串入电阻 R_{ad2} 时，电源反接制动状态下的机械特性方程为

$$n = \frac{-U_N}{K_e\Phi_N} - \frac{R_a + R_{ad2}}{9.55(K_e\Phi_N)^2}T$$

由于串电阻 R_{ad2} 瞬时，电动机速度为原稳态转速 n_s，且电磁转矩为 $-\lambda T_N$，故其方程为

$$n_s = -\frac{U_N}{K_e\Phi_N} - \frac{R_a + R_{ad2}}{9.55(K_e\Phi_N)^2}(-\lambda T_N)$$

所以

$$R_{ad2} = \left(n_s + \frac{U_N}{K_e\Phi_N}\right)\frac{9.55(K_e\Phi_N)^2}{\lambda T_N} - R_a = \left(989.45 + \frac{220}{0.21}\right) \times \frac{9.55 \times 0.21^2}{2 \times 53.48} - 0.5 = 7.52\ \Omega$$

（2）设倒拉反接制动和能耗制动时，电枢回路分别串入电阻 R_{ad3} 和 R_{ad4}，特性曲线如图 3.25 所示。稳态时，$n = -300$ r/min。

① 倒拉反接制动：

由

$$n = \frac{U_N}{K_e\Phi_N} - \frac{R_a + R_{ad3}}{9.55(K_e\Phi_N)^2}T_L$$

有

$$R_{ad3} = \left(\frac{U_N}{K_e\Phi_N} - n\right)\frac{9.55(K_e\Phi_N)^2}{T_L} - R_a$$

$$= \left[\frac{220}{0.21} - (-300)\right] \times \frac{9.55 \times 0.21^2}{49} - 0.5$$

$$= 11.08\ \Omega$$

② 能耗制动：

由

$$n = -\frac{R_a + R_{ad4}}{9.55(K_e\Phi_N)^2}T_L$$

有

$$R_{ad4} = \frac{-9.55(K_e\Phi_N)^2}{T_L}n - R_a = \frac{-9.55 \times 0.21^2}{49} \times (-300) - 0.5 = 2.08\ \Omega$$

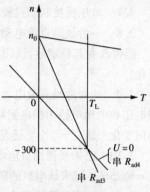

图 3.25 倒拉反接制动和能耗
制动特性曲线图

（3）串入制动电阻 R_{ad5} 和不串电阻时的反馈制动特性曲线如图 3.26 所示。

设反馈制动运行时串入的制动电阻为 R_{ad5}，则交点 f 的速度 $n = -1200$ r/min。

由

$$n = \frac{-U_N}{K_e\Phi_N} - \frac{R_a + R_{ad5}}{9.55(K_e\Phi_N)^2}T_L$$

有

$$R_{ad5} = \left(\frac{-U_N}{K_e\Phi_N} - n\right)\frac{9.55(K_e\Phi_N)^2}{T_L} - R_a$$

$$= \left[\frac{-220}{0.21} - (-1200)\right] \times \frac{9.55 \times 0.21^2}{49} - 0.5$$

$$= 0.81\ \Omega$$

不串电阻时的制动转速：

$$n = \frac{-U_N}{K_e\Phi_N} - \frac{R_a}{9.55(K_e\Phi_N)^2}T_L$$

$$= \frac{-220}{0.21} - \frac{0.5}{9.55 \times 0.21^2} \times 49 = -1105.8\ \text{r/min}$$

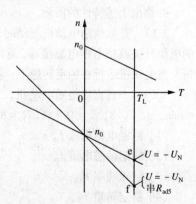

图 3.26 反馈制动特性曲线图

思考与习题

3.1　在直流电动机中,加在电枢两端的电压是直流电压,这时换向器有什么作用?

3.2　如何判断直流电机是运行于发电状态,还是电动状态? 它的能量转换关系有何不同?

3.3　什么叫机械特性的硬度? 什么叫硬特性? 什么叫软特性? 特性的硬软对机电传动系统有什么意义?

3.4　直流电动机一般为什么不允许直接起动? 如直接起动会发生什么问题? 应采用什么方法起动比较好?

3.5　改变磁通的人为特性为什么在固有特性的上方? 改变电枢电压的人为特性为什么在固有特性的下方?

3.6　再生发电制动和能耗制动各有什么特点?

3.7　电压反接制动过程与倒拉反接制动过程有何异同点?

3.8　一台他励直流电动机所拖动的负载转矩 T_L = 常数,当电枢电压或电枢附加电阻改变时,能否改变其稳定运行状态下电枢电流的大小? 为什么? 这时拖动系统中哪些量必然要发生变化?

3.9　一台他励直流电动机在稳态下运行时,电枢反电势 $E = E_1$,如负载转矩 T_L = 常数,外加电压和电枢电路中的电阻均不变,问:减弱励磁使转速上升到新的稳态值后,电枢反电势将如何变化? 是大于、小于还是等于 E_1?

3.10　已知某他励直流电动机的铭牌数据如下: $P_N = 7.5$ kW, $U_N = 220$ V, $n_N = 1500$ r/min, $\eta_N = 88.5\%$,试求该电机的额定电流和额定转矩。

3.11　一台他励直流电动机的铭牌数据为: $P_N = 5.5$ kW, $U_N = 110$ V, $I_N = 62$ A, $n_N = 1000$ r/min,试绘出它的固有机械特性曲线。

3.12　一台他励直流电动机的技术数据如下: $P_N = 6.5$ kW, $U_N = 220$ V, $I_N = 34.4$ A, $n_N = 1500$ r/min, $R_a = 0.242$ Ω,试计算此电动机的如下特性:

(1) 固有机械特性;

(2) 电枢附加电阻分别为 3 Ω 和 5 Ω 时的人为机械特性;

(3) 电枢电压为 $U_N/2$ 时的人为机械特性;

(4) 磁通 $\Phi = 0.8\Phi_N$ 时的人为机械特性。

并绘出上述特性的图形。

3.13　直流他励电动机起动时,为什么一定要先把励磁电流加上? 若忘了先合上励磁绕组的电源开关就把电枢电源接通,这时会产生什么现象?(试从 $T_L = 0$ 和 $T_L = T_N$ 两种情况加以分析)当电动机运行在额定转速下,若突然将励磁绕组断开,此时又将出现什么情况?

3.14　一台直流他励电动机,其额定数据如下: $P_N = 2.2$ kW, $U_N = U_f = 110$ V, $n_N = 1500$ r/min, $\eta_N = 0.8$, $R_a = 0.4$ Ω, $R_f = 82.7$ Ω,试求:

(1) 额定电枢电流 I_{aN}。

(2) 额定励磁电流 I_{fN}。

(3) 励磁功率 P_f。

(4) 额定转矩 T_N。

(5) 额定电流时的反电势。

(6) 直接起动时的起动电流。

（7）如果要使起动电流不超过额定电流的 2 倍，求起动电阻为多少欧？此时起动转矩又为多少？

3.15　直流电动机用电枢电路串电阻的办法起动时，为什么要逐渐切除起动电阻？如切除太快，会带来什么后果？

3.16　转速调节（调速）与固有的速度变化在概念上有什么区别？

3.17　他励直流电动机有哪些方法进行调速？它们的特点各是什么？

3.18　一台直流他励电动机拖动一台卷扬机构，在电动机拖动重物匀速上升时将电枢电源突然反接，试利用机械特性从机电过程上说明：

（1）从反接开始到系统达到新的稳定平衡状态之间，电动机经历了几种运行状态？最后在什么状态下建立系统新的稳定平衡点？

（2）各种状态下转速变化的机电过程怎样？

3.19　有一台他励电动机：$P_N = 11.3$ kW，$U_N = 220$ V，$I_N = 53.8$ A，$n_N = 1500$ r/min，$R_a = 0.29\ \Omega$，试计算：

（1）直接起动瞬间的堵转电流 I_u。

（2）若限制起动电流不超过 $2I_N$，采用电枢串电阻起动时，应串入起动电阻的最小值是多少？若用降压起动，最高电压应为多少？

3.20　有一台他励直流电动机：$P_N = 18$ kW，$U_N = 220$ V，$I_N = 94$ A，$n_N = 1000$ r/min，$R_a = 0.32\ \Omega$，在额定负载下，求：

（1）想降至 800 r/min 稳定运行，外串多大电阻？采用降压方法，电源电压应降至多少伏？

（2）想升速到 1100 r/min 稳定运行，弱磁系数 Φ/Φ_N 为多少？

3.21　有一台他励直流电动机：$P_N = 8.6$ kW，$U_N = 220$ V，$I_N = 41$ A，$n_N = 1500$ r/min，$R_a = 0.38\ \Omega$，拖动恒转矩负载，且 $T_L = T_N$，现将电源电压降到 $U = 150$ V，问：

（1）降压瞬间电枢电流及电磁转矩各多大？

（2）稳定运行转速是多少？

3.22　有一台他励直流电动机：$P_N = 23.7$ kW，$U_N = 220$ V，$I_N = 115$ A，$n_N = 980$ r/min，$R_a = 0.1\ \Omega$，拖动恒转矩负载运行，弱磁调速时 Φ 从 Φ_N 调到 $0.8\Phi_N$，问：

（1）调速瞬间电枢电流是多少？（$T_L = T_N$）

（2）若 $T_L = T_N$ 和 $T_L = 0.5T_N$，调速前后的稳态转速各是多少？

3.23　有一台他励直流电动机：$P_N = 14.5$ kW，$U_N = 440$ V，$I_N = 76$ A，$n_N = 1000$ r/min，$R_a = 0.377\ \Omega$，负载转矩 $T_L = 0.8T_N$。当该电动机拖动位能性负载时，用哪几种方法可使电动机以 500 r/min 的转速下放负载？在每种方法中电枢回路应串电阻为多少欧？画出相应的机械特性，标出从稳态提升重物到以 500 r/min 转速下放重物的转换过程。

3.24　有一台 Z2-52 型他励直流电动机：$P_N = 4.5$ kW，$U_N = 220$ V，$I_N = 22.3$ A，$n_N = 1000$ r/min，$R_a = 0.91\ \Omega$，$T_L = T_N$，为了使电动机停转，采用电源反接制动，如串入电枢回路的制动电阻为 9 Ω，求：

（1）制动开始时电动机所发出的电磁转矩。

（2）制动结束时电动机所发出的电磁转矩。

（3）如果是摩擦性负载，在制动到 $n = 0$ 时，不切断电源，电机能否反转？为什么？

第4章　直流传动控制系统

4.1　概　述

4.1.1　机电传动控制系统的组成和分类

机电传动控制系统主要有直流传动控制系统和交流传动控制系统。直流传动控制系统是以直流电动机为动力，交流传动控制系统则以交流电动机为动力。

最简单的控制系统是继电器-接触器控制系统，它是一种简单的断续控制系统，但不能满足高度自动化生产的要求。本章主要介绍的是直流传动自动调速控制系统，即连续控制系统。

调速即速度控制，是指在传动系统中，人为地或自动地改变电动机的转速，以满足工作机械对不同转速的要求。从机械特性上看，就是通过改变电动机系统的参数，来改变电动机的机械特性，从而改变它与工作机械特性的交点，改变电动机的稳定运转速度。

4.1.1.1　自动控制系统的组成

自动控制系统按原理分，可分为开环和闭环调速系统两大类。开环调速系统通过手动给定信号并经过中间放大、保护等环节来实现速度控制，系统如图4.1所示，图中 n 表示电机转速。电动机转速人为给定，但由于负载变化或其他参数变化产生的转速偏差不能自动纠正，因此开环系统虽然结构简单、成本低、调整和维修方便，在精度要求不高的地方被广泛采用，但往往不能满足高要求的生产机械的需要。

图4.1　速度开环控制系统

在很多情况下还希望转速稳定，提高机械特性的硬度，得到很硬的机械特性，即转速不随负载及电网电压等外界扰动而变化，且电动机转速能自动调节。这种情况下，则采用速度闭环控制系统，如图4.2所示。与开环系统相比，闭环系统增加了速度反馈和比较放大环节。即在电动机的轴上安装一台测速发电机 BR，作为速度检测元件，它的输出电压 U_f 与电动机的转速 n 成正比（即 $U_f = K_{BR}n$，其中 K_{BR} 为比例系数），若把 U_f 与给定电压 U_g 进行比较，就可得到偏差电压 $\Delta U = U_g - U_f$。图中增加了一个放大器，这样只要 ΔU 稍有变化，就能产生很大的控制作用，用于调节电动机的电枢电压，达到控制电动机转速的目的。当电动机负载转矩增加引起转速下降时，U_f 减小而 U_g 不变，则 ΔU 增大使控制电压增加，晶闸管整流的输出电压增加，由于机械惯性，电动机电势来不及变化，电枢电流及电磁转矩随着增加，使电动机的转速上升，从而减少了转速降落；反之，当负载减小引起转速上升时，U_f 增加使 ΔU 减小，从而使电动机的转速下降。这种按偏差控制原理建立的控制系统叫作负反馈控制系统,其特点是输入量与输出量之间既有正向的控制作用,又有反向的反馈控制作用,形成一个闭环,故又称闭环控制系统。

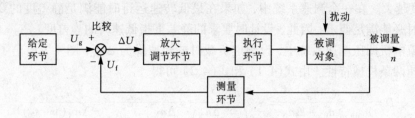

图 4.2　速度闭环控制系统

4.1.1.2　自动控制系统的分类

控制系统有不同的分类方法,上述的开环控制系统和闭环控制系统是从组成原理划分的。常见的还有下列的分类方法:

(1)按采用不同的反馈方式,可分为转速负反馈、电势负反馈、电压负反馈及电流正反馈控制系统。

(2)按自动调节系统的复杂程度,可分为单环自动调节系统和多环自动调节系统。

(3)按系统稳态时被调量与给定量有无差别,可分为有静差调节系统和无静差调节系统。

(4)按给定量变化的规律,可分为定值调节系统、程序控制系统和随动系统。

(5)按调节动作与时间的关系,可分为断续控制系统和连续控制系统,或无级调速和有级调速。

(6)按系统中所包含的元件特性,可分为线性控制系统和非线性控制系统。

(7)按电机调速特性,可分为恒转矩调速和恒功率调速系统。

4.1.2　调速系统的技术指标

4.1.2.1　静态指标

(1)调速范围。

生产机械要求电动机能提供的最高转速 $n_{\max}$ 和最低转速 $n_{\min}$ 之比叫作调速范围,通常用 D 表示,即

$$D = \frac{n_{\max}}{n_{\min}} \tag{4.1}$$

式中, $n_{\max}$ 和 $n_{\min}$ 一般指额定负载时的最高转速及最低转速。

不同的生产机械对调速范围的要求不同。例如,普通车床的调速范围 D 为 20 ~ 120,龙门刨床为 20 ~ 40,钻床为 2 ~ 12,铣床为 20 ~ 30,轧钢机为 3 ~ 15,造纸机为 10 ~ 20,机床的进给机构为 5 ~ 30000 等。

(2)静差度。

静差度表示生产机械运行时转速稳定程度,即要求静差度 s 应小于一定数值。通常静差度 s 定义为电动机在某一转速下运行时,负载由理想空载变到额定负载所产生的转速降 Δn_{N} 与理想空载转速 n_0 之比,常用百分数表示,即

$$s = \frac{\Delta n_{N}}{n_0} = \frac{n_0 - n_{N}}{n_0} \times 100\% \tag{4.2}$$

显然，静差度与机械特性的硬度有关，特性越硬，静差度越小，转速的相对稳定性愈高。此外，静差度也与工作速度有关，理想空载转速越高，静差度越小；理想空载转速越低时，静差度越大。在一个调速系统中，如果在最低转速运行时能满足静差度的要求，则在其他转速时必能满足要求，因此，设计时要求的静差度指低速时的静差度。

在直流电机调压调速系统中，设额定负载时的转速降为 Δn_N，图 4.3 给出了调速系统高速和低速两条机械特性。由式(4.1)和式(4.2)可得

$$D = \frac{n_{max}}{n_{min}} = \frac{n_{max}}{n_{02} - \Delta n_N} = \frac{n_{max}}{n_{02}\left(1 - \frac{\Delta n_N}{n_{02}}\right)} = \frac{n_{max}}{\frac{\Delta n_N}{s_2}(1 - s_2)} = \frac{n_{max}s_2}{\Delta n_N(1 - s_2)} \quad (4.3)$$

式(4.3)表示系统调速范围、静差度、最高转速、转速降四者之间的关系。通常 n_{max} 由电动机铭牌确定，s_2 应该等于或小于生产机械要求的静差度 s，D 由生产机械的要求所决定。在这三者为定值时，则要求 Δn_N 也为定值。也可以说，同一个调压调速系统中，Δn_N 一定时，在不同的静差度下就有不同的调速范围。因此，在说明调速系统所能达到的调速范围时，必须同时说明其所能允许的最小静差度，否则，就无意义。式(4.3)还指出了在保证一定静差度的前提下，扩大系统调速范围的方法是提高电动机机械特性的硬度，以减小 Δn_N。

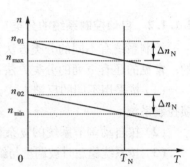

图 4.3　电动机的调速特性

不同的生产机械对静差度的要求不同。例如，一般普通设备 $s \leqslant 50\%$，普通车床 $s \leqslant 30\%$，龙门刨床 $s \leqslant 5\%$，冷轧机 $s \leqslant 2\%$，热连轧机 s 为 $0.2\% \sim 0.5\%$，而高精度造纸机 $s \leqslant 0.1\%$。

4.1.2.2　动态指标

生产机械由电动机拖动，在调速过程中，从一种稳定速度变化到另一种稳定速度运转（起动、制动过程仅是特例而已），由于有电磁惯性和机械惯性，过程不能瞬时完成，而需要一段时间，即要经过一段过渡过程，称动态过程。生产机械对自动调速系统动态品质指标的要求有过渡过程时间、最大超调量、上升时间、振荡次数等。

（1）最大超调量 σ。

如图 4.4 所示，图中的被调量仅以转速 n 为例，系统从 n_1 改为 n_2 时的过渡过程。在典型的阶跃响应过程中，输出量超出稳态值的最大偏离量与稳态值之比，用百分数表示，即

$$\sigma = \frac{n_{max} - n_2}{n_2} \times 100\% \quad (4.4)$$

超调量反映系统的相对稳定性。超调量越小，则相对稳定性越好，但太小，则会使过渡过程过于缓慢，不利于生产率的提高等，一般 σ 为 $10\% \sim 35\%$。

（2）上升时间 t_r。

从输入控制（或扰动）作用于系统开始直到被调量 n 第一次上升到稳态值 n_2 所经过的时间称为上升时间，它表示动态响应的快速性，如图 4.4 所示。

（3）过渡过程时间 t_s。

过渡过程时间又称调节时间，它衡量系统整个调节过程的快慢。从输入控制（或扰动）作用于系统开始直到被调量 n 进入 $(0.05 \sim 0.02)n_2$ 稳定值区间所需的最短时间叫作过渡

过程时间，如图4.4所示。

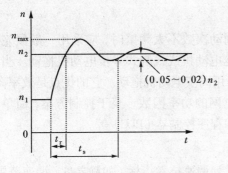

图4.4　自动调速系统的动态特性

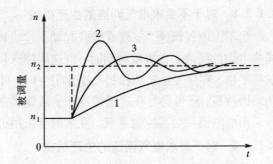

图4.5　自动调速系统动态性能的比较

（4）振荡次数。

在过渡过程时间内，被调量 n 在其稳定值上下摆动的次数，图4.4中所示为1次。

上述几个指标是衡量一个自动调速系统过渡过程品质好坏的主要指标。图4.5表示三种不同调速系统被调量从 n_1 改变为 n_2 时的变化情况：系统1的 t_r 和 t_s 较大，被调量要经过很长时间跟上控制量的变化，达到新的稳定值；系统2的 t_r 较小，t_s 较大，被调量虽然变化很快，但不能及时停住，经过几次振荡才能停在新的稳定值上。这两个系统都不能令人满意。系统3的动态性能是较理想的。不同的生产机械对动态指标的要求不尽相同，如龙门刨床、轧钢机等可允许有一次振荡，而造纸机则不允许有振荡的过渡过程。

【例4-1】　有一生产机械要求调速范围 $D=5$，静差率 $s\leqslant5\%$，电动机额定数据为10 kW，220 V，55 A，1000 r/min，电枢回路总电阻 $R_\Sigma=1\ \Omega$，$C_e=k_e\phi=0.1925$ V·r/min。问：开环系统能否满足要求？

解　由式（4.2），要满足 D，s 要求，在额定负载时允许的稳态转速降落为

$$\Delta n_N' = \frac{n_{\max}s_2}{D(1-s_2)} = \frac{1000\times0.05}{5\times(1-0.05)} = 10.52\ \text{r/min}$$

开环系统中，当电流连续时，有

$$n = \frac{U_N - I_N R_\Sigma}{C_e} = n_0 - \Delta n_N$$

式中：U_N——晶闸管整流装置整流电压；

R_Σ——电动机电枢总电阻。

$$\Delta n_N = \frac{R_\Sigma}{C_e}I_N = \frac{1}{0.1925}\times55 = 285.7\ \text{r/min}$$

显然 $\Delta n_N' < \Delta n_N$，即开环实际的稳态转速降大大地超过了允许的转速降。为了改善调速系统，要求采用闭环负反馈控制。

4.1.3　机电传动控制系统方案的确定原则

确定机电传动控制系统的方案时，首先应根据生产机械是否要求电气调速、生产机械对调速要求的技术指标如何、生产机械要求恒功率调速还是恒转矩调速、生产机械工作过程复杂的程度等来初选几种可能的方案，再进行经济指标的比较，然后根据企业当时的财经状况、技术水平、人员素质等具体情况，确定出可行、经济、实用、可靠、使用与维修方

便的机电传动控制系统方案。

4.1.3.1　对于不要求电气调速的生产机械

当不需电气调速、空载或轻载起动,起动和制动次数不太频繁时,应采用一般鼠笼式异步电动机拖动。在重载起动时,可选用特殊鼠笼电动机或线绕式异步电动机拖动。当负载很平稳、容量大且起动和制动次数很少时,可采用同步电动机拖动。它的优点是效率高、功率因数高,还可运行在过励情况下,从而提高电网的功率因数。至于控制方案,简单的可采用继电器接触器控制系统,复杂的可采用可编程序控制器(PLC)等。

4.1.3.2　对于要求电气调速的生产机械

需要电气调速时,应根据生产机械提出的一系列调速技术指标(如静差度、调速范围、调速平滑性或调速级数等)要求来选择拖动方案。如:

要求调速范围 $D = 2 \sim 3$,调速级数为 $2 \sim 4$ 时,一般采用可变极数的双速或多速鼠笼式异步电动机拖动。

要求调速范围 $D < 3$,调速级数为 $2 \sim 6$,重载起动,短时工作或重复短时工作的负载情况,常采用线绕式异步电动机拖动。

要求调速范围 $D = 3 \sim 10$,无级调速,且功率不大时,若不经常正反转、不经常运行在低速的情况,常采用带滑差离合器的异步电动机拖动(或称电磁转差离合器调速)系统;若需经常正反转、经常运行在低速的情况,则可采用晶闸管直流拖动系统。

要求调速范围 $D = 10 \sim 100$ 时,常采用晶闸管直流拖动系统。

要求调速范围 $D > 100$ 时,目前,常采用交流变频调速系统。对于中小功率的生产机械也常采用晶体管直流脉宽调速系统。

上述仅列举了几种一般的情况,实际生产中的情况是复杂多样的,可根据具体情况选择各种机电传动控制方案。

4.1.3.3　根据生产机械的负载性质来选择电动机的调速方式

在调速过程中,电动机的负载能力在不同转速下是不相同的,为保证电动机在整个调速范围内始终得到最充分的利用,在选择机电传动控制系统的调速方案时,电动机的负载能力必须与生产机械的负载性质相匹配。

(1)生产机械的负载特性。

生产机械在调速过程中,从负载特性来看,可有恒转矩型和恒功率型两类。

一类生产机械在不同的转速下运行时,其负载转矩 T_L 为常数,负载功率 $P_L = T_L n$ 随着转速的增加成正比地增加,如图 4.6(a) 所示。起重机起吊一定重量的工件时所产生的负载转矩和负载功率就是这类生产机械一个典型的例子,机床的进给运动也要求恒转矩拖动。

另一类生产机械在不同转速下运行时,负载功率 P_L 为常数,而负载转矩 $T_L = P_L / n$ 随转速的升高呈双曲线形式下降,如图 4.6(b) 所示。车床的主轴运动就是这类生产机械一个典型的例子,粗加工时采用低转速,吃刀量大,因而 T_L 大;精加工时采用高转速,吃刀量小,因而 T_L 小,即主轴转速和吃刀量选择的相互配合,应保证切削过程中切削功率 P_L 不变。

(2)电动机调速过程中的负载能力。

为了充分利用电动机的负载能力,在调速过程中应保持电枢电流 I_a 为额定值 I_N,这时

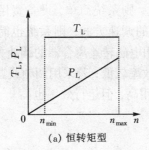
(a) 恒转矩型

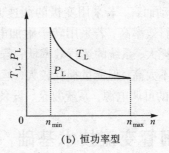
(b) 恒功率型

图 4.6　负载特性

在不同转速下电动机轴上输出的转矩和功率就是电动机所能允许长期输出的最大转矩和最大功率，即电动机调速过程中的负载能力。

直流电动机改变电枢电压调速时，其输出转矩不变且等于额定转矩，而输出功率则随转速的增加成正比地增加，电动机的负载能力具有恒转矩性质，即调压调速属恒转矩性质的调速；直流电动机改变磁通调速时，其输出功率不变且等于额定功率，而输出转矩则随转速的增加呈双曲线规律下降，即调磁调速属恒功率性质的调速。

交流电动机变极调速时，若采用双速异步电动机，当定子绕组由 Y 改成 YY 时，电动机的输出转矩保持不变，属于恒转矩调速；而当定子绕组由 △ 改成 YY 时，则属于恒功率调速。交流电动机变频调速时，若在固有特性以下调速，属于恒转矩调速；而在固有特性以上调速时，则属于恒功率调速。

上述仅列举了一般常用电动机在调速过程中的负载能力。

（3）电动机的调速性质与生产机械的负载特性的配合。

电动机在调速过程中，在不同的转速下运行时，实际输出转矩和输出功率能否达到且不超过其允许长期输出的最大转矩和最大功率，并不取决于电动机本身，而取决于生产机械在调速过程中负载转矩 T_L 及负载功率 P_L 的大小和变化规律。所以，为了使电动机的负载能力得到最充分的利用，在选择调速方案时，必须注意电动机的调速性质与生产机械的负载特性要配合恰当。一般来说，负载为恒转矩型的生产机械应尽可能选用恒转矩性质的调速方式，且电动机的额定转矩 T_N 应等于或略大于负载转矩 T_L；负载为恒功率型的生产机械应尽可能选用恒功率性质的调速方式，且电动机的额定功率 P_N 应等于或略大于生产机械的静负载功率 P_L。这样，电动机在调速范围内的任何转速下运行时，均可保持电流 I 等于或略小于额定电流 I_N，因而使电动机得到最充分的利用。因此，在选择调速方式时，应尽可能使其与负载性质相匹配。

4.1.3.4　从系统的经济指标方面考虑

经济指标包括设备的初期投资和运行费用两个方面，后者又包括电能消耗和设备维护费两部分。

对直流拖动而言，若采用电枢电路串接电阻的调速方式，系统简单，设备费用较低；若采用改变电枢电压的调速方式，必须为拖动电动机配置专门的可调电源（如晶闸管整流电源等），设备费较高，但运行效率也较高；若采用改变磁通的调速方式，一般也必须为励磁线圈配置专门的可调电源，但由于特殊设计的调速电动机价格较普通直流电动机高，因而设备费用也较高。

对交流拖动而言，若采用变极的调速方式，则系统简单，设备费用较低，且能量损耗小，系统的运行效率高；若采用转子附加电阻的调速方式，则系统也简单，设备费用也较低，但能量损耗大，系统的运行效率低；若采用电磁转差离合器的调速方式，则系统不太复杂，设备费用不太高，但能量损耗较大，运行效率较低；若采用调频或调压的调速方式，则必须配置专门的可调电源，系统复杂，设备费用高，但运行效率也高。

4.2　晶闸管变流技术基础

4.2.1　晶闸管

4.2.1.1　晶闸管的结构与符号

普通晶闸管（SCR）是一种可控制的硅整流元件，亦称可控硅。其外形与符号如图4.7所示。

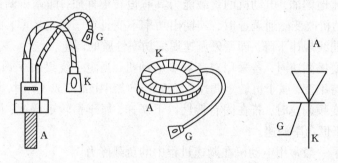

图4.7　晶闸管的外形与符号

目前国内生产的晶闸管，外形有两种形式：螺栓形和平板形。在螺栓形晶闸管中，螺栓一端是阳极 A，使用时将该端用螺母固定在散热器上；另一端有两条引线：粗引线是阴极 K，细引线是门极（也称控制极）G。平板形晶闸管的两面分别是阳极和阴极，中间引出线是门极。其散热是用两个互相绝缘的散热器把器件紧夹在中间，由于散热效果较好，容量较大的 SCR 都采用平板式结构。

4.2.1.2　晶闸管的工作原理

晶闸管的管芯是 $P_1N_1P_2N_2$ 四层半导体，形成了三个 PN 结 J_1，J_2 和 J_3，如图4.8(a)所示。当晶闸管的阳极与阴极之间加上正向电压时，即阳极接外加电压正端，阴极接外加电压负端，会使 J_1，J_3 结处于正向偏置状态，而 J_2 结处于反向偏置状态，在晶闸管中只流过很小的漏电流，晶闸管处于这种状态称之为正向阻断状态。当晶闸管阳极与阴极之间加上反向电压时，即阳极接外加电压负端，阴极接外加电压正端，此时 J_2 结处于正向偏置，而 J_1 和 J_3 结处于反向偏置，晶闸管中也只流过很小的漏电流，晶闸管处于这种状态称之为反向阻断状态。可见，单纯在阳极与阴极之间施加外加电压，无论是正向接法或是反向接法，晶闸管中都没有电流流过，处于阻断状态。

PNPN 四层结构的晶闸管，可以看作由 PNP 型（$P_1N_1P_2$）和 NPN 型（$N_1P_2N_2$）两个晶体管互连构成，如图4.8(b)所示。其中一个晶体管的集电极同时又是另一管的基极。这种结构形成了内部的正反馈联系。在晶闸管加上正向电压时，如果门极也加上足够的正向电压，则有电流 I_G 从门极流入 NPN 管的基极。NPN 管导通后，其集电极电流 I_{C2} 流入 PNP 管

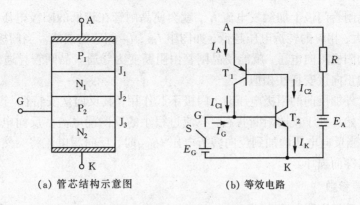

(a) 管芯结构示意图　　　　　　　　　(b) 等效电路

图 4.8　晶闸管工作原理示意图

的基极，并使其导通，于是该管的集电极电流 I_{C1} 又流入 NPN 管的基极。如此往复循环，形成强烈的正反馈过程，导致两个晶体管均饱和导通，结果使晶闸管迅速地由阻断状态转为导通状态。当晶闸管只承受阳极电压，而门极未加正向电压时，晶闸管处于正向阻断状态。保持阳极电压条件不变，当门极有足够的电流 I_G 时，则随着两晶体管发射极电流（I_{E1} 和 I_{E2}）的上升而增大，晶闸管的阳极电流 I_A 将急剧增加，晶闸管便由正向阻断状态转为正向导通状态。流过晶闸管的电流仅决定于主回路负载和外加电源电压。此时即使去掉门极信号，晶闸管仍将保持原来的阳极电流而继续导通。可见，晶闸管是一种只能控制其导通，而不能控制其关断的半控型器件。

为了关断晶闸管，只有减小阳极电压至零或使其反向，以使阳极电流降低到小于维持电流，晶闸管才能重新恢复阻断状态，其中只流过很小的漏电流。

由上述讨论可知：

（1）欲使晶闸管导通，需具备两个条件：一是应在晶闸管的阳极与阴极之间加上正向电压；二是应在晶闸管的门极与阴极之间也加上正向电压和电流。

（2）晶闸管一旦导通，门极即失去控制作用，故晶闸管为半控型器件。

（3）为使晶闸管关断，必须使其阳极电流减小到维持电流以下，这只有用使阳极电压减小到零或反向的方法来实现。

4.2.1.3　晶闸管的伏安特性

晶闸管的伏安特性是指晶闸管阳极阴极之间的电压 U_{AK} 与阳极电流 I_A 之间的函数关系，如图 4.9 所示。

当门极开路（$I_G = 0$）时，晶闸管在正向阳极电压作用下只有很小的漏电流流过，只要外加电压小于正向转折电压 U_{BO}，虽然随着阳极正向电压的增加，正向漏电流也逐渐增加，但仍保持着阻断状态，如图中 $I_G = 0$ 的曲线所示。直到外加阳极电压达到正向转折电压 U_{BO} 时，J_2 结击穿，阳极电流 I_A 突然急剧增大，器件两端的压降减至一很小的数值，晶闸管进入导通状态。特性从高阻区（阻断状态）经负阻区到达低阻区（导通状态）。

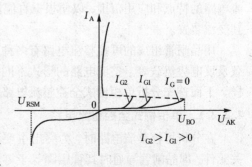

图 4.9　晶闸管的伏安特性

如果在晶闸管门极上加触发电流 I_G，就会使晶闸管在较低的阳极电压下触发导通，门极电流 I_G 越大，相应的转折电压越低，如图中 I_{G1}、I_{G2} 相应的曲线。当门极电流足够大时，只要有很小的阳极正向电压，就能使晶闸管由阻断变为导通。晶闸管导通之后的伏安特性则与二极管的正向伏安特性相似。

当晶闸管外加反向的阳极电压时，门极不起作用，其反向伏安特性与二极管反向特性相似。晶闸管始终处于反向阻断状态，只流过很小的反向漏电流。反向电压增加，反向漏电流也增加，当反向电压增加到反向转折电压 U_{RSM} 时，反向漏电流将突然急剧增大，导致晶闸管反向击穿而损坏。

4.2.1.4　主要参数

（1）断态重复峰值电压 U_{DRM}。

在门极开路和正向阻断的条件下，可以重复加在晶闸管两端的正向峰值电压。$U_{DRM} = 80\% U_{BO}$。

（2）反向重复峰值电压 U_{RRM}。

在门极开路时，可以重复施加于晶闸管元件上的反向峰值电压。$U_{RRM} = 90\% U_{RSM}$。

通常把 U_{DRM} 与 U_{RRM} 中较小的一个数值作为器件型号上的额定电压。选用时，额定电压应为正常工作峰值电压的 2～3 倍，作为安全系数。

（3）通态平均电流 I_T。

在环境温度为 +40℃ 和规定的冷却条件下，所允许连续通过的工频正弦半波电流（在一个周期内）的平均值，称为通态平均电流，简称额定电流。通常所说多少安的晶闸管，就是指这个电流。然而，这个电流值并不是一成不变的，晶闸管允许通过的最大工作电流还受冷却条件、环境温度、元件导通角、元件每个周期的导电次数等因素的影响。

（4）维持电流 I_H。

晶闸管被触发导通以后，在规定的环境温度和门极开路的条件下，能维持元件继续导通的最小电流称维持电流 I_H。当晶闸管的正向电流小于这个电流时，则自动关断。

4.2.2　晶闸管可控整流电路

整流电路是应用广泛的电能变换电路，它的作用是将交流电变换成大小可以调节的直流电，用来供给直流用电设备，例如直流电动机的转速控制，同步发电机的激磁调节，电镀、电解电源等。以下将介绍几种常用的可控整流电路，分析它们的工作原理，研究不同性质负载下整流电路电压和电流的波形，找出有关电量基本的数量关系，从而掌握各种整流电路的特点和应用范围，以便根据直流用电设备的要求，正确地选择和设计整流元件及其变流装置。

用晶闸管组成的可控整流电路有多种形式，整流电路的负载有电阻性负载、电感性负载及反电势负载等。整流电路的形式不同，负载的性质不同，整流电路的工作情况也不一样。下面首先分析单相桥式全控整流电路。

4.2.2.1　单相桥式全控整流电路

在分析可控整流电路时，为突出主要矛盾，忽略一些次要因素，认为晶闸管为理想开关元件，即晶闸管导通时其管压降等于零，晶闸管关断时其漏电流等于零，且认为晶闸管的导通与关断瞬时完成。

（1）电阻性负载。

图 4.10 为单相桥式全控整流电路，VT_1，VT_4 和 VT_2，VT_3 组成两对桥臂，由电源变压器供电，u_1 为变压器初级电压，变压器次级电压 u_2 接在桥臂的中点 a，b 端上，$u_2 = \sqrt{2}\,U_2 \sin\omega t$，$R$ 为负载电阻。

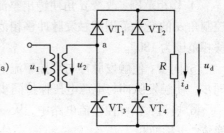

当变压器次级电压 u_2 进入正半周时，a 端电位高于 b 端电位，两个晶闸管 VT_1 和 VT_4 同时承受正向电压，如果此时门极无触发信号，则两个晶闸管处于正向阻断状态；忽略晶闸管的正向漏电流，电源电压 u_2 将全部加在 VT_1 和 VT_4 上。当 $\omega t = \alpha$ 时，给 VT_1 和 VT_4 同时加触发脉冲，则两晶闸管立即触发导通，电源电压 u_2 将通过 VT_1，VT_4 加在负载电阻 R 上，负载电流 i_d 从电源 a 端经 VT_1，电阻 R，VT_4 回到电源 b 端。在 u_2 正半周期，VT_2，VT_3 均承受反向电压而处于阻断状态。由于设晶闸管导通时管压降为零，则负载 R 两端的整流电压 u_d 与电源电压 u_2 正半周的波形相同。当电源电压 u_2 降到零时，电流 i_d 也降为零，VT_1 和 VT_4 关断。

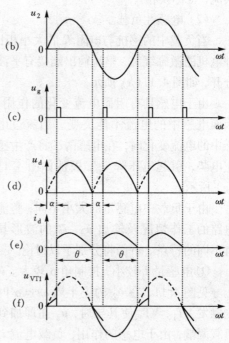

在 u_2 的负半周，b 端电位高于 a 端电位，VT_2，VT_3 承受正向电压；当 $\omega t = \pi + \alpha$ 时，同时给 VT_2，VT_3 加触发脉冲使其导通，电流从 b 端经 VT_2，负载电阻 R，VT_3，回到电源 a 端，在负载 R 两端获得与 u_2 正半周相同波形的整流电压和电流，这期间 VT_1 和 VT_4 均承受反向电压而处于阻断状态。当 u_2 过零变正时，VT_2，VT_3 关断，u_d，i_d 又降为零。此后，VT_1，VT_4 又承受正压并在相应时刻 $\omega t = 2\pi + \alpha$ 触发导通，如此循环工

图 4.10　单相桥式全控整流电路电阻性负载时的线路及波形

作。输出整流电压 u_d，电流 i_d 及晶闸管两端电压 u_{VT1} 的波形分别如图 4.10(d)，(e)，(f) 所示。由以上电路工作原理可知，在交流电源 u_2 的正负半周里，VT_1，VT_4 和 VT_2，VT_3 两组晶闸管轮流触发导通，将交流电转变成脉动的直流电，改变触发脉冲出现的时刻即改变 α 角的大小，u_d，i_d 的波形相应变化，其直流平均值也相应改变。晶闸管 VT_1 阳极阴极两端承受的电压 u_{VT1} 的波形如图 4.10(f) 所示。因为晶闸管在导通段管压降 $u_{VT1} = 0$，故其波形为与横轴重合的直线段；关断时漏电流为零，故其承受的最大反向电压为 $\sqrt{2}\,U_2$；假定两晶闸管漏电阻相等，则每个元件承受的最大正向电压等于 $\sqrt{2}\,U_2/2$。

结合上述电路工作原理，介绍几个名词术语和概念。

① 控制角 α：从晶闸管承受正向电压起到加触发脉冲使其导通为止这段时间所对应的电角度。

② 导通角 θ：晶闸管在一个周期内导通的时间所对应的电角度。在该电路中，$\theta = \pi - \alpha$。

③ 移相：改变触发脉冲出现的时刻，即改变控制角 α 的大小，称为移相。改变控制角 α 的大小，使输出整流平均电压 U_d 值发生变化就是移相控制。

④ 移相范围：改变 α 角使输出整流电压平均值从最大值降到最小值（零或负最大值），控制角 α 的变化范围即触发脉冲移相范围。在单相桥式全控整流电路接电阻性负载时，其移相范围为 180°。

⑤ 同步：使触发脉冲与可控整流电路的电源电压之间保持频率和相位的协调关系称为同步。使触发脉冲与电源电压保持同步是电路正常工作必不可少的条件。

⑥ 换流：在可控整流电路中，从一路晶闸管导通变换为另一路晶闸管导通的过程称为换流，也称换相。

（2）电感性负载。

当负载中的感抗与电阻 R 的大小相比不可忽略时，这个负载称为电感性负载。例如各种电机的激磁绕组，整流输出端接有平波电抗器的负载等。为了便于分析，将电感与电阻分开，如图 4.11(a) 所示。

由于电感具有阻碍电流变化的作用，因而电感中的电流不能突变。当流过电感中的电流变化时，在电感两端将产生感应电势，引起电压降 u_L，极性如图 4.11 (a) 所示。

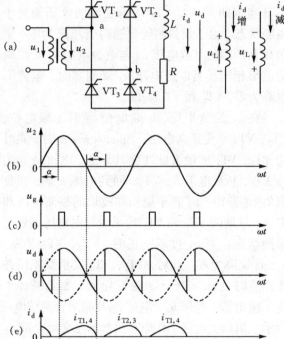

由于负载中电感量的大小不同，整流电路的工作情况及输出 u_d，i_d 的波形具有不同的特点。下面将分别予以讨论。

① 电感量 L 较小，控制角 α 较大。

见图 4.11，在 u_2 的正半周 $\omega t = \alpha$ 时刻触发 VT_1，VT_4 使其导通，u_2 立即加到负载两端，由于电感的作用，负载电流 i_d 从零开始逐渐上升，电感线圈产生感应电势 $e_L = -L \dfrac{di_d}{dt}$，其极性如图 4.11(a) 所示，阻止电流 i_d 的增长。这时由交流电网提供电阻的损耗和电感吸收的磁场能量。当 i_d 经过最大值下降时，e_L 极性改变，有阻止电流减小的作用，电感释放能量，这期间电阻消耗的能量由电网和电感

图 4.11　单相桥式全控整流电路电感性负载线路及其波形

磁能供给。当 u_2 下降到零并过 π 变负时，由于 e_L 电势大于电源的负压，晶闸管 VT_1，VT_4 仍承受正向电压继续保持导通，此时输出电压 $u_d = u_2$ 变为负值。应注意到现在电流 i_d 方向没变，而电源方向已反，所以电感所释放磁场能量除供电阻消耗外，还反馈给电网。当 $\omega t = \alpha + \theta$ 时，$|e_L| = |u_2|$，此时电感储能释放完毕，负载电流 i_d 降到零，VT_1，VT_4 关断。当 $\omega t = \pi + \alpha$ 时，VT_2，VT_3 触发导通，i_d 从零上升，在 $\omega t = \pi + \alpha + \theta$ 时，i_d 下降到零，VT_2，VT_3 关断。

　　从上述分析可知，由于负载中电感的存在，输出电压 u_d 的波形出现负值，如图4.11 (d) 所示。在 L 值较小而 α 较大时，电感储能较少，在 i_d 下降过程中，电感释放的能量不足以维持晶闸管 VT_1，VT_4 导通到 VT_2，VT_3 触发导通时刻，负载电流就已下降到零，故导通角 $\theta < \pi$，i_d 波形出现断续，如图 4.11 (e) 所示。

　　② 电感量 L 较大，控制角 α 较小。

　　如果电感量较大而控制角较小，那么负载电流 i_d 会出现连续情况。由于 α 值较小，晶闸管 VT_1，VT_4 触发导通后，在电源的正半周里供给电感的能量增多，而电感 L 值愈大，电感的储能也愈多，因此，在 i_d 下降过程中电感释放能量的时间增长，直到 u_2 的负半周 $\omega t = \pi + \alpha$ 时刻，i_d 还未降到零，此时触发 VT_2 和 VT_3 使之导通，VT_1，VT_4 承受反压关断，负载电流 i_d 又开始上升，可见负载电流 i_d 连续，稳态时初值与终值相等，晶闸管导通角 $\theta = \pi$，负载电流 i_d 为连续脉动的波形。

　　③ 电感量很大，$\omega L \gg R$。

　　当电感量很大，$\omega L \gg R$ 的情况下，负载电流 i_d 的脉动分量变得很小，其电流波形近似于一条平行于横轴直线，流过晶闸管的电流近似为矩形波，整流电路的输出波形如图4.12所示。

　　(3) 反电势负载。

　　被充电的蓄电池、正在运行的直流电动机的电枢（忽略电枢电感）等这类负载本身就是一个直流电源，对于可控整流电路来说，它们

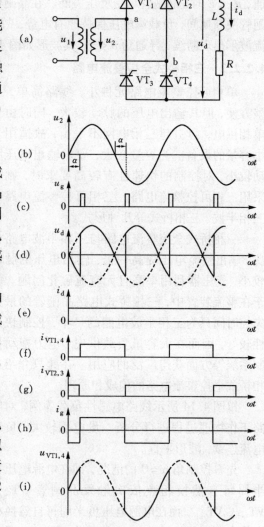

图 4.12　单相桥式全控整流电路大电感负载的波形

是反电势负载，其等效电路用电势 E 和内阻 R 表示，负载电势的极性如图4.13 (a) 所示。

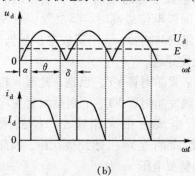

(a)　　　　　　　　　(b)

图 4.13　单相桥式全控整流电路反电势负载时线路及其波形

整流电路接有反电势负载时，只有当电源电压 u_2 大于反电势 E 时，晶闸管才能触发导通，$u_2 < E$ 时，晶闸管承受反压关断。在晶闸管导通期间，输出整流电压 $u_d = E + i_d R$，在晶闸管关断期间，负载端电压保持原有电势，故整流平均电压较电感性负载时为大。整流电流波形出现断续，导通角 $\theta < \pi$，其波形如图 4.13(b) 所示，图中的 δ 称为停止导电角。

4.2.2.2 三相桥式全控整流电路

单相可控整流电路元件小，线路简单，调整方便，但其输出电压的脉动较大，同时由于单相供电，会引起三相电网不平衡，故适用于小容量的设备。当容量较大，要求输出电压脉动较小，对控制的快速性有较高要求时，则多采用三相可控整流电路。三相可控整流电路有三相半波、三相桥式等几种形式。

三相桥式全控整流电路与三相半波电路相比，输出整流电压提高一倍，输出电压的脉动较小，变压器利用率高且无直流磁化问题。由于在整流装置中，三相桥式电路晶闸管的最大失控时间只为三相半波电路的一半，控制快速性较好，因而在大容量负载供电、电力拖动控制系统等方面获得广泛的应用。在此只介绍三相桥式全控整流电路的构成和原理。

以图 4.14 所示线路电感性负载为例，对电路工作物理过程进行分析。设电感较大，负载电流连续，波形平直。

先看控制角 $\alpha = 0$ 的情况，即在电源电压正半周每自然换相点依次触发晶闸管 VT_{+a}，VT_{+b}，VT_{+c}，而在电源电压负半周每自然换相点依次触发 VT_{-a}，VT_{-b}，VT_{-c}。图 4.14 同时示出了工作波形。为了分析方便，将电源供电周期 T 分成 6 段，每段 60°。

晶闸管触发导通的原则是：共阴极组的晶闸管，哪个阳极电位最高时，哪个管应触发导通；共阳极组的晶闸管，哪个阴极电位最低时，哪个管应触发导通。

第一段：设晶闸管 VT_{-b} 已通，此时 a 相电压最高，应触发晶闸管 VT_{+a}，则晶闸管 VT_{+a}，VT_{-b} 导通。电流由正 a 相输出，经晶闸管 VT_{+a}，负载，晶闸管 VT_{-b} 回到负 b 相。因此输出给负载的整流电压 u_d 为

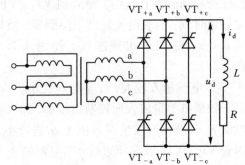

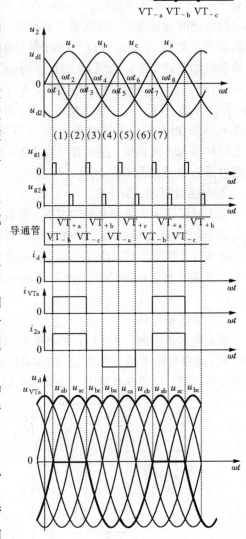

图 4.14 三相桥式全控整流电路及其工作波形

$$u_\mathrm{d} = u_\mathrm{a} - u_\mathrm{b} = u_\mathrm{ab}$$

即为线电压 u_ab。

第二段：a 相电压仍最高，晶闸管 $\mathrm{VT_{+a}}$ 仍导通，而 c 相电压最负，所以在这一段开始就应当触发晶闸管 $\mathrm{VT_{-c}}$ 使之导通，电流从 b 相换到 c 相，同时晶闸管 $\mathrm{VT_{-b}}$ 换到 $\mathrm{VT_{-c}}$。电流由 a 相输出，经 $\mathrm{VT_{+a}}$，负载，$\mathrm{VT_{-c}}$ 回到负 c 相。此时输出整流电压 u_d 为

$$u_\mathrm{d} = u_\mathrm{a} - u_\mathrm{c} = u_\mathrm{ac}$$

第三段：此时 c 相电压仍为最负，$\mathrm{VT_{-c}}$ 保持导通，而 b 相电压变为最高，故应触发晶闸管 $\mathrm{T_{+b}}$ 导通，电流从 a 相换到 b 相，变压器 b，c 两相工作，整流电压 u_d 为

$$u_\mathrm{d} = u_\mathrm{b} - u_\mathrm{c} = u_\mathrm{bc}$$

等等，以后各阶段依次输出为 u_ba，u_ca，u_cb，u_ab，u_ac，…。

由以上分析可见：三相桥式全控整流电路，必须有共阴极组和共阳极组各一个晶闸管同时导通，才能形成输出通路；共阴极组晶闸管是在正半周触发，共阳极组晶闸管是在负半周触发，因此接在同一相的两个晶闸管的触发脉冲的相位差应是 180°；从整个电路来说，每隔 60° 有一个晶闸管要换流，因此每隔 60° 要触发一个晶闸管，从图 4.14 可以看出其顺序为

$$\mathrm{VT_{+a} \longrightarrow VT_{-c} \longrightarrow VT_{+b} \longrightarrow VT_{-a} \longrightarrow VT_{+c} \longrightarrow VT_{-b}}$$

三相桥式全控整流电路整流后的输出电压是两相电压相减后的波形，即线电压。当控制角为零时，输出电压 u_d 是线电压正半周的包络线。当控制角不为零时，晶闸管在触发导通前承受正向电压，其大小与 α 有关。

4.2.2.3　逆变器

前面已经讨论了如何把交流电变成可调的直流电供给负载，即整流。整流的应用范围很广，涉及的领域也很多，但在生产实践中，还有相反的要求，即利用晶闸管电路把直流电变成交流电，这种对应于整流的逆向过程，称为"逆变"。把直流电变成交流电的装置，叫作逆变器。

（1）有源逆变器。

有源逆变指的是将直流电转换成交流电后，再将它返送回交流电网。这里的"源"即指交流电网。

如晶闸管控制的电力机车，交流电经可控整流后，供电给直流电机。在正常运行时，由交流电网提供功率来拖动机车；当机车下坡时，直流电机将作为发电机运行，此时发出的直流电能通过同一套晶闸管的控制转换成交流电返送回电网。又如正在运转的电动机，要使它迅速停车，也可让电动机作为发电机运行产生制动，将电机动能转变成电能后返送回电网。

晶闸管有源逆变和可控整流电路，常常是采用一套电路既作整流又作逆变，在一定条件下互相转化。因此必须注意，在什么条件下是整流，在什么条件下是逆变，在什么条件下可以相互转化。

三相桥式整流电路，如果工作时满足实现有源逆变的两个条件，就成为三相桥式逆变电路。图 4.15 画出了三相桥式逆变电路及工作波形。

三相桥式电路工作时，晶闸管必须成对导通，每个晶闸管导通角为 $2\pi/3$，每隔 $\pi/3$ 换流一次，元件仍按 $\mathrm{VT_{+a} \rightarrow VT_{-c} \rightarrow VT_{+b} \rightarrow VT_{-a} \rightarrow VT_{+c} \rightarrow VT_{-b}}$ 顺序依次导通。

由图 4.15(b)工作波形可以看到，设晶闸管 VT_{+c} 和 VT_{-b} 已经导通，当 $\beta = \pi/3$，ωt_1 时触发晶闸管 VT_{+a}，此时 a 相电压高于 c 相，VT_{+a} 导通，VT_{+c} 承受反压而关断，直流侧输出 u_{ab}，且 $u_{ab} < 0$ 即为负压。电流 I_d 从 E_D 正极流出经晶闸管 VT_{-b} 流入 b 相，再由 a 相流出，经晶闸管 VT_{+a} 回到 E_D 负极，电能从直流电源流向交流电源。

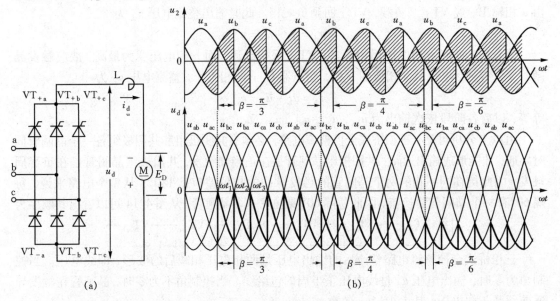

图 4.15　三相桥式逆变电路及工作波形

ωt_2 时触发晶闸管 VT_{-c}，由于此时 c 相电压低于 b 相电压，因此 VT_{-c} 导通而 VT_{-b} 关断，晶闸管 VT_{+a} 和 VT_{-c} 形成通路，直流侧输出 u_{ac}，且有 $u_{ac} < 0$。ωt_3 时触发晶闸管 VT_{+b}，使 VT_{+b} 和 VT_{-c} 形成通路输出 u_{bc} 电压。如此循环下去，实现了有源逆变。在 1 个周期内，输出电压脉动 6 次，因而波形中最低次谐波为 6 倍基频，电压的纹波因素较三相半波为小。

（2）无源逆变器。

无源逆变是将直流电经逆变器转换为负载所需要的不同频率和电压值的交流电。它们在交流电机调速、不停电电源等方面应用十分广泛。若逆变器的直流电源由蓄电池、直流发电机等直流电源供电，则称为直流-交流逆变器，又称直-交变频器。一般较大功率的无源逆变器，直流电是由交流电整流得到的，因此，这种系统的电源构成是交流-直流-交流不同频率和电压的交流，故称它为交-直-交变频器。

① 逆变器的工作原理。

无源逆变器的工作原理可用图 4.16 来说明。

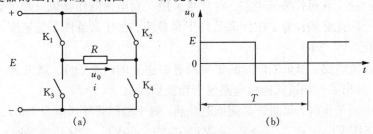

图 4.16　无源逆变器的工作原理图

输入为直流电压 E，逆变器负载是电阻 R。当开关 K_1，K_4 闭合，而 K_2，K_3 断开时，电流从电源正极经 K_1，负载 R，K_4 回到电源负极，负载电流方向如箭头所示。经过一定时间间隔，将开关 K_2，K_3 闭合并同时将开关 K_1，K_4 断开，则电流从电源正极经过 K_2，负载 R，K_3 回到电源负极，负载电流反向。当以频率 f 交替切换开关 K_1，K_4 和 K_2，K_3 时，则在电阻上就得到图 4.16（b）所示的电压波形。图中 $T = 1/f$，所以负载电压就是频率为 f 的交变电压，也就是说交流电的频率取决于两组开关在每秒内闭合和断开的次数，即改变两组开关每秒内闭合和断开的次数，就可以改变输出电压的频率，这就是它的变频作用。

很明显，要得到较高频率的交流电，利用有触点开关是不可能做到的，必须采用半导体开关才能实现。逆变器电路中常用的开关器件有功率晶体管（GTR）、功率场效应管（POWER MOSFET）、可关断晶闸管（GTO）、普通型和快速型晶闸管（SCR）。它们和开关二极管反并联构成了各种逆导型开关管，并由控制信号控制其导通与关断。

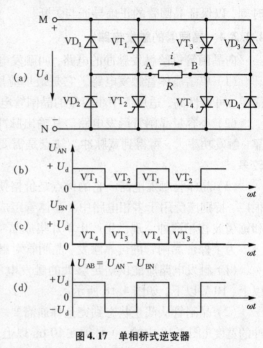

② 单相晶闸管桥式逆变器。

单相桥式逆变器的基本电路如图 4.17 所示。

由图 4.17 可知，当 VT_1 导通，图中 A 点相对于负极 N 点来说为正，即 $U_{AN} = U_d$；当 VT_3 导通时，图中 B 点相对于负极 N 点为正，即 $U_{BN} = U_d$。如果 VT_1 关断而 VT_2 导通，A 点电位为负；当关断 VT_3 而触发导通 VT_4 时，B 点电位为负。因此，周期性地导通和断开

图 4.17　单相桥式逆变器

VT_1，VT_2 就会产生如图 4.17（b）所示的一系列正脉冲电压 U_{AN}。同样周期性地导通和关断 VT_3 和 VT_4，则会产生如图 4.17（c）所示的一系列正脉冲电压 U_{BN}。

如果把两组晶闸管 VT_1，VT_4 和 VT_3，VT_2 交替导通和关断（π 电角度时间），那么，在负载上就会得到如图 4.17（d）所示的电压 U_{AB}。

逆变器的负载可能为电阻性或电感性，当负载为纯电阻性时，负载电流 i 的波形与负载电压波形完全相似。如果为感性负载，电流波形将滞后逆变器输出电压波形一个角度。电路中的二极管有两个作用：一是反馈作用，即把负载中的无功能量反馈回直流电源；二是防止逆变器的输出峰值过分地超过直流电源电压，以维持输出电压为恒定值。

以上介绍的是逆变器的工作原理和一种基本的逆变电路。在实际应用中，有时要求对逆变器的输出电压进行控制，如异步电机在调速过程中，要求输入端电压与电压频率成比例关系，即要求保持 U/f 不变，所以在改变频率时，必须改变端电压的大小，对逆变器必须进行电压控制。

对逆变器的电压进行控制的方法如下。

• 通过控制逆变器的输入直流电压，来改变其输出电压的大小。

• 进行脉宽控制。这种方法是不改变逆变器输入直流电压的大小，而是通过改变逆变

器中晶闸管（或晶体管）的导通时间来控制输出脉冲的宽度从而改变逆变器输出电压。

• 脉冲宽度调制（PWM）法。这种方法是使工作在逆变器中的四只晶闸管通过高频调制控制，在半个周期内，重复导通和关断多次后，输出一系列被调制的矩形脉冲波，而逆变器输出电压的幅值是通过改变这些脉冲总的导通时间和总的关断时间的比率来控制的。

在逆变器的使用过程中，还涉及触发控制和换相技术。工作在逆变电路中的两组晶闸管 VT_1，VT_4 和 VT_3，VT_2 是交替导通和关断的，正是由于这种按时序的关与断，负载上才可以得到交流电。所以在选用逆变器时，要采取必要的措施，使触发和换相均出现在最佳时刻，以保证晶闸管的正确导通与关断。

4.2.2.4 晶闸管的触发电路

向晶闸管供给触发脉冲的电路，叫触发电路。比较常用的触发电路有下面几种。

（1）单结晶体管触发电路。它是最早应用的、基本的、常用的一种。它的优点是电路简单，可靠性高，适用于中小容量的晶闸管电路。缺点是输出脉冲不够宽。

（2）小容量晶闸管触发电路。其输出脉冲用于触发大功率晶闸管。其优点是简单、可靠、触发功率大，可得到宽脉冲。缺点是需要单结晶体管触发小容量晶闸管，用的元件比较多。

（3）晶体管触发电路。它的优点是价格便宜，容易实现，输出功率比较大。所以，应用很广，特别广泛用于多相电路中。晶体管组成的触发电路种类很多，常用的有正弦波移相和锯齿波移相两种。现已生产出单片集成晶闸管触发电路。

为了保证晶闸管的可靠触发，晶闸管对触发电路有一定的要求。概括起来有如下几种。

（1）触发电路应能供给足够大的触发电压和触发电流，一般要求触发电压应该在 4 V 以上、10 V 以下，如图 4.18 所示。

（2）晶闸管从截止状态到完全导通需要一定的时间（一般在 10 μs 以下），因此，触发脉冲的宽度（图 4.18 中的 t_1）必须在 10 μs 以上（最好有 20 ~ 50 μs），才能保证晶闸管可靠触发；如果负载是大电感，电流上升比较慢，那么触发脉冲的宽度还应该增大，如图 4.19 所示。

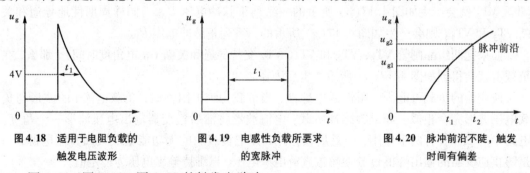

图 4.18 适用于电阻负载的　　　　图 4.19 电感性负载所要求　　　　图 4.20 脉冲前沿不陡，触发
        触发电压波形　　　　　　　　　　的宽脉冲　　　　　　　　　　　　　时间有偏差

图 4.18、图 4.19、图 4.20 的触发电路略。

（3）不触发时，触发电路的输出电压应为 0.15 ~ 0.20 V。为了提高抗干扰能力，避免误触发，必要时，可在控制极上加上一个 1 ~ 2 V 的负偏压（就是在控制极上加一个对阴极为负的电压）。

（4）触发脉冲的前沿要陡，前沿最好在 10 μs 以下，否则将会因温度、电压等因素的变化而造成晶闸管的触发时间前后不一致。例如，在图 4.20 中，如果由于环境温度的改变，使得晶闸管的触发电压从 u_{g1} 提高到 u_{g2}，晶闸管开始触发的时间就从 t_1 变成 t_2，可见，触发时间推迟了。

（5）在晶闸管整流等移相控制的触发电路中，触发脉冲应该和主电路同步，脉冲发出的时间应该能够平稳地前后移动（移相），移相的范围要足够宽。

4.2.2.5　晶闸管的保护

晶闸管元件的过载能力很差，因此，过载保护问题是其应用中的一个很重要的问题。

（1）晶闸管的过电流保护。

晶闸管电路发生过电流的主要原因是：负载端短路或过载；电路中某一晶闸管击穿损坏而短路，造成其他元件的过电流；触发电路工作不正常或受干扰，使晶闸管误触发引起过电流。

晶闸管元件允许在一个较短的时间内承受一定的过电流。过电流保护就是当发生过电流时，在允许的时间内切断过电流电路，防止元件被过电流产生的高温烧坏。

晶闸管元件的过电流保护措施主要有以下三种。

① 设置快速熔断器。快速熔断器在电路中可以接在交流输入端或直流输出端或与晶闸管串联，如图 4.21 所示。

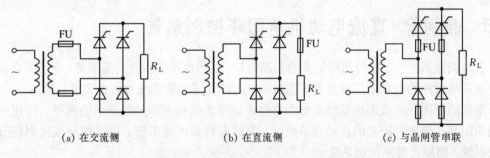

（a）在交流侧　　　　　　（b）在直流侧　　　　　　（c）与晶闸管串联

图 4.21　快速熔断器接在电路中的位置

② 装设过流继电器及快速开关。在直流侧装设直流过流继电器，或在交流侧经电流互感器装设过流继电器，也可以保护晶闸管元件。

③ 整流触发脉冲移相保护。当整流端负载出现严重过载或短路时，利用过电流的信号，把晶闸管元件的触发脉冲移后，使晶闸管的导通角减小或者停止触发，这对于过载或短路开始时浪涌电流不大的情况是适用的。

以上所述保护措施在一个装置中可能选用其中一项，也可能选用几项。

（2）晶闸管的过电压保护。

晶闸管元件的过电压能力极差，当元件承受的反向电压超过其反向击穿电压时，即使时间极短，也会使元件反向击穿损坏，因此，必须考虑过电压保护。

产生过电压的原因，主要是电源变压器原边的断开与接通，直流侧负载电感的切断，快速熔断器的熔断，晶闸管本身的动作以及闪电雷击和其他干扰等。产生过电压的实质是电路中积聚的电磁能量消散不掉，因此，过电压保护就是要吸收或消散这些能量，电阻、电容、硒堆和压敏电阻等元件即可起到这种作用。

阻容保护装置，既可用来保护交流侧，如图 4.22 所示，也可用来保护直流侧，如图 4.23 所示，还可与晶闸管并接，用以保护晶闸管本身免受过电压损坏。

硒堆就是成组串联的硒整流片。虽然硒堆较阻容元件体积大、成本高，但它有较强的

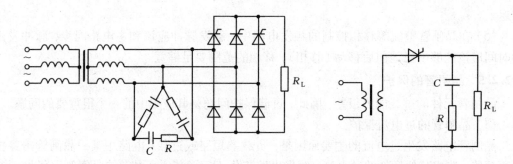

图 4.22　交流侧的阻容保护　　　　　　　　　图 4.23　直流侧的阻容保护

吸收过电压能力,因此被较广泛地应用于容量较大的电路中。

　　金属氧化物压敏电阻的体积小,伏安特性很陡,它对浪涌过电压抑制能力很强、反应也快,是一种比较好的过电压保护元件,完全可以用来取代硒堆。

　　硒堆和压敏电阻在晶闸管电路中的接法与阻容保护大体相同,只是在交流侧常接成 Y 形。

4.3　晶闸管-直流电动机单闭环控制系统

　　直流调速系统中,目前用得最多的是晶闸管-电动机调速系统。晶闸管-电动机直流传动控制系统常用的有单闭环直流调速系统、双闭环直流调速系统和可逆调速系统。

　　常见的单闭环直流调速系统常分为有静差调速系统和无静差调速系统两类。按比例控制的单闭环系统属有静差的自动调节系统,简称有静差调速系统;而按积分或比例积分控制的系统,则属无静差调速系统。

4.3.1　有静差直流调速系统

4.3.1.1　单闭环转速负反馈调速系统

　　图 4.24 所示为一典型的晶闸管-直流电动机有静差调速系统的原理图,其中,放大器为比例放大器(或比例调节器),直流电动机 M 由晶闸管可控整流器经过平波电抗器 L 供电。整流器整流电压 U_d 可由控制角 α 来改变,触发器的输入控制电压为 U_k。为使速度调节灵敏,使用放大器来把 ΔU 加以扩大。ΔU 为给定电压 U_g 与速度反馈信号 U_f 的差值,即

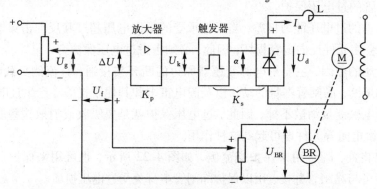

图 4.24　晶闸管-直流电动机有静差调速系统原理图

$$\Delta U = U_g - U_f \tag{4.5}$$

ΔU 又称偏差信号。速度反馈信号电压 U_f 与转速 n 成正比，即

$$U_f = \gamma n \tag{4.6}$$

式中：γ——转速反馈系数。

放大器的输出为

$$U_k = K_p \Delta U \tag{4.7}$$

式中：K_p——放大器的电压放大倍数。

把触发器和可控整流器看成一个整体，设其等效放大倍数为 K_s，则空载时，可控整流器的输出电压为

$$U_{d0} = K_s U_k \tag{4.8}$$

对于电动机电枢回路，若忽略晶闸管的管压降，则有

$$U_{d0} = K_e \Phi n + I_a R_\Sigma = C_e n + I_a R_\Sigma \tag{4.9}$$

式中：$R_\Sigma = R_r + R_a$——电枢回路的总电阻；

$\quad\quad R_r$——可控整流电源的等效内阻（包括整流变压器和平波电抗器等的电阻）；

$\quad\quad R_a$——电动机的电枢电阻。

根据各环节的稳态关系式，可以画出闭环系统的稳态结构图，如图 4.25 所示。图中方块内的符号代表该环节的放大系数。由图或联立求解式(4.5)至式(4.9)，可得带转速负反馈的晶闸管-电动机有静差调速系统的机械特性方程：

$$n = \frac{K_p K_s U_g}{C_e(1+K)} - \frac{R_\Sigma}{C_e(1+K)} I_a = \frac{K_0 U_g}{C_e(1+K)} - \frac{R_\Sigma}{C_e(1+K)} I_a = n_{0f} - \Delta n_f \tag{4.10}$$

式中，$K_0 = K_p K_s$，$K = \dfrac{\gamma}{C_e} K_p K_s$，其中 K 为闭环系统的开环放大倍数。

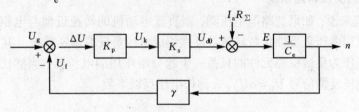

图 4.25　转速负反馈闭环系统的稳态结构图

若将图 4.25 中的转速负反馈去掉，该系统的开环机械特性为

$$n = \frac{U_{d0} - I_a R_\Sigma}{C_e} = \frac{K_0 U_g - I_a R_\Sigma}{C_e} = \frac{K_0 U_g}{C_e} - \frac{R_\Sigma}{C_e} I_a = n_0 - \Delta n \tag{4.11}$$

比较式(4.10)和式(4.11)，可以看出：

(1) 闭环系统静特性可以比开环系统机械特性硬得多。在同样的负载扰动下，两者的转速降分别为

$$\Delta n = \frac{R_\Sigma}{C_e} I_a$$

$$\Delta n_f = \frac{R_\Sigma}{C_e(1+K)} I_a$$

它们的关系是

$$\Delta n_f = \frac{\Delta n}{1 + K} \tag{4.12}$$

式(4.12) 表明，转速闭环后，在同一负载下的转速降减小到原开环转速降的 $1/(1 + K)$，因而闭环系统的特性要比开环系统的特性硬得多。

（2）当要求静差率一定时，闭环系统可以大大提高调速范围。在开环和闭环系统中，如果电动机的最高转速均是 n_{max}，开环调速范围是

$$D = \frac{n_{max}s_2}{\Delta n(1 - s_2)}$$

闭环调速范围是

$$D_f = \frac{n_{max}s_2}{\Delta n_f(1 - s_2)}$$

将式(4.12) 代入上式，得

$$D_f = (1 + K) D \tag{4.13}$$

即闭环系统的调速范围为开环系统的 $(1 + K)$ 倍。

（3）由上可见，提高系统的开环放大倍数 K 是减小静态转速降、扩大调速范围的有效措施，因此必须设置放大器或调节器。但是放大倍数也不能过分增大，否则系统容易产生不稳定现象。

这种系统主要靠偏差电压 ΔU 进行调节，若 $\Delta U = 0$，则控制电压 $U_k = K_p\Delta U = 0$，整流器的输出电压 $U_{d0} = K_s U_k = 0$，电动机就不能转动了。另外，为了使转速偏差足够小，则 K 应足够大，才能获得足够大的控制电压 U_k。从式(4.12) 可知，只有 $K = \infty$，才能使 $\Delta n = 0$，而这是不可能的。因此，这种具有比例调节器的闭环系统为有静差调速系统。

4.3.1.2　电压负反馈调速系统

对调速系统来说，如果忽略电枢压降，则直流电动机的转速近似与电枢两端电压成正比。因此，可以用电压负反馈代替转速负反馈组成电压负反馈调速系统。其原理如图 4.26 所示。在这里，作为反馈检测元件的只是一个起分压作用的电位器，当然比测速发电机要简单、经济。电压反馈信号 $U_f = \alpha U_d$，α 称作电压反馈系数。

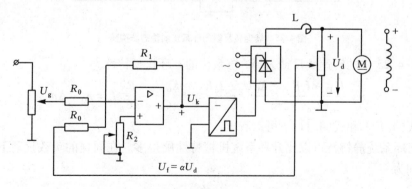

图 4.26　电压负反馈调速系统

图 4.27 是电压负反馈调速系统的稳态结构图，它与图 4.25 的转速负反馈系统结构不同的地方仅在于负反馈信号的取出处。电压负反馈取自电枢端电压 U_d，为了在结构图上将 U_d 显示出来，须把电阻 R 分成两个部分，即

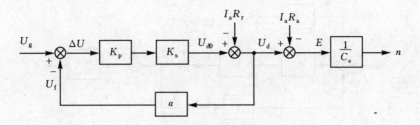

图4.27 电压负反馈调速系统的稳态结构图

$$R_\Sigma = R_r + R_a$$

因而

$$U_{d0} - I_a R_r = U_d$$

$$U_d - I_a R_a = E$$

因而利用结构图,即得电压负反馈调速系统的静特性方程式:

$$n = \frac{K_p K_s U_g}{C_e(1+K)} - \frac{R_r}{C_e(1+K)}I_a - \frac{R_a}{C_e}I_a \tag{4.14}$$

式中,$K = \alpha K_p K_s$。

从静特性方程式可以看出,电压负反馈把被反馈环包围的整流装置的内阻 R_r 等引起的静态速降减小到 $1/(1+K)$,由电枢电阻 R_a 引起的速降 $R_a I_a/C_e$ 仍和开环系统一样。因此,电压负反馈调速系统的静态速降比同等放大系数的转速负反馈系统要大一些,稳态性能要差一些。

在图4.26所示的系统中,反馈电压直接取自接在电动机电枢两端的电位器上,这种方式虽然简单,却把主电路的高电压和控制电路的低电压串在了一起,从安全角度上看,是不合适的。对于电压较高,或者电机容量较大的系统,通常应在反馈回路中加入电压隔离变换器。在实际系统中,电压反馈的两根引出线应该尽量靠近电动机电枢两端,电压反馈信号一般都应经过滤波。

4.3.1.3 带电流正反馈的电压负反馈调速系统

为了弥补电枢压降所造成的转速降,增设电流正反馈,使带电流正反馈的电压负反馈调速系统接近转速反馈系统的性能。图4.28是带电流正反馈和电压负反馈调速系统原理图。在主电路中增设了电流取样电阻 R_s,由 $I_a R_s$ 取电流正反馈信号。图4.29是带电流正反馈和电压负反馈调速系统的静态结构图。

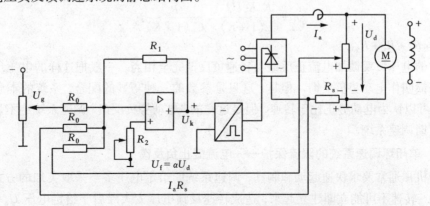

图4.28 带电流正反馈和电压负反馈调速系统原理图

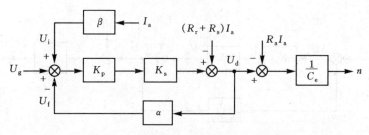

图 4.29　带电流正反馈和电压负反馈调速系统的静态结构图

系统加入电流正反馈环节后,当负载增大使静态速降增加时,电流正反馈信号 $U_i = \beta I_a$ 也增大,因其极性与转速给定电压相同,因此控制电压 U_k 随之增加,从而弥补了转速降,提高了静特性硬度。由静态结构图 4.29 可以导出系统的静特性方程为

$$n = \frac{K_p K_s U_g}{C_e(1+K)} - \frac{R_r + R_s}{C_e(1+K)}I_a + \frac{K_p K_s \beta}{C_e(1+K)}I_a - \frac{R_a}{C_e}I_a \qquad (4.15)$$

式中, β 为电流反馈系数, $K = \alpha K_p K_s$。

从式(4.15)可以看出,采用电流正反馈环节,使转速附加了一个增量 $\dfrac{K_p K_s \beta}{C_e(1+K)}I_a$,可以补偿转速降。若使系统的静态速降为零,称为全补偿。但这在实际系统中难以做到。如果条件变化,补偿过了头而引起静特性上翘,则随着负载增加,转速反而上升,系统就不能稳定运行。为此,只有将电流正反馈调整得弱一点,使系统处于欠补偿状态下运行。

应该指出,电流正反馈和电压负反馈或转速负反馈是性质完全不同的两种控制作用。电流正反馈是采用一个正项去抵消系统中负的速降项。从这个特点上看,电流正反馈不属于"反馈控制",而称作"补偿控制"。由于电流的大小反映了负载扰动,所以又称为"扰动量的补偿控制"。补偿控制完全依赖于参数的配合,且只是针对一种扰动而言的。在实际调速系统中,很少单独使用,只是在电压或转速负反馈调速系统中,利用电流正反馈的补偿作用,作为减少静态速降的一种辅助措施。

有一种特殊的欠补偿状态,当参数配合适当时,可使电流正反馈作用恰好抵消电枢电阻产生的速降。即当

$$K_p K_s \beta = K R_a \qquad (4.16)$$

时,式(4.15)变成

$$n = \frac{K_p K_s U_g}{C_e(1+K)} - \frac{R}{C_e(1+K)}I_a$$

式中, $R = R_r + R_s + R_a$。

这时的电压负反馈加电流正反馈与转速负反馈完全相当。一般把这样的电压负反馈加电流正反馈叫作电动势负反馈。但是,这只是参数的一种巧妙的配合,系统的本质并未改变,虽然可以认为电动势正比于转速,但是这样的"电动势负反馈"调速系统绝不是真正的转速负反馈调速系统。

4.3.1.4　单闭环调速系统的限流保护——电流截止负反馈

生产机械通常要求快速起动和制动,调速系统的给定电压多半采取突加的方式,由于机械惯性,转速不可能立即建立起来,造成转速反馈电压大大滞后于给定电压 U_g 的变化,结果使偏差电压 $\Delta U = U_g$;整流电压很快达到最高值,电动机相当于全电压起动。如果没

有限流措施，产生的冲击电流对电动机换向及承受过载能力很差的晶闸管来说都是不允许的。另外，有些生产机械可能会遇到堵转的情况，例如，轧钢机的钢材被卡住，挖土机运行时碰到坚硬的石块等。由于闭环系统的静特性很硬，若无限流环节，电流将会远远超过允许值。如果只靠过流继电器或熔断器保护，一旦过载跳闸，将导致无法正常工作。

根据反馈控制原理，要维持哪一个物理量基本不变，就应该引入那个物理量的负反馈，则应引入电流负反馈。但是，这种作用只应在起动和堵转时存在，在正常运行时应取消，否则静特性将变得太软而无法工作。这种当电流大到一定程度时才出现的电流负反馈叫作电流截止负反馈。

在转速闭环调速系统的基础上引入电流截止负反馈环节，就可构成带有电流截止负反馈的单闭环调速系统，如图 4.30 所示。电流反馈信号取自串入电枢回路的小电阻 R，RI_a 与主回路直流电流 I_a 成正比。如果在电流反馈回路接入一个比较电压 U_b，使电流反馈信号与 U_b 进行比较。当电流大于一定值时，$RI_a > U_b$，二极管 VD 导通，允许负反馈电流通过，其极性与 U_g 相反，从而迫使整流电压 U_d 迅速减小，电动机转速随着降低。如果负载电流一直增加下去，则电动机速度最后将降到零。电动机速度降到零后，电流不再增大，这样就起到了"限流"的作用。当电流小于一定值时，$RI_a < U_b$，二极管 VD 截止，将电流反馈切断。

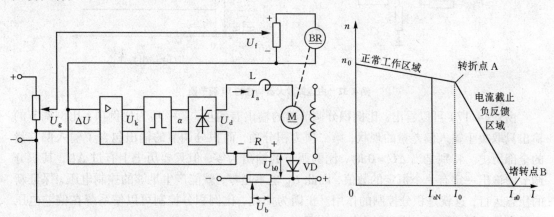

图 4.30　电流截止负反馈的单闭环调速系统　　　图 4.31　电流截止负反馈的单闭环调速系统速度特性

加有电流截止负反馈的速度特性如图 4.31 所示。图中 B 点速度等于零时，电流为 I_{a0}，称为堵转电流，一般按电动机短时过载能力选择：$I_{a0} = (2 \sim 2.5)I_N$，其中 I_N 为电动机额定电流。电流负反馈开始起作用的电流称为转折点电流或称临界截止电流 I_0，一般转折点电流 $I_0 = 1.5I_N$。显然，在这一线路中，比较电压 $U_b = I_0R$，且比较电压越大，则电流截止负反馈的转折点电流越大；比较电压越小，则转折点电流越小。

从静特性图看出，电流负反馈被截止时，n_0—A 段就是转速负反馈系统的静特性，显然特性比较硬；电流负反馈起作用时，为 A—B 段，特性比较软，这种特性因它常被用于挖土机上，故称为"挖土机特性"。

此外，还有用稳压管代替比较电压作为电流截止环节，以及其他电流保护方式。

4.3.2　单闭环无静差调速系统

用比例（P）调节器的单闭环调速系统是有静差的调速系统，增大比例放大系数可以减少静差，提高静特性的硬度，但不可能完全消除静差。无静差调速系统，是指调速系统稳态运行时，系统的给定值与被调量的反馈值保持相等，即 $\Delta U = U_g - U_f = 0$。采用比例积分调节器就可以组成无静差调速系统。

4.3.2.1 比例积分（PI）调节器

把比例和积分运算电路组合起来就构成了比例积分调节器，简称 PI 调节器。图 4.32（a）是由运算放大器构成的 PI 调节器。由图可知：

$$U_k = -\frac{R_1}{R_0}\Delta U - \frac{1}{R_0 C_1}\int \Delta U dt = -K_p \Delta U - \frac{1}{\tau}\int \Delta U dt \qquad (4.17)$$

式中：ΔU——偏差量输入，$\Delta U = U_g - U_f$；

$\quad K_p$——比例系数，$K_p = \dfrac{R_1}{R_0}$；

$\quad \tau$——积分系数，$\tau = R_0 C_1$。

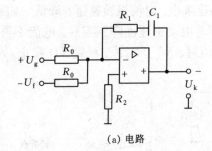
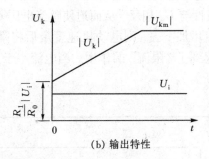

（a）电路　　　　　　　　　　　　　（b）输出特性

图 4.32　由运算放大器构成的 PI 调节器

由式（4.17）可以看出：比例积分调节器的输出有两项，第一项为比例项，比例调节的输出只取决于输入偏差量的现状；第二项为积分项，而积分调节的输出包含了输入偏差量的全部历史。特别是当 $\Delta U = 0$ 时，比例调节的输出为零，但只要历史上有过 ΔU，其积分调节的输出一定有一个恒定的数值，因此 U_k 也不是零，就能产生足够的控制电压，保证新的稳态运行，这就是积分控制的作用。正因为如此，比例积分控制可以使系统在偏差电压为零时保持恒速运行，从而得到无静差调速。

在零初始状态和阶跃输入下，输出电压的特性如图 4.32(b) 所示。

4.3.2.2 无静差调速系统

实用的无静差调速系统常采用比例积分调节器，如图 4.33 所示，它综合了比例和积分调节器的特点，既能获得较高的静态精度，又具有较快的动态响应。当突加输入信号时，由于电容 C_1 两端电压不能突变，相当于两端瞬时短路，在运算放大器反馈回路中只剩下电阻 R_1，相当于一个放大系数为 K_p 的比例调节器，在输出端立即呈现电压 $K_p \Delta U$，实现快速控制，发挥了比例控制的长处。此后，随着电容 C_1 被充电，输出电压 U_o 开始积分，直到稳态。稳态时 C_1 两端电压不变，R_1 已不起作用，相当于积分调节器，实现稳态无静差。

无静差调速系统只是在静态时转速无静差，动态时转速是有偏差的。现以阶跃负载扰动为例，说明 PI 调节器对扰动的调节过程。

由图 4.34 可见，当突加负载时，电动机转矩失去平衡，转速迅速下降，出现偏差电压 $\Delta U = U_g - U_f$。此偏差电压使 PI 调节器的输出产生一个增量 ΔU_k。此增量由两部分组成，

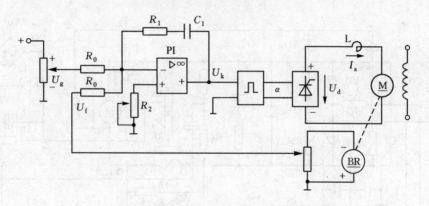

图 4.33　采用比例积分调节器的无静差调速系统

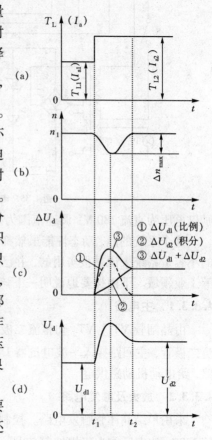

比例部分为 $\Delta U_{k1} = K_p \Delta U$，波形与 ΔU 相同。在此增量的作用下，立即使整流电压产生一个增量 ΔU_{d1}，及时阻止转速下降。ΔU_{k1} 的控制作用越强，最大动态速降 $\Delta n_{\max}$ 就越小。另一部分为积分增量 $\Delta U_{k2} = \frac{1}{\tau} \int \Delta U \mathrm{d}t$，只要偏差存在，$\Delta U_{k2}$ 就增长，直至 $\Delta U = 0$ 才停止上升。

　　在调节过程的初期和中期，因速降大，偏差 ΔU 亦大，其比例部分的增量 ΔU_{k1} 产生较大的整流电压，迫使转速下降缓慢。而积分部分的增量 ΔU_{k2} 上升需要时间的积累，响应慢，故此期间比例调节起着主导作用。在扰动调节的后期，转速已回升，ΔU 减小，比例部分 ΔU_{k1} 作用减弱，而积分项 ΔU_{k2} 已经有一段时间的积累，逐渐升高，也就是说，积分调节作用逐渐增大。只要偏差 ΔU 存在，就意味着实际转速与给定值不相等，直至转速恢复到扰动前的数值为止，在此期间积分部分起主要作用，比例控制逐渐减弱，最后靠积分控制作用产生一个整流电压的增量 ΔU_d 来补偿电枢电阻压降，最终消除静差。这就是 PI 调节器在系统中获得良好抗扰性能的原因所在。

　　在负载扰动下的动态速降是调速系统的一个重要的动态指标。有些生产机械除有静态精度要求外，还有动态精度要求。例如热连轧机，一般要求静差率为 $0.2\% \sim 0.5\%$，动态速降 $1\% \sim 3\%$，动态恢复时间为 $0.2 \sim 0.5 \mathrm{~s}$。

图 4.34　负载阶跃变化 PI 调节器对扰动的调节过程

4.3.3　直流单闭环不可逆调速系统实例

　　图 4.35 给出了采用电压负反馈和电流正反馈调速系统的实用线路。该线路适用于 1.1 kW 以下的直流电动机无级调速，其技术数据如下。

　　电源电压：单相交流 220 V；整流输出电压为直流 180 V；最大输出电流为直流 6.5 A；

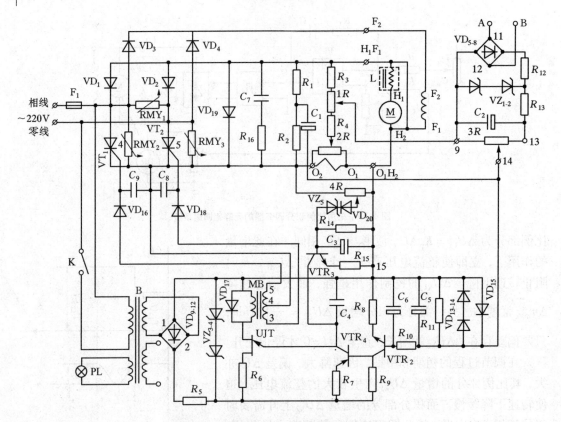

图 4.35　电压电流反馈直流调速系统实用线路

励磁电压为直流 180 V；调速范围为 $D=20$；静差率 $s \leqslant 10\%$。

这个系统的静、动态性能虽然都不算很高，但设备简单经济，操作方便，对于要求不高的小容量系统来说是很实用的，并已广泛用于机械、冶金、造纸、纺织、印刷、食品、化工等工业领域。下面扼要地说明一下该系统的工作原理。

4.3.3.1　主电路

由晶闸管 VT_1，VT_2 和整流二极管 VD_1，VD_2 组成单相半控桥式整流电路，VD_{19} 为续流二极管，主回路接入平波电抗器 L 以改善电机的换向条件，$VD_1 \sim VD_4$ 组成桥式整流电路，给电动机励磁供电。

4.3.3.2　放大及触发电路

采用单结晶体管触发电路。控制信号经 VD_{13}，VD_{14} 限幅和 C_5，C_6，R_{10} 滤波，由晶体管 VTR_2 放大后作为移相控制信号，移相脉冲经脉冲变压器 MB 分别加到晶闸管 VT_1 或 VT_2 的控制极，通过控制信号的变化可控制移相触发脉冲的相位，从而使主电路的桥式整流器的输出直流电压按要求无级变化。

4.3.3.3　给定与反馈电路

转速给定信号由电位器 $3R$ 给出，C_2，R_{13} 组成积分延时环节，调速系统静特性电压负反馈信号由 R_3，R_4 及电位器 $1R$ 取出；电流正反馈信号由电位器 $2R$ 取出，这两个反馈信号与给定信号串联相加，作为放大电路的输入。反馈量的大小分别通过电位器 $1R$，$2R$ 调节，由电阻 R_1，R_2 及电容 C_1 组成的电压微分负反馈信号与给定信号并联，用以改善系统的动态性能，电流截止负反馈电路由三极管 VTR_3,稳压管 VZ_5,二极管 VD_{20},电阻 R_{14},R_{15},电容 C_3 和电位器 $4R$ 等组成。调节电位器 $4R$,可以整定截流范围,当电机电流超过整定值时,稳压管 VZ_5 导通,将触发电路中的电容 C_4 短路,使之无法产生触发脉冲,从而使电机堵转。

4.3.3.4　保护电路

快速熔断器 F_1 用作短路电流保护;压敏电阻 $RMY_{1\sim3}$ 分别为交流侧、晶闸管元件侧的过电压保护及换向浪涌电压保护,电阻 R_{16} 和电容 C_7 用作直流侧过电压保护。

4.4　双闭环直流调速系统

4.4.1　最大允许电流约束条件下的最佳过渡过程

为提高生产率,生产机械经常处于起动、制动,正转、反转,控制的目标是实现最短起动(制动)时间控制,或者说最大起动(制动)加速度控制。根据电力拖动系统的动力学方程:

$$T_{\max} - T_{\mathrm{L}} = \frac{GD^2}{375}\frac{\mathrm{d}n}{\mathrm{d}t} \qquad (4.18)$$

$$T_{\max} = C_{\mathrm{m}}I_{\mathrm{am}}$$

显然,最大加速度控制,将受到电机过载能力,即最大允许电流的约束。

电动机以最大允许电流 I_{am} 起动(制动)的过程,工程上称之为最佳起动(制动)过程。在最佳起动(制动)时,直流电动机转速、电枢电流以及晶闸管装置的输出电压的变化规律如图 4.36 所示。

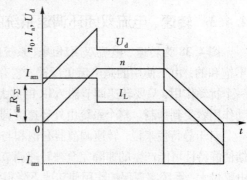

图 4.36　最佳过渡过程

最佳起动(制动)过程要求保持电动机电流为最大允许值 I_{am},做到在充分利用电动机过载能力的条件下获得最快的动态响应。它的特点是在电动机起动时,起动电流很快地加大到允许过载能力值 I_{am},并且保持不变,在这个条件下,转速 n 得到线性增长,当升到需要的大小时,电动机的电流急剧下降到所需的电流 I_{a} 值。对应这种要求,可控整流器的电压开始应为 $R_{\Sigma}I_{\mathrm{am}}$,随着转速 n 的上升,$U_{\mathrm{d}} = R_{\Sigma}I_{\mathrm{am}} + C_{\mathrm{e}}n$ 也上升,到达稳定转速时,$U_{\mathrm{d}} = R_{\Sigma}I_{\mathrm{a}} + C_{\mathrm{e}}n$。这就要求在起动过程中,把电动机的电流当作被调节量,使之维持为电动机允许的最大值,并保持不变。这就要求有一个电流调节器来完成这个任务。

按照反馈控制规律,采用某个物理量的负反馈就可以保持该量基本不变。为了实现最佳起动(制动)过程,调速系统中需要增设电流闭环,在起动和制动时,实现恒流控制。而到达稳态后,实现电流跟随控制。转速、电流双闭环调速系统便应运而生。

4.4.2　转速、电流双闭环调速系统的组成

具有速度调节器 ASR 和电流调节器 ACR 的双闭环调速系统就是在这种要求下产生的,为了使转速和电流两种负反馈分别起作用,在系统中设置了两个调节器,分别调节转

速和电流，二者之间实行串级连接，如图 4.37 所示。这就是说，把转速调节器的输出当作电流调节器的输入，再用电流调节器的输出去控制晶闸管整流器的触发装置。从闭环结构上看，电流调节环在里面，叫作内环；转速调节环在外边，叫作外环。这样就形成了转速、电流双闭环调速系统。图 4.37 中 TA 为电流传感器。

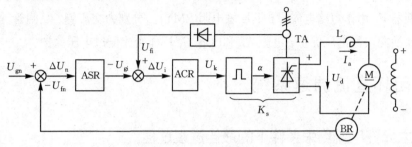

图 4.37 转速、电流双闭环调速系统的组成

为了获得良好的静、动态性能，双闭环调速系统的两个调节器一般都采用 PI 调节器，在图上标出了两个调节器输入输出电压的实际极性，它们是按照触发装置的控制电压 U_k 为正电压的情况标出的，并考虑运算放大器的倒相作用。图中还表示出，两个调节器的输出都是带限幅的。转速调节器 ASR 的输出限幅（饱和）电压是 U_{gim}，它决定了电流调节器给定电压的最大值；电流调节器 ACR 的输出限幅电压限制了晶闸管整流器输出电压的最大值。

4.4.3　转速、电流双闭环调速系统的静特性

图 4.38 为转速、电流双闭环调速系统的静特性结构图。在正常运行时，电流调节器是不饱和的，由于使用的是电流负反馈，它有使静特性变软的趋势，它对于转速环来说相当于一个扰动作用，只要转速调节器 ASR 的放大倍数足够大，而且没有饱和，则电流负反馈的扰动作用就受到抑制。整个系统由外环速度调节器来决定，它仍然是一个无静差的调速系统。

对于静特性来说，转速调节器有饱和与不饱和之分。当转速调节器不饱和时，转速负反馈使静特性可能产生的速降完全被转速调节器的积分作用所抵消了。一旦 ASR 饱和，当负载电流过大，系统实现保护作用使转速下降很大时，转速环即失去作用，只剩下电流环起作用，这时系统表现为恒流调节系统，静特性便会呈现出很陡的下垂段特性。

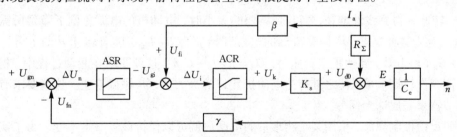

图 4.38 转速、电流双闭环调速系统的静特性结构图

4.4.4　转速、电流双闭环调速系统的起动过程分析

在转速、电流双闭环调速系统中，速度调节器 ASR 和电流调节器 ACR 都常用 PI 调节器。转速、电流双闭环调速系统突加给定电压 U_{gn} 由静止状态起动时，转速和电流的过渡过程如图 4.39 所示。由于在起动过程中转速调节器 ASR 经历了不饱和、饱和、退饱和三

个阶段，整个过渡过程也就分成三段，在图中分别标
以 I，II 和 III。

第 I 阶段 $0 \sim t_1$ 是电流上升的阶段。突加给定电
压 U_{gn} 后，通过两个调节器的控制作用，使 U_{gi}，U_d，
I_a 都上升。由于机电惯性的作用，转速的增长不会很
快，因而转速调节器 ASR 的输入偏差电压 $\Delta U_n = U_{gn}$
$-U_{fn}$ 数值较大，其输出很快达到限幅值 U_{gim}，强迫
电流 I_a 迅速上升。当 $I_a = I_{am}$ 时，

$$U_{gim} = U_{fi} = \beta I_{am} \qquad (4.19)$$

式中：β——电流反馈系数。

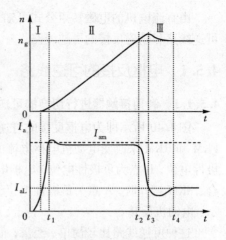

图 4.39　起动时转速和电流的过渡过程

电流调节器的作用使 I_a 不再迅猛增长。在这一
阶段中，ASR 由不饱和很快达到饱和，而 ACR 一般
应该不饱和，以保证电流环的调节作用。

第 II 阶段 $t_1 \sim t_2$ 是恒流升速阶段。从电流升到最大值 I_{am} 开始，到转速升到给定值为
止，属于恒流升速阶段，是起动过程中的主要阶段。在这个阶段中，ASR 一直是饱和的，
转速环相当于开环状态，系统表现为在恒值电流给定 U_{gim} 作用下的电流调节系统，基本上
保持电流 I_a 恒定，因而拖动系统的加速度恒定，转速呈线性增长，电动机的反电动势也呈
线性增长。对电流调节系统来说，这个反电动势是一个线性渐增的扰动量，为了克服这个
扰动，U_d 和 U_k 也必须基本上按线性增长，才能保持 I_{am} 恒定。由于电流调节器 ACR 是 PI
调节器，要使它的输出量按线性增长，其输入偏差电压 $\Delta U_i = U_{gim} - U_{fi}$，必须维持一定的
恒值，也就是说，I_a 应略低于 I_{am}。此外，还应指出，为了保证电流环的这种调节作用，在
起动过程中电流调节器是不能饱和的，同时整流装置的最大电压 U_{dm} 也须留有余地，即晶
闸管装置也不应饱和。

第 III 阶段以后是转速调节阶段。在这阶段开始时，转速已经达到给定值，转速调节器
的给定与反馈电压相平衡，输入偏差为零，但其输出却由于积分作用还维持在限幅值，所
以电动机仍在最大电流下加速，必然使转速超调。转速超调以后，ASR 输入端出现负的偏
差电压，使它退出饱和状态，其输出电压即 ACR 的给定电压 U_{gi} 立即从限幅值降下来，主
电路的电流 I_a 也因而下降。但是，由于仍大于负载电流 I_{aL}，在一段时间内，转速仍继续上
升。到 $I_a = I_{aL}$ 时，转矩 $T = T_L$，则 $dn/dt = 0$，转速 n 达到峰值。此后，电动机才开始在负载
的阻力下减速，与此相应，电流 I_a 也出现一段小于 I_{aL} 的过程，直到稳定。在这阶段，两个
调节器都不饱和，同时起调节作用。但转速调节器在外环，起主导作用，而电流调节器的
作用是使 I_a 尽快跟随速度调节器的输出量，即电流调节器是一个电流随动子系统。

4.5　可逆直流调速系统

电动机单向运转的调速系统，称为不可逆直流调速系统，它适用于单向运转且对停车快
速性要求不高的生产机械。而在实际生产过程中，还常要求电动机不但能平滑调速，而且又
能正、反转及快速起、制动等，如龙门刨床的工作台。能控制电动机正、反转的调速系统，称
为可逆调速系统。

由直流电机的电磁转矩公式可知,改变直流电动机转矩方向有两种方法:电枢反接的可逆线路和励磁反接的可逆线路。

4.5.1 电枢反接的可逆线路

4.5.1.1 利用接触器进行切换的可逆线路

图4.40所示即为电枢反接的可逆线路。这种线路只用一套晶闸管变流器,利用接触器FKM和RKM来改变电动机电枢电流的方向,当FKM闭合、RKM打开时,电路中A点为正极性电位,B点为负极性电位,电枢电流的方向如图中实线所示,电动机正转;当RKM闭合、FKM打开时,A点为负极性电位,B点为正极性电位,电枢电流的方向如图中虚线所示,电动机反转。

这种可逆线路比较简单、经济,但频繁切换时,接触器噪声大、寿命短。另外,一个方向的接触器断开到另一个方向的接触器闭合,大约需0.2～0.5 s的时间,它使切换过程延缓。因此,这种方案一般适用于不频繁快速正、反转的可逆调速系统。

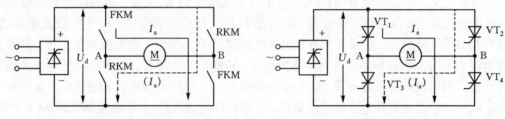

图4.40 利用接触器进行切换的可逆线路   图4.41 利用晶闸管切换的可逆线路

4.5.1.2 利用晶闸管切换的可逆线路

这种线路是将图4.40中的接触器用4只晶闸管替代,从接触器的有触点控制变为晶闸管的无触点控制,如图4.41所示。由图可见,当晶闸管 VT_1 和 VT_4 触发导通时,A点为正极性电位,而B点为负极性电位,电枢电流如图中实线所示的方向,电动机正转;当晶闸管 VT_2 和 VT_3 触发导通时,A点得到负极性电位,而B点为正极性电位,电枢电流的方向如图中虚线所示,电动机反转。

4.5.1.3 采用两套晶闸管变流器的可逆线路

采用两套晶闸管变流器分别提供正、反两个方向的电枢电流,实现电动机可逆运转的线路,目前应用比较广泛。其原理图如图4.42所示。正向晶闸管变流器设为VF组,它为电动机提供正向电枢电流 I_a,实现电动机的正转;反向晶闸管变流器为VR组,为电动机提供反向电枢电流 I_a,实现电动机的反转。一般情况下,不允许两组晶闸管同时处于整流状态,否则,将造成电源短路。

采用两组晶闸管变流器组成的可逆线路中,不流过负载而只流过两组晶闸管电路的电流称为环流。根据有无环流,调速线路又分有环流和无环流两种。

采用两组晶闸管变流器组成的可逆线路又分为两种接线方式:一种为反并联连接,如图4.42(a),它的特点是由一个交流电源同时向两组晶闸管变流器供电;另一种为交叉连接,如图4.42(b),它的特点是两组晶闸管变流器由两个独立的交流电源分别供电。在三相全控桥可逆线路中,交叉连接的线路中,只有一条环流回路;反并联线路中,有两条环流回路。因此,交叉连接比反并联连接所用的限制环流大小的均衡电抗器数目可少一半。因而,

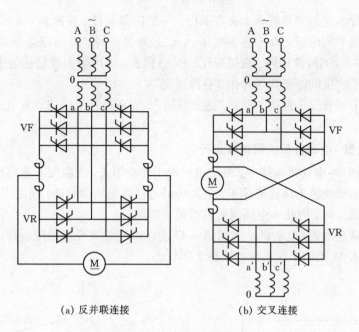

(a) 反并联连接　　　　　　　　(b) 交叉连接

图 4.42　三相全控桥可逆线路

在有环流调速系统中，三相全控桥均采用交叉连接组成可逆调速系统。除此而外，一般均采用反并联连接形式。

4.5.2　励磁反接的可逆线路

在磁场可逆线路中，电动机电枢只需要一组晶闸管整流装置供电，而励磁绕组则由另外的晶闸管装置供电，像电枢反接可逆线路一样，可以采用接触器切换，或者用晶闸管反并联或交叉连接等线路中任意一种方案来改变励磁电流的方向。

由于励磁功率只占电动机额定功率的 1%～5%，显然反接励磁所需晶闸管装置的容量要小得多，只在电枢回路用一组大容量的装置就够了。这样，对于大容量电动机，励磁反接的方案投资较少，价格便宜。但是由于励磁回路电感量大，时间常数较大，励磁反向比电枢反向过程慢，大的电动机励磁电流反向可能需要 10 s 以上的时间。为了尽可能快地反向，常采用"强迫励磁"的方法，即在反向过程中，加 2～5 倍反向励磁电压。此外，在反向过程中，当励磁电流由额定值下降到零这段时间里，如电枢电流依然存在，电动机将会产生"飞车"现象。为了避免这种情况，应在磁通减弱时，保证电枢电流为零。这无疑增加了控制系统的复杂性。因此，励磁反接的方案只适用于对快速性要求不高，正、反转不太频繁的大容量可逆系统。

4.5.3　晶闸管可逆系统的工作状态

4.5.3.1　晶闸管装置的整流和逆变状态

由电力电子学可知，同一套晶闸管装置既可以工作在整流状态，也可以工作在逆变状态。由于晶闸管的单向导电性，两种状态中电流方向不变，而电动机的端电压的极性相反。因此，在整流状态时，向电动机输送电能；而在逆变状态时，向电网回馈电能。

晶闸管装置实现逆变要有两个必要条件:一是内部条件,控制角 $\alpha > 90°$,使晶闸管整流装置输出负的平均电压 $-U_d$(逆变电压);二是外部条件,外电路必须要有一个直流电源,且极性与 $-U_d$ 的极性相同,数值应比 $|-U_d|$ 稍大,以产生和维持逆变电流。晶闸管装置在上述条件下产生的逆变状态称作"有源逆变"。

为了保证晶闸管安全换相,避免"逆变颠覆",应在控制电路中设置 β_{min} 保护,一般取 $\beta_{min} = 30°$ 左右。

4.5.3.2 晶闸管-电动机系统四象限运行

在单组晶闸管-电动机系统中,电动机只能工作在第 Ⅰ,Ⅳ 象限。然而有不少生产机械在运行过程中需要快速地减速或停车,最经济的办法就是回馈制动,使之工作在第 Ⅱ 象限。这样就要求电流反向,因此一组晶闸管显然是不够的。

两组反并联晶闸管-电动机系统如图 4.43 所示。它能实现四象限运行,是一种常用的可逆线路。图 4.44 列出了该系统的四种工作状态。

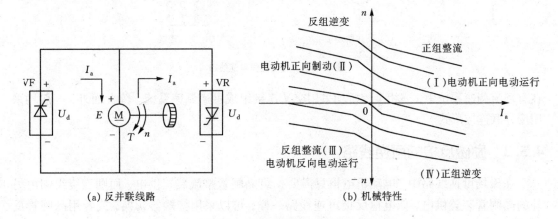

(a) 反并联线路   (b) 机械特性

图 4.43　反并联晶闸管-电动机系统

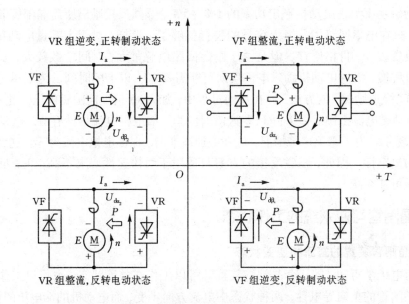

图 4.44　反并联晶闸管-电动机系统的四种工作状态

正向运行时，VF 处于整流状态，给电动机供电。电动机为电动状态，从电网吸取电能，$U_d > E$，其电磁转矩 T 为驱动转矩。系统工作在第 Ⅰ 象限。

正向制动时，VR 处于逆变状态，其逆变电压 $U_d < E$，电动机成为发电机，电能经晶闸管回馈电网。这时电动机仍然正转，但电流反向，电磁转矩 T 反向，成为制动转矩，称为回馈制动。系统工作在第 Ⅱ 象限。

依此类推，当电动机反向运行和反向回馈制动时，系统运行在第 Ⅲ，Ⅳ 象限。

由此可见，即使是不可逆系统，电动机并不要求反转，但只要需要回馈制动，就应有两组反并联的晶闸管装置。一组作为整流供电，另一组用于逆变制动。

4.5.4　晶闸管可逆调速系统

晶闸管可逆调速系统有无环流和有环流两大类。其中逻辑无环流系统由于可靠性高，不需要环流电抗器，因而得到广泛应用。下面就对该系统做简要介绍。

当一组晶闸管工作时，用逻辑电路封锁另一组晶闸管的触发脉冲，使它完全处于阻断状态，确保两组晶闸管不同时工作，从根本上切断了环流的通路。这就是逻辑控制的无环流可逆系统。

4.5.4.1　系统的组成和工作原理

（1）系统的组成。

逻辑控制的无环流可逆调速系统简称逻辑无环流系统，其原理框图如图 4.45 所示。主电路采用两组晶闸管装置反并联连接，由于没有环流，不用再设置环流电抗器。但为了保证稳定运行时电流波形的连续，仍应保留平波电抗器 L_d。

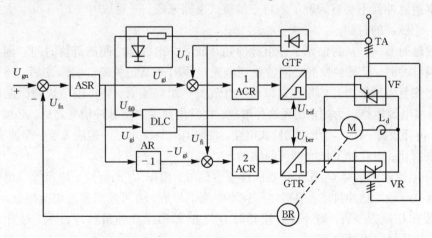

图 4.45　逻辑无环流系统原理框图

控制线路采用典型的转速、电流双闭环系统，只是电流环分设了两个电流调节器。1ACR 用来控制正组触发装置 GTF，2ACR 控制反组触发装置 GTR。1ACR 的给定信号经反号器 AR 作为 2ACR 的给定信号，这样可以使电流反馈信号 U_{fi} 的极性在正、反转时都不必改变，从而可采用不反映极性的交流电流互感器。由于主电路不设均衡电抗器，一旦出现环流，将造成严重的短路事故，所以对可靠性要求特别高。为此在逻辑无环流系统中设置了无环流逻辑控制器 DLC，这是系统中最关键的部件，必须保证可靠地工作。

（2）工作原理。

无环流逻辑控制器 DLC 的任务是：按照系统的工作状态，指挥系统进行自动切换。在任何情况下，决不容许两组晶闸管同时开放，确保主电路没有产生环流的可能。在正组晶闸管 VF 工作时封锁反组脉冲，在反组晶闸管 VR 工作时封锁正组脉冲。无环流逻辑控制器进行逻辑切换的条件有两个。

一是转矩极性。系统正转时应该开放正组晶闸管；当系统反转制动（或减速）时，也要利用正组晶闸管的逆变状态来实现回馈制。在这两种情况下都要开放正组，其共同特征，要求电动机产生正的转矩。在励磁恒定时，也就是要求有正的电流。电流给定信号 U_{gi} 的极性恰好反映了系统转矩的极性（U_{gi} 极性与系统转矩极性恰恰相反），可以用作逻辑切换的指令信号。

二是零电流。仅用电流给定极性信号（转矩极性信号）U_{gi} 去控制 DLC 还是不够的。当系统正向运行需要制动时，U_{gi} 由负变正固然可以标志着制动过程的开始，但当实际的电流尚未反向以前，仍须保持正组开放，以便进行本桥逆变。只有在实际电流降到零的时候，才应该给 DLC 发出指令，封锁正组，开放反组。

具备了逻辑切换的条件后，无环流逻辑控制器还须经过两段延时时间，才可发出切换指令，以确保系统可靠工作。这就是封锁延时 t_1 和开放延时 t_2。

封锁延时 t_1——从发出切换指令到真正封锁掉原工作组脉冲之间应该留出来的等待时间。因为电流未降到零以前，其所含的脉动分量是变化的，而零电流检测总有一个最小动作电流 I_0，如果脉动的电流瞬时值低于 I_0 而实际上仍在连续变化，就将检测到的零电流信号发出去封锁本组脉冲，由于这时本组正处在逆变状态，势必会造成逆变颠覆。设置封锁延时之后，检测到的零电流信号等待一段时间 t_1，仍不见超过 I_0，说明电流确已断开，这时再封锁本组脉冲就不会有问题了。对三组桥式电路来说，一般取 $t_1 = 2 \sim 3$ ms，大约相当于半个到一个脉波的时间。

开放延时 t_2——从封锁原工作组脉冲到开放另一组脉冲之间的等待时间。因为在封锁原工作组脉冲时，已被触发的晶闸管要到电流过零时才真正关断。关断之后，还要过一段时间才能恢复阻断能力。如果在这以前就开放另一组晶闸管，则可能造成两组晶闸管同时导通，形成电源短路。为防止出现这种事故，在发出封锁本组脉冲信号之后，必须等待一段时间 t_2，再开放另一组。对于三相桥式电路，常取 $t_2 = 5 \sim 7$ ms，一般应大于一个波头的时间。

综上所述，DLC 的工作原理可归纳如下。

① 用电流给定信号 U_{gi} 作为转矩极性鉴别信号，根据 U_{gi} 的极性来决定哪一组触发脉冲开放，哪一组触发脉冲封锁；但必须等到零电流信号后，方可发出逻辑切换指令。

② 发出切换指令后，须经过封锁延时 t_1 才能封锁原导通组脉冲，再经过开放延时 t_2 后，才能开放另一组脉冲。

③ 无论在什么情况下，两组晶闸管绝对不允许同时加触发脉冲，一组工作时，必须封锁另一组的触发脉冲。

4.5.4.2　无环流逻辑控制器 DLC

根据 DLC 的工作原理，可由电平检测、逻辑判断、延时和联锁保护四个环节组成无环流逻辑控制器，如图 4.46 所示。

（1）电平检测。

电平检测器将转矩极性鉴别信号 U_{gi} 和零电流信号由模拟量转换成数字量。通常用带

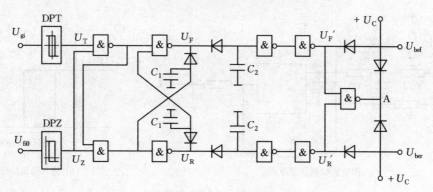

图4.46 DLC原理图

正反馈的运算放大器组成滞回比较器。

图4.47所示为转矩极性鉴别器的原理图和输入输出特性。其中为放大器正向和反向饱和输出电压,从输入输出特性看到出现回环。回环的作用是提高抗干扰性,防止产生误动作。但如果回环太宽,动作迟钝,容易产生振荡和超调;回环太小,降低了抗干扰性。一般回环宽度整定为0.2 V左右。其输入信号为电流给定信号 U_{gi},它是左右对称的;其输出则为转矩极性信号 U_T,由于在输出端加二极管进行零值钳位,所以输出应是上下不对称的。"1"态表示正向转矩,用正向饱和值 $+10$ V表示,"0"态表示负向转矩,用负向饱和值 -0.6 V表示。

图4.48为零电流检测器的原理图和输入输出特性。其输入信号是电流互感器输出的零电流信号 U_{fi0},主电路有电流时,U_{fi0} 约为 $+0.6$ V(由电流检测电路串接在二极管两端引出),零电流检测器输出 U_Z 为"0";主电路电流接近零时,U_{fi0} 下降到 $+0.2$ V左右,输出 U_Z 为"1"。"1"态仍用正向饱和值 $+10$ V表示,"0"用负向饱和值 -0.6 V表示。这就需要将回环特性移到纵坐标的右侧,图4.47(a)在输入端增设了偏移电路。

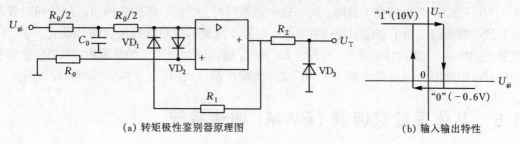

(a) 转矩极性鉴别器原理图　　　　　　　(b) 输入输出特性

图4.47 转矩极性鉴别器

(2) 逻辑判断。

逻辑判断的任务是根据两个电平检测器的输出信号 U_T 和 U_Z 经运算后,正确发出正反组脉冲的切换信号 U_F 和 U_R。现规定逻辑判断电路的输入输出状态如下。

输入信号:

转矩极性鉴别:T 为"$+$",即 U_{gi} 为"$-$"时,U_T 为"1";T 为"$-$",即 U_{gi} 为"$+$"时,$U_T = $ "0"。

零电流检测,有电流时,$U_Z = $ "0";无电流时,$U_Z = $ "1"。

输出信号:

封锁正组脉冲,$U_F = $ "0";开放正组脉冲,$U_F = $ "1"。

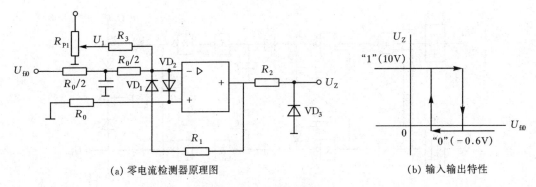

(a) 零电流检测器原理图　　　　　　(b) 输入输出特性

图 4.48　零电流检测器

封锁反组脉冲，U_R = "0"；开放反组脉冲，U_R = "1"。

根据可逆系统电动机运行状态的情况，将逻辑判断电路各量之间的逻辑关系列出表，并化简得逻辑表达式，并用与非门实现，则可画出逻辑电路，如图 4.46 所示。

（3）延时电路。

在逻辑判断电路发出切换指令 U_F，U_R 之后，必须经过封锁延时 t_1 和开放延时 t_2，才能执行切换指令，因此，无环流逻辑控制器中必须设置相应的延时电路。

在图 4.46 中，在与非门的输入端加接二极管和电容 C_1，可以使与非门的输出由 "1" 变到 "0" 时获得延时。因为当输入由 "0" 变到 "1" 时，必须先使电容充电，待电容端电压充到开门电平时，输出才由 "1" 变到 "0"，电容充电到开门电平的时间则为延时的时间，改变电容的大小就可以得到不同的延时。当输入由 "1" 变到 "0" 时，电容 C_2 通过二极管放电，由于放电回路时间常数很小，所以当输入由 "0" 变到 "1" 时，几乎无延时。

（4）联锁电路。

在正常工作时，逻辑判断与延时电路的两个输出 U_F 和 U_R 总是一个为 "1" 态，而另一个为 "0" 态。一旦电路发生故障，两个输出如果同时为 "1"，将造成两组晶闸管同时开放而导致电源短路。为了避免出现这种事故，在无环流逻辑控制器的最后部分设置了多 "1" 联锁保护电路，如图 4.46 所示，当发生 U_F 和 U_R 输出同时为 "1" 的故障时，联锁保护环节中的与非门输出 A 点电位立即变为 "0" 态，将输出都拉到 "0"，使两组脉冲同时封锁。

4.6　晶体管脉宽调制（PWM）调速系统

随着 GTO，GTR，P-MOSFET，IGBT 大功率模块等全控式电力电子器件的功率驱动装置的发展，直流脉冲宽度调制（PWM）型的调速系统的研制和应用越来越广泛。与晶闸管-电动机系统（简称 V-M 系统）相比，PWM-M 系统的主电路线路简单，所需功率元件少；低速性能好，调速范围宽；开关频率高，快速性能好；波形系数好，附加损耗小，效率高，功率因数高。

PWM-M 系统和 V-M 系统的主要区别在于主电路和 PWM 控制电路。至于闭环控制系统以及静、动态分析和设计基本相同。在这里主要讨论由电力晶体管 GTR 组成的直流脉宽调速系统。目前，因为受到大功率晶体管最大电压、电流定额的限制，晶体管直流脉宽调速系统的最大功率只有几十千瓦，而晶闸管直流调速系统的最大功率可以达到几千千瓦，因而，它还只能在中小容量的调速系统中取代晶闸管直流调速系统。

4.6.1　脉宽调制系统的工作原理

PWM 驱动装置是利用大功率晶体管的开关作用，将恒定的直流电源电压转换成一定频率的方波电压，加在直流电机的电枢上，通过对方波脉冲宽度的控制，改变电枢的平均电压，从而控制电机的转速。

图 4.49 (a) 所示是 PWM 控制的原理图。可控开关 S 以一定的时间间隔重复地接通和断开。当开关 S 接通时，电源 U_D 通过开关 S 施加到电机的两端，电源向电机提供能量，电机储能；当开关 S 断开时，电源 U_D 停止向电机供电，电枢电感所储存的能量将通过续流二极管 VD 使电机电流继续流通。于是在电机两端得到的电压波形如图 4.49(b) 所示，电压的平均值为

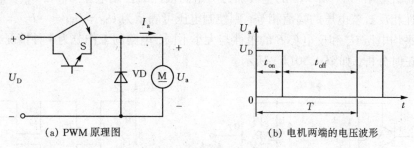

(a) PWM 原理图　　　　　　　　　　(b) 电机两端的电压波形

图 4.49　PWM 控制原理图

$$U_a = \frac{t_{on}}{t_{on} + t_{off}} U_D = \frac{t_{on}}{T} U_D = \gamma U_D \qquad (4.20)$$

式中：t_{on}——导通时间；

　　　t_{off}——关断时间；

　　　T——斩波周期，$T = t_{on} + t_{off}$；

　　　γ——占空比，$\gamma = \dfrac{t_{on}}{T}$。

由式(4.20) 可见，改变开关接通时间和开关周期 T 的比例，即改变脉冲的占空比 γ，电机两端电压的平均值也随之改变，因而电机的转速就可以得到调节。改变占空比 γ 的方法有以下两种。

(1) 脉冲频率 T 不变，改变脉冲宽度 t_{on}，从而改变占空比，就是脉冲宽度调制，英文名称是 Pulse Width Modulation，简写为 PWM。

(2) 脉冲宽度 t_{on} 不变，改变脉冲频率 T，从而改变占空比，这就是脉冲频率调制，英文名称是 Pulse Frequency Modulation，简写为 PFM。这种系统的主要缺陷是：频率需在宽范围内改变，特别在输出电压较低时，关断时间会较长，会使负载电流断续。

因此，目前直流电机的调速电路中，多采用 PWM 控制方式。

4.6.2　晶体管脉宽调速系统的组成

系统是采用典型的双闭环原理组成的晶体管脉宽调速系统。下面分别对几个主要组成部分进行分析。

4.6.2.1 主电路（功率开关放大器）

晶体管脉宽调速系统主电路的结构形式有多种，按照输出极性，有单极性输出和双极性输出之分。而双极性输出的主电路又分 H 型和 T 型两类，T 型电路所用的晶体管少，控制较为简单。但 T 型电路要求晶体管耐压高，并需要两个供电电源，加上减速时为反接制动，制动电流冲击较大。所以，在晶体管脉宽调速系统中，用得最多的是 H 型电路。

H 型脉宽调制放大器的主电路是由 4 个晶体管和 4 个二极管组成的桥式电路，如图 4.50（a）所示。根据输出电压的性质，H 型脉宽调制放大器又分为单极式、受限单极式和双极式三种。下面以双极式为例进行说明。

在这种 H 型主回路电路中，直流电压 U_D 施加到由 4 个大功率管（GTR）VT_1，VT_4，VT_2 和 VT_3 组成的桥式 H 型功率转换电路上。在 VT_1 和 VT_4 的基极加一组同极性的控制电压 U_{b1} 和 U_{b4}，在 VT_2 和 VT_3 的基极加另一组同极性的控制电压 U_{b2} 和 U_{b3}，这两组控制电压的极性相反。若电压的幅值相等，则控制电压可表示为 $U_{b1} = U_{b4} = -U_{b2} = -U_{b3}$。

根据平均电压 U_a 和反电势 E 的极性与大小不同，电路的工作分为 4 种情况，下面以信号波形为正时分析，如图 4.50（b）所示。

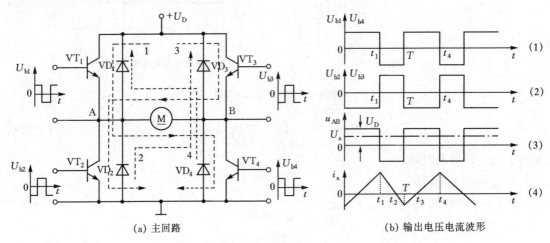

(a) 主回路   (b) 输出电压电流波形

图 4.50　H 型双极式脉宽放大器

（1）在 $0 \leqslant t < t_1$ 期间，U_{b1}，U_{b4} 为正，晶体管 VT_1，VT_4 导通；$U_{b2} = U_{b3}$ 为负，VT_2，VT_3 截止。当 $U_a > E$ 时，电枢电流 i_a 沿回路 1（经 VT_1，VT_4）从 A 流向 B，电机工作在电动状态。

（2）在 $t_1 \leqslant t < t_2$ 期间，U_{b1}，U_{b4} 为负，晶体管 VT_1，VT_4 截止，U_{b2}，U_{b3} 为正，在电枢电感 L_a 的作用下，电枢电流 i_a 沿回路 2（经 VD_2，VD_3）继续维持电流在原方向从 A 流向 B，电机仍然工作在电动状态。受二极管正向导通压降的限制，晶体管 VT_2，VT_3 不能导通。

（3）假如在 $t = t_2$ 时刻正向电流 i_a 减到零，则在 $t_2 \leqslant t \leqslant T$ 期间，晶体管 VT_2，VT_3 在电源 U_D 和反电动势 E 的作用下导通，电枢电流 i_a 反向流通，即 i_a 沿回路 3（经 VT_2，VT_3）从 B 流向 A，电机工作在反接制动状态。

（4）在 $T \leqslant t \leqslant t_3$ 期间，晶体管基极电压改变极性，VT_2，VT_3 截止，电枢电感 L_a 维持电流 i_a 沿回路 4（经 VD_1，VD_4）继续从 B 流向 A，电机仍工作在回馈制动状态。假设在 $t = t_3$ 时刻，反向电流衰减到零，那么在 $t_3 \leqslant t \leqslant t_4$ 期间，电机又工作在电动状态。

由此可见，即使在轻载情况下，电枢电流 i_a 仍然是连续的，不会出现电流断续，工作状态交替出现（电流 i_a 改变方向）。即使电机不转，电枢电压的瞬时值也不为零，而是正、负脉冲电压的宽度相等，电枢回路中流过一个交变的电流 i_a，这个电流使电机发生高频颤动，有利于减小静摩擦，但同时也增加了电机的空载损耗。若电机负载较重，则在工作过程中 i_a 不会改变方向，尽管基极电压 U_{b1}，U_{b4} 与 U_{b2}，U_{b3} 的极性在交替地改变方向，而 VT_2 和 VT_3 总不会导通，仅是 VT_1 和 VT_4 的导通或截止，此时，电动机始终工作在电动状态。

由上面的分析可知，电动机不论工作在什么状态，在 $0 \leqslant t \leqslant t_1$ 期间电枢电压总是等于 $+U_D$，而在 $T \leqslant t \leqslant t_1$ 期间总是等于 $-U_D$，如图 4.50（b）中（3）所示，这种控制方法的输出电压是双极性的脉冲电压。输出电压的平均值 U_a 为

$$U_a = \frac{1}{T}\int_0^{t_1} U_D \mathrm{d}t - \frac{1}{T}\int_{t_1}^{T} U_D \mathrm{d}t = U_D\left(2\,\frac{t_1}{T} - 1\right) \tag{4.21}$$

由式（4.21）可以得知，当 $t_1 > T/2$ 时，输出电压的平均值 U_a 为正；当 $t_1 < T/2$ 时，平均电压 U_a 为负；当 $t_1 = T/2$ 时，平均电压 $U_a = 0$。因此，可以通过改变 t_1 大小来改变电机电压的大小和极性。

4.6.2.2　控制电路

采用双闭环原理组成的晶体管双极式 PWM 调速系统如图 4.51 所示。系统具有速度调节器 ASR 和电流调节器 ACR 两个控制环，ASR 和 ACR 一般都是采用比例积分调节器。该系统从静态特性上看，维持转速不变是由速度调节器 ASR 来实现的。在电流调节器 ACR 上，使用的是电流负反馈，它有使静态特性变软的趋势，但是在系统中还有 ASR 包在外面，电流负反馈对于转速环来说相当于一个扰动作用，只要转速调节器 ASR 的放大倍数足够大，而且没有饱和，则电流负反馈的扰动作用就受到限制，整个系统的特性由外环 ASR 来决定，是一个无静差的调速系统。电机在起动过程的大部分时间内，ASR 处于饱和限幅状态，转速环相当于开路，系统表现为恒电流调节，实现理想的起动过程。原理框图中属于脉宽调速系统特有部分是电压-脉冲变换 UPM、调制波发生器 GM、逻辑延时环节 DLD、电力晶体管的驱动器 GD 和保护电路 FA。其中最关键的部件是脉宽调制器 UPM。

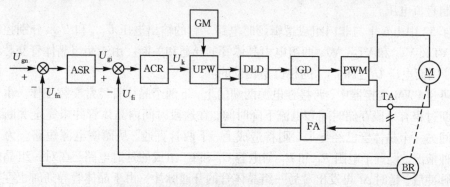

图 4.51　双闭环原理组成的晶体管脉宽调速系统

其中，调制波发生器 GM 可以是三角波发生器或者锯齿波发生器，它的作用是产生一个频率固定的调制信号 U_0。

电压-脉冲变换器 UPW 的作用是将外加直流控制电平信号 U_k 与脉冲频率发生器送来的三角波电压 U_0 混合后，产生一个宽度被调制了的开关脉冲信号。图 4.52 所示为电压/

脉宽变换器线路图。在放大器的输入端加入两个输入电压，一是三角波电压 U_0，另一个是由系统输入给定电压 U_{gn} 经速度调节器和电流调节器后输出的直流控制电压 U_k。运算放大器工作在开环状态。当输入电压 U_k 改变时，其输出电压总是在正饱和值和负饱和值之间变化，这样，它就可实现把连续的控制电压 U_k 转换成脉冲电压，再经由电阻和二极管组成的限幅器削去脉冲电压的负半波，得到一串正脉冲电压，如图 4.53 所示。

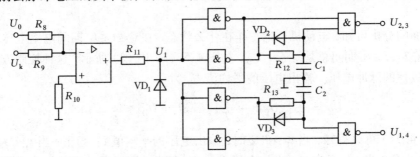

图 4.52　电压/脉宽变换器及逻辑延时电路

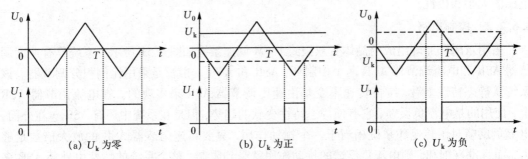

图 4.53　电压/脉宽变换器调制波形图

当控制电压 U_k 为零时，U_1 宽度等于 $T/2$ 的正脉冲（T 为三角波的周期），如图 4.53（a）所示；当控制电压 U_k 为正时，U_1 是宽度小于 $T/2$ 的正脉冲，如图 4.53（b）所示；当 U_k 为负时，情况则相反，U_1 是宽度大于 $T/2$ 的正脉冲，如图 4.53（c）所示。由此得到不同的被调制直流电压。

图 4.52 中由 6 个与非门组成逻辑延时电路。它的输出电压 $U_{1,4}$ 和 $U_{2,3}$ 分别控制主电路中的 VT_1，VT_4 和 VT_2，VT_3 两组电力晶体管的导通和关断。由于两组晶体管交替地导通和关断，因而电压 $U_{1,4}$ 和 $U_{2,3}$ 的相位是相反的。

在可逆 PWM 变换器中，跨接在电源两端的上、下两个晶体管经常交替工作。由于晶体管的关断过程有一段存储时间和电流下降时间，在这段时间内晶体管并未完全关断。如果在此期间另一个晶体管已经导通，则将造成上、下两管直通，从而使电源短路。为了避免发生这种情况，设置了电阻 R_{12} 和 R_{13} 与电容 C_1 和 C_2 组成的延时电路，在对一组晶体管发出关闭脉冲后，延时 Δt 再发出对另一组晶体管的开通脉冲。由于晶体管导通时也存在开通时间，延时时间 Δt 只要大于晶体管的存储时间就可以了。

图 4.54 是一电力晶体管的基极驱动电路。VL 是光电耦合管，用于将控制电路与驱动电路互相隔离，防止干扰。F 是单稳态触发器，用于控制电力晶体管 VT_1 开通过程中强驱动电流存在的时间。

电力晶体管 VT_1 导通时，正驱动电压（$+U_2$）经三极管 VT_5 供给 VT_1 一个饱和基极电

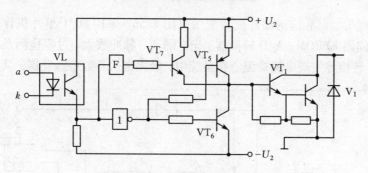

图 4.54　电力晶体管的基极驱动电路

流，$+U_2$ 经 VT_7 供给 VT_1 一个强驱动电流。强驱动电流用于加快 VT_1 的开通过程。它存在的时间由单稳态触发器 F 决定。

VT_1 关断时，负驱动电压（$-U_2$）加在它的发射极与基极之间，用于抽取基区的剩余电荷，加快关断过程，并使它可靠地截止。

PWM 控制系统经过十多年的发展，国外在 1980 年左右开始进入控制电路集成化阶段。市场出售的单片集成 PWM 控制电路的产品较多，例如美国 Silicon General 公司用于电机控制的新型 SG1731 型 PWM 集成电路、SG1635 半桥驱动器，日本三菱 MITSUBISHI 电气公司的驱动晶体管模块的 M57215L 混合集成电路等。

4.7　数字化直流调速系统

传统的晶闸管直流调速系统，其控制回路都是采用模拟电子线路构成的，晶闸管触发器多数还是采用分立元件组装成的，这就使得硬件设备复杂，安装调整困难，故障率较高。采用微处理器控制直流调速系统，即实现数字调速系统是目前调速控制系统的发展方向，与常规模拟调速系统比较，有如下优点。

（1）数字调速系统的控制器由可编程功能模块组成，设备的通用性强，易于实现硬件设备的标准化。

（2）数字控制不仅可以实现数字给定和比较、数字 PI 运算、数字触发和相位控制、电枢电流和励磁电流的控制、速度控制、逻辑切换和各种保护功能，而且在系统硬件结构不变时，很容易引入各种先进的控制规律，如非线性控制、最优控制和自适应控制等，实现最佳控制。

（3）数字传动装置控制器的结构配置和参数调整简单方便，不受环境的影响；并能存储大量的实时数据，实现系统的监控保护、故障自诊断、报警显示、波形分析、故障自动复原等多种功能，具有很强的自保护功能，提高了系统的可靠性。

（4）具有很强的通信功能。它不仅可与上一级计算机通信，而且在与直流传动装置之间、PLC 之间、交流传动装置之间，都可以通过局域网进行快速的数据交换，构成分布式计算机控制系统，实现生产过程的全局自动化。

4.7.1　用微处理机实现对直流电动机的数字控制

4.7.1.1　数字控制的原理和硬件配置

下面以逻辑无环流可逆系统为例。图 4.55 为逻辑无环流可逆系统数字控制原理框图，虚线框内部分由计算机实现，包括电流环和速度环的控制、无环流逻辑控制、触发脉冲的形成及相位控制等。其相应的硬件配置框图见图 4.56，采用 8031 单片机作为控制器。另外还有程序存储器 EPROM、A/D 转换器、光电隔离、脉冲放大、过零检测及波沿检测等电路。其中 A/D 转换器实现电流检测。在系统中，最关键的是数字触发器的实现。

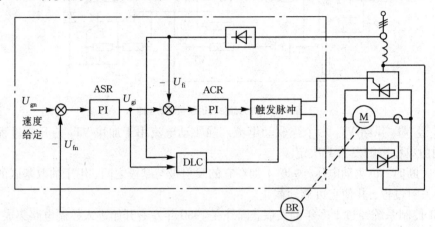

图 4.55　逻辑无环流可逆系统数字控制原理框图

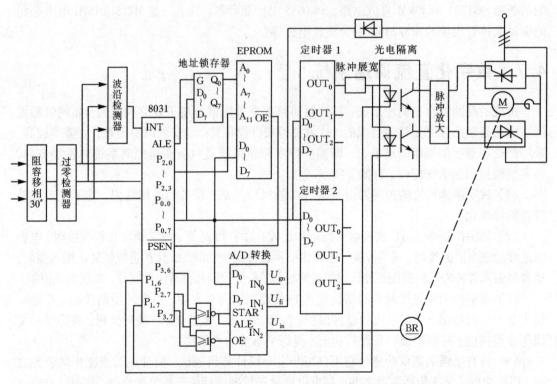

图 4.56　逻辑无环流可逆系统数字控制硬件配置框图

设主变压器和同步变压器都接成△/Y-11，互差 120°的三相交流同步电压经阻容移相滞后 30°，使其交流波形的过零点正好对准控制角 $\alpha = 0°$ 处。这样不但消除了毛刺，而且使触发脉冲只能在 $\alpha = 0° \sim 180°$ 之间产生。阻容移相后的三相交流电压经过过零检测器变成互差 120°、宽 180°的方波，加到单片机 $P_{1.0}$，$P_{1.2}$ 脚，作为检测到的电源状态（101，100，110，010，011，001），以此状态作为脉冲分配的依据，确定这一时刻发出的脉冲应当加到哪一个晶闸管上。与此同时，将三相方波经波沿检测器输出间隔 60° 的负脉冲作为单片机的外部中断请求信号。在三相变流器中，每个周期产生 6 个中断信号，在每次中断服务程序中完成脉冲的形成、分配和移相控制。

如果系统的 α_{min} 和 β_{min} 都取为 30°，则系统的控制角变化范围为 30° ~ 150° 电角度，通过 $t = T\alpha/360°$（T 为工频电源周期）换算成时间量为 1. 67 ~ 8. 33 ms。设 8031 晶振为 6 MHz时，定时器的时钟为 1 MHz，其定时常数对应为 0683H ~ 208CH，而触发器给定输入信号的范围为 0 ~ FFH，于是就可求得触发的时间常数，并由两个扩展的定时器进行定时。经脉冲展宽、光电隔离、脉冲放大及驱动电路后触发主回路的晶闸管。

4.7.1.2　数字控制软件的实现

用于控制电流和速度的软件决定着调速装置性能的好坏。由于直流调速系统的电流环和速度环所要求的响应时间快，故要求用微机控制的晶闸管直流调速系统，应在极短的时间内完成两个闭环系统的信号采样、数字滤波、PI 运算和实时控制。

（1）采样周期的选择。

在数字控制系统中，反馈控制是按每个采样时刻间断地进行控制的，因此采样周期越短，越能够及时反映系统的状态，控制性能才有可能会越好。因此，选择能够达到所希望的控制特性的采样周期是一个重大问题。

从信号的采样过程可知，采样不是取全部时间上的信号值，而是取某些时间上的值。根据采样定理，如果模拟信号（包括噪声干扰在内）频谱的最高频率为 f_{max}，则采样频率 f必须满足：$f \geqslant 2f_{max}$。实际上，大多数情况下常取 $f = (5 ~ 10)f_{max}$，甚至更高。

若采样周期过长，不但会丢失许多有用信息，还会使闭环系统产生振荡。若采样周期过短，微处理机运算速度又跟不上且不必要。实际上都采用多重采样周期控制，即在快速状态时采用短采样周期控制，在较慢速状态时采用长采样周期控制。双闭环调速系统中的电流控制环，由于该环是作为速度控制环的内环，因此它需要快速响应。为了保证电流控制环的快速响应时间，电流环数据处理的周期时间必须控制在约 1 ms 内，所以电流控制环的采样周期通常选 1 ~ 3. 3 ms，速度控制环的采样周期选 10 ~ 15 ms 为宜。

（2）数字 PI 调节器。

双闭环调速系统中，电流控制环和速度环都采用带限幅的数字 PI 调节器。通常把模拟PI 调节器离散化，求得差分方程，作为速度环和电流环的数字 PI 调节器的计算式。模拟 PI调节器由一个比例调节器和一个积分调节器相加构成，其 PI 调节器的输出表达式为

$$U_k = K_p\left(\Delta U + \frac{1}{T_I}\int \Delta U dt\right)$$

式中：ΔU——偏差量输入，$\Delta U = U_g - U_f$；

　　　K_p——比例系数；

　　　T_I——积分常数。

可以很容易地进行离散处理，即采用后向差分法，用矩形求面积代替积分推导出数字PI 调节器的差分方程：

$$U_k(k) = K_p\left\{\Delta U(k) + \frac{T}{T_I}\sum_{i=0}^{k}\Delta U(i)\right\} = K_p\Delta U(k) + K_I\sum_{i=0}^{k}\Delta U(i) \qquad (4.22)$$

式中：$\Delta U(k)$——第 k 次采样的输入偏差；

$U_k(k)$——第 k 次采样时的 PI 输出；

K_I——积分系数，$K_I = K_p \dfrac{T}{T_I}$；

T——采样周期；

k——采样序号。

（3）数字无环流控制逻辑。

与模拟控制系统相似，数字无环流控制逻辑是根据数字速度调节器的输出值的正或负来选择晶闸管桥的，并根据主回路的电流是否为零进行相应的切换。于是需要对晶闸管的工作状态进行记忆。也就是说，根据极性检测及零电流检测做出逻辑判断，应使哪一组晶闸管开放，哪一组晶闸管封锁。为了记忆这个结果，设置了两个记忆单元，分别用来记忆正组晶闸管和反组晶闸管的工作状态。当存放"0"时，表示相应的那组晶闸管应封锁；而存放"1"时，表示相应的那组晶闸管应开放。把这些状态送到单片机的 $P_{1.5}$，$P_{1.6}$，用于控制触发脉冲的开放与封锁。

图 4.57 为主程序及中断服务程序框图。在主程序中，等待中断是一条踏步指令。在外部中断 1 的中断服务程序中，首先进行电流采样，然后根据电流的连续/断续状况实现带限幅的 PI/I 运算、数字触发等功能，在速度环定时中断服务程序中，实现速度的采样、滤波、带限幅的 PI 运算及无环流逻辑切换等功能。

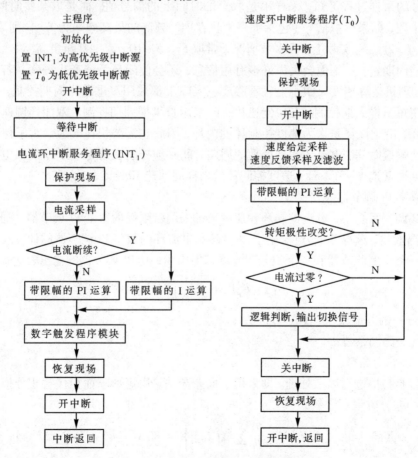

图 4.57　主程序及中断服务程序框图

由于处在内环的电流环（采样周期为 3.3 ms）响应速度快于处在外环的速度环（采样速度为 15 ms），因此，在速度环定时中断服务程序中，必须允许嵌套的电流环外部中断 1 的中断请求，这就是主程序中置外部中断 1 为高优先级中断以及在定时中断服务程序的处理之中必须开中断的原因。

4.7.2　全数字直流传动产品介绍

20 世纪 80 年代以来，随着电力电子技术、计算机技术和通信技术的飞速发展，直流调速系统数字化方面的研究受到了很多国家的重视，美国、英国、德国、日本等国家的一些公司相继推出各自的产品，如西门子公司的 6RA（6RM）系列、AVTRON 公司的 ADD - 32 系列，ABB 公司的 DCS 系列，GE 公司的 DC 系列，CT 公司的 MENTOR，AEG 的 MinisemiD 系列，MaxisemiD 系列，英国欧陆 SSD 数字直流调速装置等。其特点如下。

（1）CPU 的位数都采用 16 位、32 位单片机或多 CPU，以提高系统的运算速度和精度。

（2）产品功能较强，它可提供多种功能的模块供选择，不但具有数字触发、PI 运算、无环流控制逻辑、非线性补偿、定位控制等功能，而且具有参数优化、故障自诊断、张力控制、多机架协调控制等功能。

（3）通信功能强，不但可与上一级计算机通信联网，还可与其他直流传动装置、PLC 等交换数据。

（4）保护功能强，可靠性高，故障报警及处理功能完善。

下面对 ABB 公司的 DCS500 全数字直流传动产品做一简单介绍。

DCS500 变流器是一种模块式全数字直流传动产品，它能提供高性能的速度和转矩控制，并具有快速的动态响应和很高的动态稳速精度。它既可以用于标准应用场合，例如提升机、卷扬机、缆车、轧机、传输设备、主 - 从机控制系统，也可以用于其他非传动控制的应用场合，例如磁性提升机。另外，由于它具有灵活的编程功能，还能用于复杂的应用场合，例如卷绕机、位置控制等。

4.7.2.1　基本配置

DCS500 变流器为 6 脉冲两象限或四象限桥式变流器。标准变流器由主控板、电子部分的供电电源、晶闸管桥组、晶闸管桥组温度检测器和变流器风机等部件组成。交流供电电压为 220 ~ 1000 V，直流输出电流范围为 25 ~ 5150 A（6 ~ 4900 kW）。在整个电流范围内，功率器件为单只晶闸管，大大提高了变流器功率部分的可靠性。

为了使 DCS500 变流器易组成适用的传动装置，以满足应用工程的各种需求，提供了高标准化的匹配选件。它包括内置式二极管励磁单元（最大 6 A）、内置式全数字半控励磁单元（最大 16 A）、外置式半控/全控励磁单元、多功能卡装手持式控制盘、内置式 I/O 接口板、外置式 I/O 接口板、外置式 I/O 扩展板、通信板等。

（1）电枢变流器。

DCS500 电枢变流器是一种全数字式的 DC 传动模块，它从结构上分为四种类型：C1—C4。C1 的电流等级为 25 ~ 140 A，C2 的电流等级为 200 ~ 700 A，C3 的电流等级为 900 ~ 2000 A，C4 的电流等级为 2050 ~ 5150 A。从变流器所使用的功率器件来说，C1，C2 类型的变流器使用的是晶闸管桥组模块，C3，C4 类型的变流器使用的是平板式晶闸管功率元件。DCS500 电枢变流器模块配有三个电路板，其中主控板为 SDCS - CON - 1，电子电源板为

SDCS-POW-1，功率接口板为 SDCS-PIN-XX，并由它们构成标准配置。而内置式 I/O 接口板 SDCS-IOB-1，外置式 I/O 接口板 SDCS-IOB-2 和 ISDCS-IOB-3，外置式 I/O 扩展板 SDCS-IOE-1，TC 链接通信板 SDCS-COM-1 以及内置式励磁单元板 SDCS-FEX-1 和 SDCS-FEX-2 等电路板均作为用户的可选件。

SDCS-IOB-1 是一块非电隔离的 I/O 接口板，它可安装在 DCS500 模块内。该板有 8 个数字输入口、一个增量编码器专用输入口、8 个数字输出口，其中一个输出端与电源板 SDCS-POW-1 的 X96：1 和 2 相连，为外接的继电器提供电源（AC 230 V，3 A）；有 5 个模拟输入，其中 1 个为测速机反馈信号专用输入口，2 个模拟输出，1 个电流实际值专用模拟输出接口。

（2）全数字磁场变流器。

DCS500 系列直流调速模块包括直流电机的电枢供电和磁场供电。根据电枢供电电流的大小不同选配不同容量的励磁单元，从安装方式看，励磁单元分内装的和外装式的；从结构形式看，又分为无防护壳和有防护壳的。

DCS500 系列励磁单元采用数字化技术。它以 80C198 单片机为核心，完成励磁电流环控制，同时，通过 RS485 串行通信方式与主控制板建立联系，按主控制板的设定进行恒电势调节，实现自动弱磁调速。通过选用不同型号的励磁板，可以实现对电机不同特性的控制，使电机工作在二象限或四象限。根据主控制板的信号，它还可以实现优化转矩功能，由于它是全数字化控制板，因此 DCS500 系列装置具有磁场自优化的优点，这为调试提供了极大方便。

4.7.2.2 基本软件功能

DCS500 传动模块的基本软件主要由传动控制和转矩控制两部分组成。

传动控制可从外部信号源接收速度给定信号和电机的速度反馈信号，从而实现速度环的闭环控制。另外，它还可以从外部信号源接收转矩给定信号。根据控制需要，可在该信号和速度控制器输出的转矩信号之间选择其一作为转矩给定提供给电流调节器。

转矩控制可从传动控制部分接收转矩给定信号，将它与磁通进行除法运算后可获得电流给定信号，这样在取得电流反馈信号后就可以实现电枢电流环高动态性能的闭环控制。另外，与转矩控制有关的励磁电流闭环控制环节以及用于弱磁控制的电机反电势闭环控制

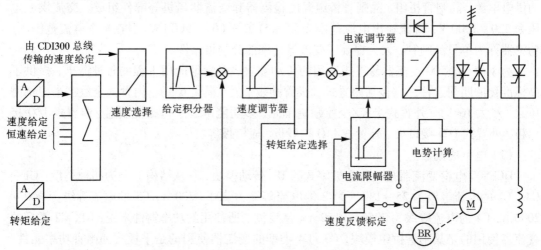

图 4.58　DCS500 电枢控制框图

环节也设置在转矩控制部分,并且其电枢电流环和励磁电流环具有自动/手动调谐功能,这就使得调试过程方便灵活,易于掌握。

DCS500 电枢控制框图如图 4.58 所示。基本软件功能如下。

(1)开机/停机逻辑:开停机顺序控制、本地/远程操作控制、急停控制、机械抱闸控制、动态制动控制。

(2)磁场控制:励磁电流控制器闭环控制、自动弱磁、自动/手动磁场换向控制。

(3)速度控制:内部速度给定源的速度设定、速度监控和速度反馈的处理、可调整斜波发生器、速度给定积分器、速度控制器闭环控制。

(4)转矩控制:内部外部转矩极限限幅、电流给定的处理、电流控制器的闭环控制、励磁电流和电枢电流控制环的自动/手动调谐。

(5)其他功能:监测功能、数据和故障记录器、看门狗功能。

4.7.2.3　监测与保护功能

(1)自诊断功能。

主控板接通电源后,芯片 80C186 将起动自检程序。只读存储器 RAM 和闪烁存储器 ROM 将被测试。

主控板可监测来自电源板的电压电平(+ 5 V, + 15 V, − 15 V, + 24 V, + 48 V)。当电源电压降至门槛电压以下(例如 5 V)时,将控制外部输入的给定值回到零位,触发脉冲被封锁。

检测与变流器主控板连接的各种 I/O 接口板。

故障通过主控板的数码管显示。

(2)看门狗功能。

主控板上设置了一个软件执行监测器(看门狗),用于监视软件的运行状态。当软件运行状态不正常时,该监视器将被触发,与此同时产生下列保护动作:EPROM 的编程电压被强制降低;晶闸管的触发脉冲被强制推至逆变极限并将其封锁;数字信号输出端被强制变为低电平;模拟信号输出端被强制变为 0 V。

(3)故障保护功能。

电机故降:电枢过流,电枢电流波形畸变,电枢过压,电机超速,测速反馈信号丢失,失磁,过磁,电机过载,过温。

电源故障:主电源欠压,辅助电源欠压,电源相序错误。

变流器故障:晶闸管过温。

变流器的基本软件还包含一个故障记录存储器,它可以实时记录 100 个故障信息。其信息可通过卡装/手持式控制盘和装于 PC 机上的调试/维护工具软件来显示,能从最后一个故障向前查询至第一个故障,并且故障信息均由文字方式显示,特别易于故障的查找和处理。

4.7.2.4　通信

DCS500 传动模块有两种通信方式,一种是 CDI300 总线通信,另一种是装有 DCS500 调试维护工具软件的 PC 机通信。

(1)CDI300 总线。

CDI300 总线是 ABB 特有的内总线,其接口设置在主控板上。它基于 RS485 串行通信,通信速率为 9600 b/s,在此总线上可挂多达 16 台 DCS500 传动模块,由一个或多个 CDP310

控制盘控制和监测，如图 4.59 所示。图中 P1 表示一个 CDP310 控制盘，D1 表示一个 DCS500 传动模块。连接在总线上的每个传动装置都必须有其唯一的识别代码 ID（ID 代码由软件设定）。代码 0 通常用于表示总线管理器。DCS500 直流模块内已经安装了 CDI300 总线的接口，因此不需要再另加通信板。

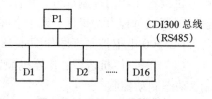

图 4.59　CDI300 总线的联结

（2）CMT/DCS500 调试维护工具软件功能。

CMT/DCS500 调试维护工具软件功能包括：DCS500 开机/停机操作，本地远程控制，设置和修改参数，将参数及软件图形存在 PC 机硬盘或软盘中，数据及故障记录器的信息存储及显示，功能块实际值监测，6 通道的动态示波器功能，多台传动装置的调试维护控制。

思考与习题

4.1　晶闸管的导通条件是什么？导通后流过晶闸管的电流决定于什么？晶闸管由导通转变为阻断的条件是什么？阻断后它所承受的电压大小决定于什么？

4.2　试画出图中负载电阻 R 上的电压波形和晶闸管上的电压波形。

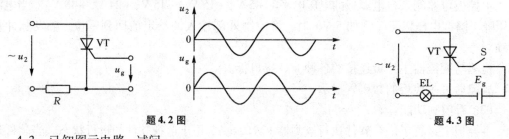

题 4.2 图　　　　　　　　　　　　　　　　　　　题 4.3 图

4.3　已知图示电路，试问：

① 在开关 S 闭合前灯泡亮不亮？为什么？

② 在开关 S 闭合后灯泡亮不亮？为什么？

③ 再把开关 S 断开后灯泡亮不亮？为什么？

4.4　在图示电路中，若在 t_1 时刻合上开关 S，t_2 时刻断开 S，试画出负载电阻 R 上的电压波形和晶闸管上的电压波形。

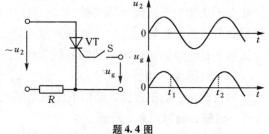

题 4.4 图

4.5　晶闸管的控制角和导通角是何含义？

4.6　续流二极管有何作用？为什么？若不注意把它的极性接反了，会产生什么后果？

4.7　三相半波电阻负载的可控整流电路，如果由于控制系统故障，A 相的触发脉冲丢失，试画出控制角 $\alpha = 0$ 时的整流电压波形。

4.8　三相桥式全控整流电路带电阻性负载，如果有一只晶闸管被击穿，其他晶闸管会受什么影响？

4.9　为什么晶闸管的触发脉冲必须与主电路电压同步？

4.10　三相半波逆变器的基本工作原理是什么？如何实现电压控制？逆变器的换流过程是怎样进行的？

4.11　何谓开环控制系统？何谓闭环控制系统？两者各具有什么优缺点？

4.12　什么叫调速范围、静差度？它们之间有什么关系？怎样才能扩大调速范围？

4.13　生产机械对调速系统提出的静态、动态技术指标主要有哪些？为什么要提出这些技术指标？

4.14　为什么电动机的调速性质应与生产机械的负载特性相适应？两者如何配合，才能算相适应？

4.15　有一直流调速系统，其高速时的理想空载转速 $n_{01} = 1480$ r/min，低速时的理想空载转速 $n_{02} = 157$ r/min，额定负载时的转速降 $\Delta n_N = 10$ r/min。试画出该系统的静特性（即电动机的机械特性），并求出调速范围和静差度。

4.16　为什么调速系统中加负载后转速会降低？闭环调速系统为什么可以减少转速降？

4.17　为什么电压负反馈顶多只能补偿可控整流电源的等效内阻所引起的速度降？

4.18　电流正反馈在调速系统中起什么作用？如果反馈强度调得不适当，会产生什么后果？

4.19　为什么由电压负反馈和电流正反馈一起可以组成转速反馈调速系统？

4.20　电流截止负反馈的作用是什么？转折点电流如何选？堵转电流如何选？比较电压如何选？

4.21　某一有静差调速系统的速度调节范围为 $75 \sim 1500$ r/min，要求静差度 $s = 2\%$，该系统允许的静态速降是多少？如果开环系统的静态速降是 100 r/min，则闭环系统的开环放大倍数应为多大？

4.22　某一直流调速系统调速范围 $D = 10$，最高额定转速 $n_{max} = 1000$ r/min，开环系统的静态速降是 100 r/min。试问该系统的静差度为多少？若把该系统组成闭环系统，在保持 n_{02} 不变的情况下，使新系统的静差度为 5%，试问闭环系统的开环放大倍数为多少？

4.23　试画出电压负反馈调速系统静态结构图，并推出静特性方程。

4.24　积分调节器在调速系统中为什么能消除系统的静态偏差？在系统稳定运行时，积分调节器输入偏差电压 $\Delta U = 0$，其输出电压决定于什么？为什么？

4.25　在无静差调速系统中，为什么要引入 PI 调节器？比例积分两部分各起什么作用？

4.26　无静差调速系统的稳定精度是否受给定电源和测速发电机精度的影响？为什么？

4.27　由 PI 调节器组成的单闭环无静差调速系统的调速性能已相当理想，为什么有的场合还要采用转速、电流双闭环调速系统呢？

4.28　双闭环调速系统稳态运行时，两个调节器的输入偏差（给定与反馈之差）是多少？它们的输出电压是多少？为什么？

4.29　在双闭环调速系统中，转速调节器的作用是什么？它的输出限幅值按什么来整定？电流调节器的作用是什么？它的限幅值按什么来整定？

4.30　欲改变双闭环调速系统的转速，可调节什么参数？改变转速反馈系数行不行？欲改变最大允许电流（堵转电流），应调节什么参数？

4.31　直流电动机调速系统可以采取哪些办法组成可逆系统？

4.32　试论述三相半波反并联可逆线路逻辑控制无环流工作的基本工作原理。

4.33　试简述直流脉宽调速系统的基本工作原理和主要特点。

4.34　H 型双极性脉宽调制放大器是怎样工作的？

4.35　在直流脉宽调速系统中，当电动机停止不动时，电枢两端是否还有电压？电枢电路中是否还有电流？为什么？

4.36　试论述脉宽调速系统中控制电路各部分的作用和工作原理。

4.37　微型计算机控制的直流传动系统有哪些主要特点？

第5章 交流电动机的工作原理与机械特性

常用的交流电动机有三相异步电动机（或称感应电动机）和同步电动机。异步电动机结构简单，维护容易，运行可靠，价格便宜，具有较好的稳态和动态特性，因此，它是工业中使用得最为广泛的一种电动机。异步电机既可做发电机使用，也可做电动机使用。

本章主要介绍三相异步电动机的工作原理，起动、制动、调速的特性和方法。

5.1 三相异步电动机的结构和工作原理

5.1.1 异步电动机的基本结构

三相异步电动机主要由定子和转子构成，定子是静止不动的部分，转子是旋转部分，在定子与转子之间有一定的气隙。

5.1.1.1 定子

定子由铁芯、绕组和机座三部分组成。定子铁芯是电动机磁路的一部分，它由 0.5 mm 的硅钢片叠压而成，片与片之间是绝缘的，以减少涡流损耗。定子铁芯的硅钢片的内圆冲有定子槽，槽中安放绕组，硅钢片铁芯在叠压后成为一个整体，固定于机座上。定子绕组是电动机的电路部分，由许多线圈连接而成，每个线圈有两个有效边，分别放在两个槽里。三相对称绕组 AX，BY，CZ 可连接成星形或三角形。机座主要用于固定与支撑定子铁芯。中小型异步电动机一般采用铸铁机座。根据不同的冷却方式，采用不同的机座形式。

5.1.1.2 转子

转子由铁芯与绕组组成。转子铁芯压装在转轴上，由硅钢片叠压而成，转子铁芯也是电动机磁路的一部分，转子铁芯、气隙与定子铁芯构成电动机的完整磁路。异步电动机转子绕组多采用鼠笼式，它是在转子铁芯槽里插入铜条，再将全部铜条两端焊在两个铜端环上而组成。小型鼠笼式转子绕组多用铝离心浇铸而成。这不仅是以铝代铜，而且制造也快。

异步电动机的转子绕组除了鼠笼式外，还有线绕式。线绕式转子绕组与定子绕组一样，由线圈组成绕组放入转子铁芯槽里，转子绕组一般是连接成星形的三相绕组，转子绕组组成的磁极数与定子相同，线绕式转子通过轴上的滑环和电刷在转子回路中接入外加电阻，用以改善起动性能与调节转速。

5.1.2 三相异步电动机的工作原理

三相异步电动机的工作原理是基于定子旋转磁场（定子绕组内三相电流所产生的合成磁场）和转子电流（转子绕组内的电流）的相互作用。

如图 5.1(a) 所示，当定子的对称三相绕组接到三相电源上时，绕组内将通过对称三相电流，并在空间产生旋转磁场，该磁场沿定子内圆周方向旋转。图 5.1(b) 所示为具有一对磁极的旋转磁场，磁极位于定子铁芯内画有阴影线的部分。

当磁场旋转时，转子绕组的导体切割磁通将产生感应电势 e_2，假设旋转磁场向顺时针方向旋转，则相当于转子导体向逆时针方向旋转切割磁通；根据右手定则，在 N 极下转子导体中感应电势的方向系由图面指向读者，而在 S 极下转子导体中感应电势方向则由读者指向图面。由于电势 e_2 的存在，转子绕组中将产生转子电流 i_2。根据安培电磁力定律，转子电流与旋转磁场相互作用将产生电磁力 F（其方向由左手定则决定，这里假设 i_2 和 e_2 同相）。该力在转子的轴上形成电磁转矩，且转矩的作用方向与旋转磁场的旋转方向相同。转子受

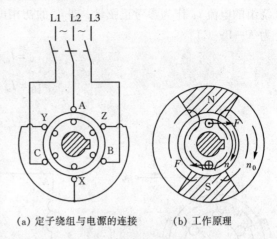

(a) 定子绕组与电源的连接　　　(b) 工作原理

图 5.1　三相异步电动机

此转矩作用，便按旋转磁场的旋转方向旋转起来。但是，转子的旋转速度 n（即电动机的转速）恒比旋转磁场的旋转速度 n_0（称为同步转速）为小，因为如果两种转速相等，转子和旋转磁场没有相对运动，转子导体不切割磁通，便不能感应出电势 e_2 和产生电流 i_2，也就没有电磁转矩，转子将不会继续旋转。因此，转子和旋转磁场之间的转速差是保证转子旋转的主要因素。

由于转子转速不等于同步转速，所以把这种电动机称为异步电动机，而把转速差 $(n_0 - n)$ 与同步转速 n_0 的比值称为异步电动机的转差率，用 s 表示，即

$$s = \frac{n_0 - n}{n_0}$$

转差率 s 是分析异步电动机运行情况的主要参数。

当转子旋转时，如果在轴上加有机械负载，则电动机输出机械能。从物理本质上来分析，异步电动机的运行与变压器相似，即电能从电源输入定子绕组（原绕组），通过电磁感应的形式，以旋转磁场做媒介，传送到转子绕组（副绕组），而转子中的电能通过电磁力的作用变换成机械能输出。由于在这种电动机中，转子电流的产生和电能的传递是基于电磁感应现象，所以异步电动机又称为感应电动机。

5.1.3　三相异步电动机的旋转磁场

由上可知，要使异步电动机转动起来，必须要有一个旋转磁场。异步电动机的旋转磁场是怎样产生的呢？它的旋转方向和旋转速度是怎样确定的呢？现在分别加以说明。

5.1.3.1　旋转磁场的产生

当电动机定子绕组通以三相电流时，各相绕组中的电流都将产生自己的磁场。由于电流随时间变化，它们产生的磁场也将随时间变化，而三相电流产生的总磁场（合成磁场）不仅随时间变化，而且是在空间旋转的，故称旋转磁场。

为了简便起见，假设每相绕组只有一个线匣，分别嵌放在定子内圆周的 6 个凹槽之中（见图 5.2），图中 A，B，C 和 X，Y，Z 分别代表各相绕组的首端与末端。

定子绕组中，流过电流的正方向规定为从各相绕组的首端到它的末端，并取流过 A 相

绕组的电流 i_A 作为参考正弦量，即 i_A 的初相位为零，则各相电流的瞬时值可表示为（相序为 A—B—C）：

$$i_A = I_m \sin\omega t$$

$$i_B = I_m \sin\left(\omega t - \frac{2\pi}{3}\right)$$

$$i_C = I_m \sin\left(\omega t - \frac{4\pi}{3}\right)$$

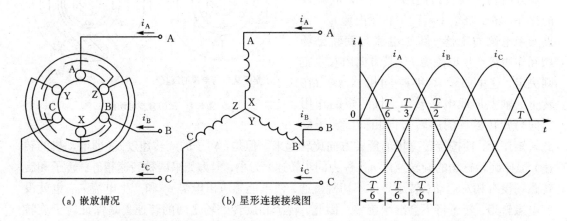

| (a) 嵌放情况 | (b) 星形连接接线图 |

图5.2　定子三相绕组

图5.3　三相电流的波形图

图5.3 所示为这些电流随时间变化的曲线。

下面分析不同时间的合成磁场。

在 $t=0$ 时，$i_A=0$；i_B 为负，电流实际方向与正方向相反，即电流从 Y 端流到 B 端；i_C 为正，电流实际方向与正方向一致，即电流从 C 端流到 Z 端。

按右手螺旋法则确定三相电流产生的合成磁场，如图 5.4(a) 箭头所示。

在 $t=T/6$ 时，$\omega t=\omega T/6=\pi/3$，$i_A$ 为正（电流从 A 端流到 X 端）；i_B 为负（电流从 Y 端流到 B 端）；$i_C=0$。此时的合成磁场如图 5.4(b) 所示，合成磁场已从 $t=0$ 瞬间所在位置顺时针方向旋转了 $\pi/3$。

在 $t=T/3$ 时，$\omega t=\omega T/3=2\pi/3$，$i_A$ 为正；$i_B=0$；i_C 为负。此时的合成磁场如图 5.4(c) 所示，合成磁场已从 $t=0$ 瞬间所在位置顺时针方向旋转了 $2\pi/3$。

在 $t=T/2$ 时，$\omega t=\omega T/2=\pi$，$i_A=0$；i_B 为正；i_C 为负。此时的合成磁场如图 5.4(d) 所示。合成磁场从 $t=0$ 瞬间所在位置顺时针方向旋转了 π。

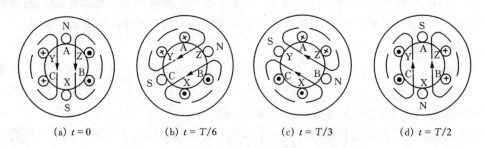

| (a) $t=0$ | (b) $t=T/6$ | (c) $t=T/3$ | (d) $t=T/2$ |

图5.4　两极旋转磁场

以上分析可以证明：当三相电流随时间不断变化时，合成磁场的方向在空间也不断旋转，这样就产生了旋转磁场。

5.1.3.2　旋转磁场的旋转方向

从图 5.2 和图 5.3 可见，A 相绕组内的电流，超前于 B 相绕组内的电流 $2\pi/3$，而 B 相绕组内的电流又超前于 C 相绕组内的电流 $2\pi/3$，同时，图 5.4 中所示旋转磁场的旋转方向也是按 A→B→C，即向顺时针方向旋转。所以，旋转磁场的旋转方向与三相电流的相序一致。

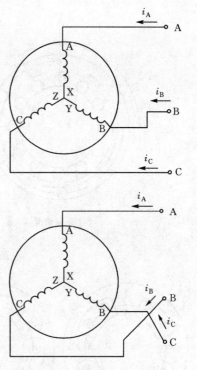

如果将定子绕组接至电源的三根导线中的任意两根线对调，例如，将 B，C 两根线对调，如图 5.5 所示，即使 B 相与 C 相绕组中电流的相位对调，此时 A 相绕组内的电流超前于 C 相绕组内的电流 $2\pi/3$，因此，旋转磁场的旋转方向也将变为 A→C→B 向逆时针方向旋转，如图 5.6 所示，即与未对调前的旋转方向相反。

由此可见，要改变旋转磁场的旋转方向（即改变电动机的旋转方向），只要把定子绕组接到电源的三根导线中的任意两根对调即可。

图 5.5　将 B，C 两根线对调，改变绕组中电流的相序

5.1.3.3　旋转磁场的极数与旋转速度

以上讨论的旋转磁场，具有一对磁极（磁极对数用 p 表示），即 $p=1$。从上述分析可以看出，电流变化经过一个周期（变化 360°电角度），旋转磁场在空间也旋转了一转（转了 360°机械角度），若电流的频率为 f，旋转磁场每分钟将旋转 $60f$ 转，以 n_0 表示，即

$$\{n_0\}_{\text{r/min}} = 60\{f\}_{\text{Hz}}$$

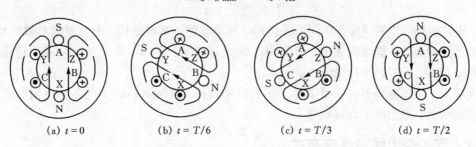

(a) $t = 0$　　　　(b) $t = T/6$　　　　(c) $t = T/3$　　　　(d) $t = T/2$

图 5.6　逆时针方向旋转的两极旋转磁场

如果把定子铁芯的槽数增加 1 倍（12 个槽），制成如图 5.7 所示的三相绕组，其中，每相绕组由两个部分串联组成，再将这三相绕组接到对称三相电源使之通过对称三相电流（见图 5.3），便产生具有两对磁极的旋转磁场。从图 5.8 可以看出，对应于不同时刻，旋转磁场在空间转到不同位置，此情况下电流变化半个周期，旋转磁场在空间只转过了 $\pi/2$，即 1/4 转，电流变化一个周期，旋转磁场在空间只转了 1/2 转。

由此可知，当旋转磁场具有两对磁极（$p=2$）时，其旋转速度仅为一对磁极时的一半，

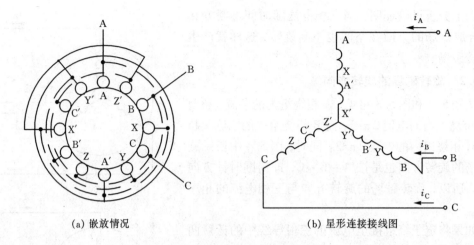

(a) 嵌放情况　　　　　　　　　　　　(b) 星形连接接线图

图 5.7　产生四极旋转磁场的定子绕组

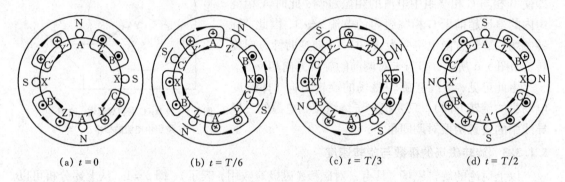

(a) $t = 0$　　　(b) $t = T/6$　　　(c) $t = T/3$　　　(d) $t = T/2$

图 5.8　四极旋转磁场

即 $60f/2$ 转每分。依此类推，当有 p 对磁极时，其转速为

$$\{n_0\}_{r/min} = \frac{60\{f\}_{Hz}}{p}$$

所以，旋转磁场的旋转速度（即同步转速）n_0 与电流的频率成正比，而与磁极对数成反比。因为标准工业频率（即电流频率）为 50 Hz，因此，对应于 $p = 1, 2, 3, 4$ 时，同步转速分别为 3000，1500，1000，750 r/min。

实际上，旋转磁场不仅仅可以由三相电流来获得，任何两相以上的多相电流，流过相应的多相绕组，都能产生旋转磁场。

5.1.4　定子绕组线端连接方式

三相电机的定子绕组，每相都由许多线圈（或称绕组元件）所组成。其绕制方法此处不做详细叙述。定子绕组的首端和末端通常都接在电动机接线盒内的接线柱上，一般按图 5.9 所示的方法排列，这样可以很方便地接成星形（见图 5.10）或三角形（见图 5.11）。

按照我国电工专业标准的规定，定子三相绕组出线端的首端是 U1，V1，W1，末端是 U2，V2，W2。

定子三相绕组的连接方式（Y 形或 △ 形）的选择，与普通三相负载一样，须视电源的线电压而定。如果电动机所接入电源的线电压等于电动机的额定相电压（即每相绕组的额定

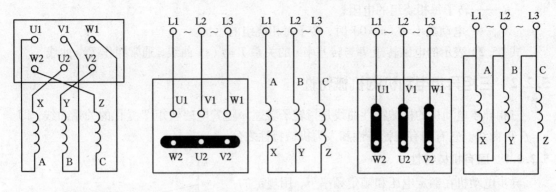

图 5.9　出线端的排列　　　　　图 5.10　星形连接　　　　　图 5.11　三角形连接

电压)，那么，它的绕组应该接成三角形；如果电源的线电压是电动机额定相电压的$\sqrt{3}$倍，那么，它的绕组就应该接成星形。通常电动机的铭牌上标有符号 Y/△ 和数字 380/220，前者表示定子绕组的接法，后者表示对应于不同接法所加的线电压值。

5.2　三相异步电动机的机械特性

电磁转矩 T（以下简称转矩）是三相异步电动机的最重要的物理量之一，它表征一台电动机拖动生产机械能力的大小。机械特性是它的主要特性。

5.2.1　三相异步电动机的电磁转矩

从异步电动机的工作原理可知，异步电动机的电磁转矩是由于具有转子电流 I_2 的转子导体在磁场中受到电磁力 F 的作用而产生的，因此电磁力转矩的大小与转子电流 I_2、旋转磁场的每极磁通 Φ 成正比。

转子电路是一个交流电路，它不但有电阻，而且有漏磁感抗存在，所以转子电流 I_2 与转子感应电动势 E_2 之间有一相位差，用 φ_2 表示。于是转子电流 I_2 可分解为有功分量 $I_2\cos\varphi_2$ 和无功分量 $I_2\sin\varphi_2$ 两部分。只有转子电流的有功分量 $I_2\cos\varphi_2$ 能与旋转磁场相互作用而产生电磁转矩。也就是说，电动机的电磁转矩实际上与转子电流的有功分量 $I_2\cos\varphi_2$ 成正比。综上所述，异步电动机的电磁转矩表达式为

$$T = K_{\mathrm{m}}\Phi I_2\cos\varphi_2 \tag{5.1}$$

式中：K_{m}——仅与电动机结构有关的常数；

Φ——旋转磁场每极磁通；

I_2——转子电流；

$\cos\varphi_2$——转子回路的功率因数。

通过分析转子电路（这里从略），还可以得到转矩的另外一个表达式（转矩方程）：

$$T = K\frac{sR_2U^2}{R_2^2 + (sX_{20})^2} \tag{5.2}$$

式中：K——与电动机结构参数、电源频率有关的一个常数；

U——电源相电压；

R_2——转子每相绕组的电阻；

X_{20}——电动机不动（$n=0$）时，转子每相绕组的感抗。

式（5.2）表示的电磁转矩 T 与转差率 s 的关系 $T=f(s)$ 曲线，通常叫作 T–s 曲线。

5.2.2　三相异步电动机的机械特性

三相异步电动机的机械特性曲线是指转子转速 n 随着电磁转矩 T 变化的关系曲线，即 $n=f(T)$ 曲线。它有固有机械特性和人为机械特性之分。

5.2.2.1　固有机械特性

异步电动机在额定电压和额定频率下，用规定的接线方式，定子和转子电路中不串联任何电阻或电抗时的机械特性称为固有（自然）机械特性。三相异步电动机的固有机械特性曲线如图 5.12 所示。从特性曲线上可以看出，其上有 4 个特殊点可以决定特性曲线的基本形状和异步电动机的运行性能，这 4 个特殊点如下。

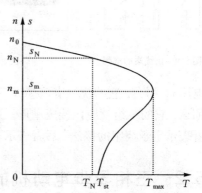

图 5.12　异步电动机的固有机械特性

（1）$T=0$，$n=n_0$（$s=0$），电动机处于理想空载工作点，此时电动机的转速为理想空载转速 n_0。

（2）$T=T_N$，$n=n_N$（$s=s_N$），为电动机额定工作点。此时额定转矩和额定转差率为

$$\{T_N\}_{N\cdot m}=9.55\frac{\{P_N\}_W}{\{n_N\}_{r/min}} \tag{5.3}$$

$$s_N=\frac{n_0-n_N}{n_0} \tag{5.4}$$

式中：P_N——电动机的额定功率；

n_N——电动机的额定转速，一般 $n_N=(0.94\sim0.985)n_0$；

s_N——电动机的额定转差率，一般 $s_N=0.06\sim0.015$；

T_N——电动机的额定转矩。

（3）$T=T_{st}$，$n=0$（$s=1$），为电动机的起动工作点。将 $s=1$ 代入转矩方程，可得

$$T_{st}=K\frac{R_2U^2}{R_2^2+X_{20}^2} \tag{5.5}$$

可见，异步电动机的起动转矩 T_{st} 与 U，R_2 及 X_{20} 有关。当施加在定子每相绕组上的电压 U 降低时，起动转矩会明显减小；当转子电阻适当增大时，起动转矩会增大；而若增大转子电抗，则会使起动转矩大为减小，这是所不需要的。通常把在固有机械特性上起动转矩与额定转矩之比 $\lambda_{st}=T_{st}/T_N$ 作为衡量异步电动机起动能力的一个重要数据。一般 $\lambda_{st}=1.0\sim1.2$。

（4）$T=T_{max}$，$n=n_m$（$s=s_m$），为电动机的临界工作点。欲求转矩的最大值，可由转矩方程，令 $dT/ds=0$，而得临界转差率：

$$s_m=\frac{R_2}{X_{20}} \tag{5.6}$$

再将 s_m 代入转矩方程，即可得

$$T_{max} = K\frac{U^2}{2X_{20}} \tag{5.7}$$

从式(5.7)可以看出：最大转矩 T_{max} 的大小与定子每相绕组上所加电压 U 的平方成正比，这说明异步电动机对电源电压的波动是很敏感的。电源电压过低，会使轴上输出转矩明显下降，甚至小于负载转矩，而造成电机停转；最大转矩 T_{max} 的大小与转子电阻 R_2 的大小无关，但临界转差率 s_m 却正比于 R_2，对于线绕式异步电动机而言，在转子电路中串接附加电阻，可使 s_m 增大，而 T_{max} 却不变。

异步电动机在运行中经常会遇到短时冲击负载，如果冲击负载转矩小于最大电磁转矩，电动机仍然能够运行，而且电动机短时过载也不会引起剧烈发热。通常把在固有机械特性上最大电磁转矩与额定转矩之比

$$\lambda_m = \frac{T_{max}}{T_N} \tag{5.8}$$

称为电动机的过载能力系数。它表征了电动机能够承受冲击负载的能力大小，是电动机的又一个重要运行参数。各种电动机的过载能力系数在国家标准中都有规定，如普通的 Y 系列鼠笼式异步电动机的 $\lambda_m = 2.0 \sim 2.2$，供起重机械和冶金机械用的 YZ 和 YZR 型线绕式异步电动机的 $\lambda_m = 2.5 \sim 3.0$。

5.2.2.2　人为机械特性

由转矩方程可知，异步电动机的机械特性与电动机的参数有关，也与外加电源电压、电源频率有关，将关系式中的参数人为地加以改变而获得的特性称为异步电动机的人为机械特性。即改变定子电压 U、定子电源频率 f、定子电路串入电阻或电抗，转子电路串入电阻或电抗等，都可得到异步电动机的人为机械特性。

(1) 降低电动机电源电压时的人为特性。

由式(5.2)、式(5.6)和式(5.7)可以看出，电压 U 的变化对理想空载转速 n_0 和临界转差率 s_m 不发生影响，但最大转矩 T_{max} 与 U^2 成正比。当降低定子电压时，n_0 和 s_m 不变，而 T_{max} 大大减小。在同一转差率情况下，人为特性与固有特性的转矩之比等于电压的平方之比。因此，在绘制降低电压的人为特性时，是以固有特性为基础，在不同的 S 处，取固有特性上对应的转矩乘以降低的电压与额定电压比值的平方，即可做出人为特性曲线，如图5.13 所示。如当 $U_a = U_N$ 时，$T_a = T_{max}$；当 $U_b = 0.8U_N$ 时，$T_b = 0.64T_{max}$；当 $U_c = 0.5U_N$ 时，$T_c = 0.25T_{max}$。可见，电压愈低，人为特性曲线愈往左移。由于异步电动机对电网电压的波动非常敏感，运行时，如电压降低太多，会大大降低它的过载能力与起动转矩，甚至使电动机发生带不动负载或者根本不能起动的现象。例如，电动机运行在额定负载 T_N 下，即使 $\lambda_m = 2$，若电网电压下降到 $70\% U_N$，则由于这时 $T_{max} = \lambda_m T_N (U/U_N)^2 = 2 \times 0.7^2 \times T_N = 0.98T_N$，电动机也会停转。此外，电网电压下降，在负载转矩不变的条件下，将使电动机转速下降，转差率 s 增大，电流增加，引起电动机发热甚至烧坏。

(2) 定子电路接入电阻或电抗时的人为特性。

在电动机定子电路中外串电阻或电抗后，电动机端电压为电源电压减去定子外串电阻上或电抗上的压降，致使定子绕组相电压降低，这种情况下的人为特性与降低电源电压时的相似，如图5.14 所示，图中实线 1 为降低电源电压的人为特性，虚线 2 为定子电路串入

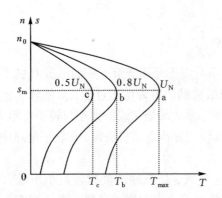 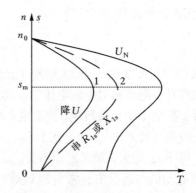

图 5.13 改变电源电压时的人为特性　　图 5.14 定子电路外接电阻或电抗时的人为特性

电阻 R_{1s} 或电抗 X_{1s} 的人为特性。从图中可以看出，所不同的是定子串 R_{1s} 或 X_{1s} 后的最大转矩要比直接降低电源电压时的最大转矩大一些，这是因为随着转速的上升和起动电流的减小，在 R_{1s} 或 X_{1s} 上的压降减小，加到电动机定子绕组上的端电压自动增大，致使最大转矩大些；而降低电源电压的人为特性在整个起动过程中，定子绕组的端电压是恒定不变的。

（3）改变定子电源频率时的人为特性。

改变定子电源频率 f 对三相异步电动机机械特性的影响是比较复杂的，下面仅定性地分析 $n = f(T)$ 的近似关系。根据式（5.5）、式（5.6）、式（5.7），$X_{20} \propto f$，$K \propto 1/f$，且一般变频调速采用恒转矩调速，即希望最大转矩 T_{max} 保持恒值，为此在改变频率 f 的同时，电源电压 U 也要做相应的变化，使 $U/f =$ 常数，这在实质上是使电动机气隙磁通保持不变。在上述条件下就存在有 $n_0 \propto f$，$s_m \propto 1/f$，$T_{st} \propto 1/f$ 和 T_{max} 不变的关系，即随着频率的降低，理想空载转速 n_0 要减小，临界转差率要增大，起动转矩要增大，而最大转矩基本维持不变，如图 5.15 所示。

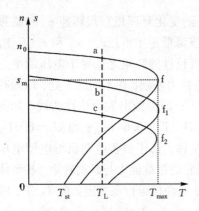 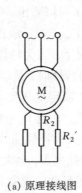 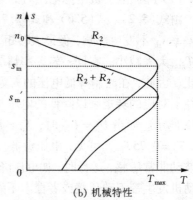

（a）原理接线图　　　　　（b）机械特性

图 5.15 改变定子电源频率时的人为特性　　图 5.16 线绕式异步电动机转子电路串电阻

（4）转子电路串电阻时的人为特性。

在三相线绕式异步电动机的转子电路中串入电阻 R_2 后 [见图 5.16（a）]，转子电路中的电阻为 $R_2 + R_2'$，由式（5.5）、式（5.6）、式（5.7）可以看出，R_2 的串入对理想空载转速 n_0 和最大转矩 T_{max} 没有影响，但临界转差率 s_m 随着 R_2' 的增加而增大，此时的人为特性将是一根比固有特性较软的一条曲线，如图 5.16（b）所示。

5.3 三相异步电动机的起动特性

采用电动机拖动生产机械，对电动机起动的主要要求如下。

（1）有足够大的起动转矩，保证生产机械能正常起动。一般场合下希望起动越快越好，以提高生产效率。电动机的起动转矩要大于负载转矩，否则，电动机不能起动。

（2）在满足起动转矩要求的前提下，起动电流越小越好。因为过大的起动电流冲击，对于电网和电动机本身都是不利的。对电网而言，它会引起较大的线路压降，特别是电源容量较小时，电压下降太多，会影响接在同一电源上的其他负载，例如影响到其他异步电动机的正常运行甚至停车；对电动机本身而言，很大的起动电流将在绕组中产生较大的损耗，引起发热，加速电动机绕组绝缘老化，且在大电流冲击下，电动机绕组端部受电动力的作用，有发生位移和变形的可能，容易造成短路事故。

（3）要求起动平滑，即要求起动时平滑加速，以减小对生产机械的冲击。

（4）起动设备安全可靠，力求结构简单，操作方便。

（5）起动过程中的功率损耗越小越好。

其中，（1）和（2）两条是衡量电动机起动性能的主要技术指标。

异步电动机在接入电网起动的瞬时，由于转子处于静止状态，定子旋转磁场以最快的相对速度（即同步转速）切割转子导体，在转子绕组中感应出很大的转子电势和转子电流，从而引起很大的定子电流。一般起动电流 I_{st} 可达额定电流 I_N 的 $5 \sim 7$ 倍，但因起动时 $s = 1$，转子功率因数 $\cos\varphi_2$ 很低，因而起动转矩 $T_{st} = K_t \Phi I_{2st} \cos\varphi_{2st}$ 不大，一般 $T_{st} = (0.8 \sim 1.5)T_N$。固有起动特性如图 5.17 所示。

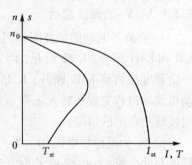

图 5.17 异步电动机的固有起动特性

显然，异步电动机的这种起动性能与生产机械的要求是相矛盾的。为了解决这些矛盾，必须根据具体情况，采取不同的起动方法。

5.3.1 鼠笼式异步电动机的起动方法

在一定的条件下，鼠笼式异步电动机可以直接起动；在不允许直接起动时，可采用降压起动。

5.3.1.1 直接起动（全压起动）

所谓直接起动，就是将电动机的定子绕组通过闸刀开关或接触器直接接入电源，在额定电压下进行起动，如图 5.18 所示。由于直接起动的起动电流很大，因此，在什么情况下才允许采用直接起动，有关供电、动力部门都有规定，主要取决于电动机的功率与供电变压器容量之比值。一般在有独立变压器供电（即变压器供动力用电）的情况下，若电动机起动频繁，则电动机功率小于变压器容量的 20% 时允许直接起动；若电动机不经常起动，电

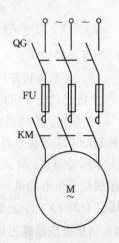

图 5.18 鼠笼式异步电动机的直接起动

动机功率小于变压器容量的30%时也允许直接起动。如果没有独立的变压器供电（即与照明共用电源）的情况下，电动机起动比较频繁，则常按经验公式来估算，满足下列关系则可直接起动：

$$\frac{起动电流\ I_{st}}{额定电流\ I_N} \leqslant \frac{3}{4} + \frac{电源总容量}{4 \times 电动机功率}$$

5.3.1.2 电阻或电抗器降压起动

异步电动机采用定子串电阻或电抗器的降压起动原理接线图如图 5.19 所示。起动时，接触器 KM1 断开，KM 闭合，将起动电阻 R_{st} 串入定子电路，使起动电流减小；待转速升到一定程度后再将 KM1 闭合，R_{st} 被短接，电动机接上全部电压而趋于稳定运行。这种起动方法的缺点是：

（1）起动转矩随定子电压的平方关系下降，故它只适用于空载或轻载起动的场合。

（2）不经济。在起动过程中，电阻器上消耗能量大，不适用于经常起动的电动机。若采用电抗器代替电阻器，则所需设备费较贵，且体积大。

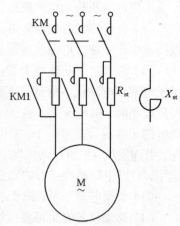

图 5.19 定子串电阻或电抗的降压起动

5.3.1.3 Y-△降压起动

Y-△降压起动的接线图如图 5.20 所示。起动时，接触器的触点 KM 和 KM1 闭合，KM2 断开，将定子绕组接成星形；待转速上升到一定程度后再将 KM1 断开，KM2 闭合，将定子绕组接成三角形，电动机起动过程完成而转入正常运行。这适用于电动机运行时定子绕组接成三角形的情况。

设 U_1 为电源线电压，I_{stY} 及 $I_{st\triangle}$ 为定子绕组分别接成星形及三角形的起动电流（线电流），Z 为电动机在起动时每相绕组的等效阻抗，则有

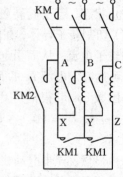

图 5.20 Y-△降压起动

$$I_{stY} = \frac{U_1}{\sqrt{3}\,Z} \qquad I_{st\triangle} = \frac{\sqrt{3}\,U_1}{Z}$$

所以 $I_{stY} = I_{st\triangle}/3$，即定子接成星形时的起动电流等于接成三角形时起动电流的 1/3，而接成星形时的起动转矩 $T_{stY} \propto (U_1/\sqrt{3})^2 = U_1^2/3$，接成三角形时的起动转矩 $T_{st\triangle} \propto U_1^2$，所以，$T_{stY} = T_{st\triangle}/3$，即 Y 连接降压起动时的起动转矩只有△连接直接起动时的 1/3。

Y-△换接起动除了可用接触器控制外，尚有一种专用的手操式 Y-△起动器。其特点是体积小、重量轻、价格便宜、不易损坏、维修方便。

这种起动方法的优点是设备简单、经济、起动电流小；缺点是起动转矩小，且起动电压不能按实际需要调节，故只适用于空载或轻载起动的场合，并只适用于正常运行时定子绕组按△接线的异步电动机。由于这种方法应用广泛，我国规定 4 kW 及以上的三相异步电动机，其定子 380 V 时，它们就能采用 Y-△换接起动。

5.3.1.4 自耦变压器降压起动

自耦变压器降压起动的原理接线图如图 5.21（a）所示。起动时 KM1，KM2 闭合，KM

断开，三相自耦变压器的三个绕组连成星形接于三相电源，使接于自耦变压器副边的电动机降压起动。当转速上升到一定值后，KM1，KM2 断开，自耦变压器 T 被切除，同时 KM 闭合，电动机接上全电压运行。

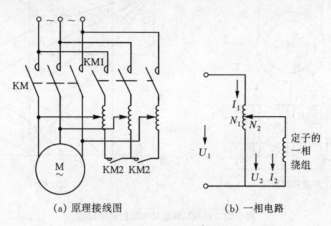

(a) 原理接线图   (b) 一相电路

图 5.21 自耦变压器降压起动

图 5.21(b) 为自耦变压器起动时的一相电路。由变压器的工作原理可知，此时副边电压与原边电压之比为 $K = \dfrac{U_2}{U_1} = \dfrac{N_2}{N_1} < 1$，$U_2 = KU_1$，起动时加在电动机定子每相绕组的电压是全压起动时的 K 倍，因而电流 I_2 也是全压起动时的 K 倍，即 $I_2 = KI_{st}$（注意：I_2 为变压器副边电流，I_{st} 为全压起动时的起动电流）；而变压器原边电流 $I_1 = KI_2 = K^2 I_{st}$，即此时从电网吸取的电流 I_1 是直接起动时电流 I_{st} 的 K^2 倍。这与 Y-△降压起动时情况一样，只是在 Y-△降压起动时的 $K = 1/\sqrt{3}$ 为定值，而自耦变压器起动时的 K 是可调节的，这就是此种起动方法优于 Y-△起动方法之处，当然它的起动转矩也是全压起动时的 K^2 倍。这种起动方法的缺点是变压器的体积大、重量大、价格高、维修麻烦，且起动时自耦变压器处于过电流（超过额定电流）状态下运行，因此，不适于起动频繁的电动机。所以，它在起动不太频繁，要求起动转矩较大、容量较大的异步电动机上应用较为广泛。通常把自耦变压器的输出端做成固定抽头（一般有 $K = 80\%$，65% 和 50% 三种电压，可根据需要进行选择），连同转换开关（图 5.21 中的 KM，KM1 和 KM2）和保护用的继电器等组合成一个设备，称为起动补偿器。

5.3.2 线绕式异步电动机的起动方法

鼠笼式异步电动机的起动转矩小、起动电流大，因此不能满足某些生产机械需要高起动转矩、低起动电流的要求。而线绕式异步电动机由于能在转子电路中串电阻，因此具有较大的起动转矩和较小的起动电流，即具有较好的起动特性。

转子电路中串电阻的起动方法常用的有两种：逐级切除起动电阻法和频敏变阻器起动法。

5.3.2.1 逐级切除起动电阻法

采用逐级切除起动电阻的方法，其目的和起动过程与他励直流电动机采用逐级切除起动电阻的方法相似，主要是为了使整个起动过程中电动机能保持较大的加速转矩。起动过程如下：如图 5.22(a) 所示，起动开始时，触点 KM1，KM2，KM3 均断开，起动电阻全部接

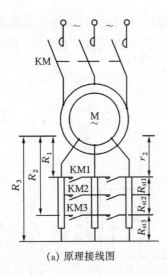

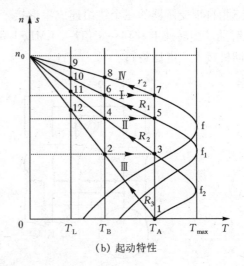

(a) 原理接线图   (b) 起动特性

图 5.22 逐级切除起动电阻的起动过程

入，KM 闭合，将电动机接入电网。电动机的起动特性如图 5.22(b) 中曲线 III 所示，初始起动转矩为 T_A，加速转矩 $T_{a1} = T_A - T_L$，这里 T_L 为负载转矩。在加速转矩的作用下，转速沿曲线 III 上升，轴上输出转矩相应下降。当转矩下降至 T_B 时，加速转矩下降到 $T_{a2} = T_B - T_L$。这时，为了使系统保持较大的加速度，让 KM3 闭合，使起动电阻 R_{st3} 被短接（或切除），起动电阻由 R_3 减为 R_2，电动机的机械特性曲线由曲线 III 变化到曲线 II。只要 R_2 的大小选择合适，并掌握好切除时间，就能保证在电阻刚被切除的瞬间电动机轴上输出转矩重新回升到 T_A，即使电动机重新获得最大的加速转矩。以后各段电阻的切除过程与上述相似，直到转子电阻全部被切除，电动机稳定运行在固有机械特性曲线上，即图中曲线 IV 上相应于负载转矩 T_L 的点 9，起动过程结束。

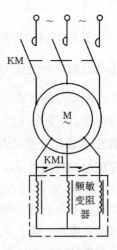

图 5.23 频敏变阻器接线图

5.3.2.2 频敏变阻器起动法

采用逐级切除起动电阻法来起动线绕式异步电动机时，可以用继电器-接触器自动切换电阻，但需要增加附加设备等费用，且维修较麻烦。因此，单从起动而言，逐级切除起动电阻的方法不是很好的方法。若采用频敏变阻器来起动线绕式异步电动机，则既可自动切除起动电阻，又不需要控制电器。

频敏变阻器实质上是一个铁芯损耗很大的三相电抗器，铁芯由一定厚度的几块实心铁板或钢板叠成，一般做成三柱式，每柱上绕有一个线圈，三相线圈连成星形，然后接到线绕式异步电动机的转子电路中，如图 5.23 所示。

在频敏变阻器的线圈中通过转子电流，它在铁芯中产生交变磁通，在交变磁通的作用下，铁芯中会产生涡流，涡流使铁芯发热，从电能损失的观点来看，这和电流通过电阻发热而损失电能一样，所以，可以把涡流的存在看成一个电阻 R。另外，铁芯中交变的磁通又在线圈中产生感应电势，阻碍电流流通，因而有感抗 X（即电抗）存在。所以，频敏变阻器相当于电阻 R 和电抗 X 的并联电路。起动过程中频敏变阻器内的实际电磁过程如下：起动开始时，$n=0$，$s=1$，转子电流的频率（$f_2=sf$）高，铁损大（铁损与 f_2^2 成正比），相当于 R 大，且 $X \propto f_2$，所以，X 也很大，即等效阻抗大，从而限制了起动电流。另一方面由于起动时铁损大，频敏变阻器从转子取出的有功电流也较大，从而提高了转子电路的功率因数，增大了起动转矩。随着转速的逐步上升，转子频率 f_2 逐渐下降，从而使铁损减少，感应电势也减少，即由 R 和 X 组成的等效阻抗逐渐减少，这相当于起动过程中逐渐自动切除电阻和电抗。当转速 $n=n_N$ 时，f_2 很小，R 和 X 近似为零，这相当于转子被短路，起动完毕，进入正常运行。这种电阻和电抗对频率的"敏感"作用，就是"频敏"变阻器名称的由来。

与逐级切除起动电阻的起动方法相比，采用频敏变阻器的主要优点是：具有自动平滑调节起动电流和起动转矩的良好起动特性，且结构简单，运行可靠，无需经常维修。它的缺点是：功率因数低（一般为 $0.3 \sim 0.8$），因而起动转矩的增大受到限制，且不能用作调速电阻。因此，频敏变阻器用于对调速没有什么要求、起动转矩要求不大、经常正反向运转的线绕式异步电动机的起动是比较合适的。它被广泛应用于冶金、化工等传动设备上。

频敏变阻器的铁芯和铁轭间设有气隙，在绕组上留有几组抽头，改变气隙大小和绕组匝数，用以调整电动机的起动电流和起动转矩，匝数少、气隙大时，起动电流和起动转矩都大。

为了使单台频敏变阻器的体积、重量不要过大，当电动机容量较大时，可以采用多台频敏变阻器串联使用。

5.4　三相异步电动机的调速特性

由 5.2 节的公式可知：电动机在一定负载下，欲得到不同的转速 n，可以由改变 T_{max}，s_m，f 和 p 4 个参数入手，则相应地有如下几种调速方法。

5.4.1　调压调速

把图 5.13 改变电源电压时的人为机械特性重画在图 5.24 中，可见，电压改变时，T_{max} 变化，而 n_0 和 s_m 不变。对于恒转矩性负载 T_L，由负载特性曲线 1 与不同电压下电机的机械特性的交点，可以有 a，b，c 点所决定的速度，调速范围很小；离心式通风机型负载曲线 2 与不同电压下机械特性的交点为 d，e，f，可以看出，调速范围稍大。

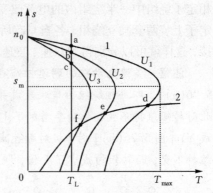

图 5.24　调压调速时的机械特性

这种调速方法能够无级调速，但当降低电压时，转矩也按电压的平方成比例减小，所以，调速范围不大。在定子电路中串电阻（或电抗）和用晶闸管调压调速都是属于这种调速方法。

5.4.2　转子电路串电阻调速

转子电路串电阻调速的机械特性与图 5.24 相同，从图中可以看出，转子电路串入不同的电阻，其 n_0 和 T_{max} 不变，但 s_m 随外加电阻的增大而增大。对于恒转矩负载 T_L，由负载特性曲线与不同外加电阻下电动机机械特性的交点可知，随着外加电阻的增大，电动机的转速降低。

当然,这种调速方法只适用于线绕式异步电动机,其起动电阻可兼做调速电阻用,不过此时要考虑稳定运行时的发热,应适当增大电阻的容量。

转子电路串电阻调速简单可靠,但它是有级调速。随着转速降低,特性变软。转子电路电阻损耗与转差率成正比,低速时损耗大。所以,这种调速方法大多用在重复短期运转的生产机械中,如在起重运输设备中应用非常广泛。

5.4.3 改变极对数调速

在生产中有大量的生产机械,它们并不需要连续平滑调速,只需要几种特定的转速就可以了,而且对起动性能没有高的要求,一般只在空载或轻载下起动,这种情况用变极对数调速的多速鼠笼式异步电动机是合理的。

由于同步转速 n_0 与极对数 p 成反比,故改变极对数 p 即可改变电动机的转速。

以单绕组双速电机为例,对变极调速的原理进行分析,如图 5.25 所示。为简便起见,将一个线圈组集中起来用一个线圈代表。单绕组双速电动机的定子每相绕组由两个相等圈数的"半绕组"组成。图(a)中两个"半绕组"串联,其电流方向相同;图(b)中两个"半绕组"并联,其电流方向相反。它们分别代表两种极对数,即 $2p=4$ 与 $2p=2$。可见,改变极对数的关键在于使每

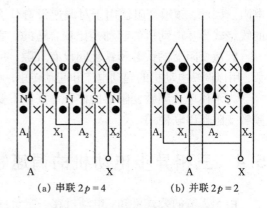

(a) 串联 $2p=4$ (b) 并联 $2p=2$

图 5.25 改变极对数调速的原理

相定子绕组中一半绕组内的电流改变方向,即可用改变定子绕组的接线方式来实现。若在定子上装两套独立绕组,各自具有所需的极对数,两套独立绕组中每套又可以有不同的连接,这样就可以分别得到双速、三速或四速等电动机,通称为多速电动机。

注意 多速电动机的调速性质也与连接方式有关,如将定子绕组由 Y 改接成 YY[图5.26(a)],即每相绕组由串联改成并联,则极对数减少了 1 倍,故 $n_{YY}=2n_\triangle$。可以证明,此时转矩维持不变,而功率增加了 1 倍,即属于恒转矩调速性质;而当定子绕组由 $\triangle$ 改接成 YY[图 5.26(b)]时,极对数也减少了 1 倍,即 $n_{YY}=2n_\triangle$。也可以证明,此时功率基本维持不变,而转矩约减少了 1 倍,即属于恒功率调速性质。

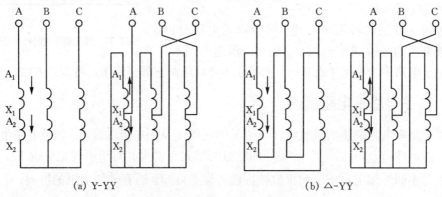

(a) Y-YY   (b) △-YY

图 5.26 单绕组双速电动机的极对数变换

　　另外，极对数的改变，不仅使转速发生了改变，而且三相定子绕组中电流的相序也改变了。为了改变极对数后仍维持原来的转向不变，就必须在改变极对数的同时，改变三相绕组接线的相序，如图 5.26 所示，将 B 和 C 相对换一下，这是设计变极调速电动机控制线路时应注意的一个问题。多速电动机起动时宜先接成低速，然后换接为高速，这样可获得较大的起动转矩。

　　虽然多速电动机体积稍大、价格稍高，只能有级调速，但结构简单、效率高、特性好，且调速时所需附加设备少，因此，广泛用于机电联合调速的场合，特别是中小型机床上用得极多。

5.4.4　变频调速

　　从图 5.15 所示的改变定子电源频率时的人为机械特性可以看出，异步电动机的转速正比于定子电源的频率 f，若连续地调节定子电源频率 f，即可实现连续地改变电动机的转速。

　　变频调速用于一般鼠笼式异步电动机，采用一个频率可以变化的电源向异步电动机定子绕组供电，这种变频电源多为晶闸管变频装置。

　　异步电动机的变频调速是一种很好的调速方法。有关变频调速系统的详细内容将在第 7 章介绍。

5.5　三相异步电动机的制动特性

　　异步电动机和直流电动机一样，也有三种制动方式：反馈制动、反接制动和能耗制动。

5.5.1　反馈制动

　　由于某种原因异步电动机的运行速度高于它的同步速度，即 $n > n_0$，$s = (n_0 - n)/n_0 < 0$ 时，异步电动机就进入发电状态。显然，这时转子导体切割旋转磁场的方向与电动状态时的方向相反，电流 I_2 改变了方向，电磁转矩 $T = K_m \Phi I_2 \cos\varphi_2$ 也随之改变方向，即 T 与 n 的方向相反，T 起制动作用。反馈制动时，电机从轴上吸取功率后，一部分转换为转子铜耗，大部分则通过空气隙进入定子，并在供给定子铜耗和铁耗后，反馈给电网，所以，反馈制动又称发电制动，这时异步电动机实际上是一台与电网并联运行的异步发电机。由于 T 为负，$s < 0$，所以，反馈制动的机械特性是电动机状态机械特性向第二象限的延伸，如图 5.27 所示。

　　异步电动机的反馈制动运行状态有两种情况。

　　一种是负载转矩为位能性转矩的起重机械在下放重物时的反馈制动运行状态，例如，桥式吊车，电动机反转（在第Ⅲ象限）时下放重物。开始在反转电动状态工作，电磁转矩和负载转矩方向相同，重物快速下降，直至 $|-n| > |-n_0|$，即电机的实际转速超过同步转速后，电磁转矩成为制动转矩，当 $T = T_L$ 时，达到稳定状态，重物匀速下降，如图 5.27 中的 a 点。改变转子电路内

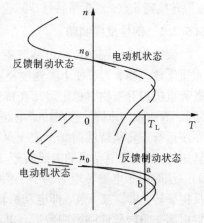

图 5.27　反馈制动状态电动机的机械特性

的串入电阻，可以调节重物下降的稳定运行速度，如图
5.27 中的 b 点，转子电阻越大，电机转速就越高，但为
了不至于因为电机转速太高而造成运行事故，转子附加
电阻的值不允许太大。

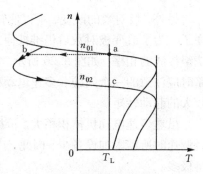

另一种是电动机在变极调速或变频调速过程中，极
对数突然增多或供电频率突然降低，使同步转速 n_0 突
然降低时的反馈制动运行状态，如图5.28 中的 a 点所
示。当电动机由高速挡切换到低速挡时，由于转速不能
突变，在降速开始一段时间内，电机运行到 n_{02} 的机械
特性的发电区域内（b 点）。此时电枢所产生的电磁转

**图 5.28　变极或变频调速时反馈制动
的机械特性**

矩为负，和负载转矩一起，迫使电动机降速，在降速过程中，电机将运行系统中的动能转换
成电能反馈到电网。当电动机在高速挡所储存的动能消耗完后，电机就进入电动状态，一
直到电动机的电磁转矩又重新与负载转矩相平衡，电机稳定运行在 c 点。

5.5.2　反接制动

5.5.2.1　电源反接制动

如果正常运行时异步电动机三相电源的相序突然改变，
即电源反接，这就改变了旋转磁场的方向，电动机的机械
特性曲线就由第Ⅰ象限的曲线 1 变成了第Ⅲ象限的曲线 2，
如图 5.29 所示。但由于机械惯性，转速不能突变，系统运
行点 a 只能平移至特性曲线 2 之 b 点，电磁转矩由正变负，
则转子将在电磁转矩和负载转矩的共同作用下迅速减速，
在从点 b 到点 c 的整个第Ⅱ象限内，电磁转矩 T 和转速 n
的方向都相反，电机进入反接制动状态。待 $n = 0$ 时（点
c），应将电源切断，否则电动机将反向起动运行。

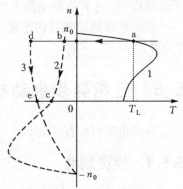

**图 5.29　电源反接时反接制动的
机械特性**

由于反接制动时电流很大，对鼠笼式电动机常在定子电路中串接电阻，对线绕式电动
机则在转子电路中串接电阻，这时的人为机械特性如图 5.29 的曲线 3 所示，制动时工作点由
a 点转换到 d 点，然后沿特性 3 减速，至 $n = 0$（e 点），切断电源。

5.5.2.2　倒拉反接制动

倒拉制动出现在位能负载转矩超过电磁转矩的时候，例如起
重机下放重物，为了使下降速度不致太快，就常用这种工作状态。
若起重机提升重物时稳定运行在特性曲线 1 的 a 点（如图 5.30 所
示），欲使重物下降，就在转子电路内串入较大的附加电阻。此时
系统运行点将从特性曲线 1 之 a 点移至特性曲线 2 之 b 点，负载
转矩 T_L 将大于电动机的电磁转矩 T，电动机减速到 c 点（即 $n =
0$）。这时由于电磁转矩 T 仍小于负载转矩 T_L，重物将迫使电动机
反向旋转，重物被下放，即电动机转速 n 由正变负，$S > 1$，机械特
性由第一象限延伸到第四象限，电动机进入反接制动状态。随着
下放速度的增加，s 增大，转子电流 I_2 和电磁转矩随之增大，直至

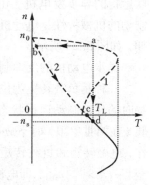

**图 5.30　倒拉反接制动时
的机械特性**

$T = T_L$，系统达到相对平衡状态，重物以 $-n_s$ 等速下放。可见，与电源反接的过渡制动状态不同，这是一种能稳定运转的制动状态。

在倒拉制动状态下，转子轴上输入的机械功率转变成电功率后，连同从定子输送来的电磁功率一起，消耗在转子电路的电阻上。

5.5.3　能耗制动

异步电动机的反接制动用于准确停车有一定的困难，因为它容易造成反转，而且电能损耗也比较大；反馈制动虽是比较经济的制动方法，但它只能在高于同步转速下使用；而能耗制动却是比较常用的准确停车的方法。

异步电动机能耗制动的原理线路图一般如图 5.31(a) 所示，进行能耗制动时，首先将定子绕组从三相交流电源断开（KM1 断开），接着立即将一低压直流电源通入定子绕组（KM2 闭合）。直流电流通过定子绕组后，在电动机内部建立一个固定不变的磁场。由于转子在运动系统储存的机械能维持下继续旋转，转子导体内就产生感应电势和电流，该电流与恒定磁场相互作用产生作用方向与转子实际旋转方向相反的制动转矩，在它的作用下，电动机转速迅速下降，此时运动系统储存的机械能被电动机转换成电能后消耗在转子电路的电阻中。

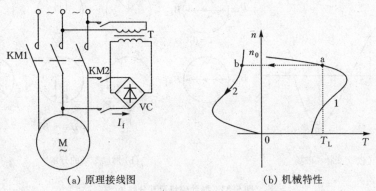

(a) 原理接线图　　　　　　　(b) 机械特性

图 5.31　能耗制动时的原理接线图及机械特性

能耗制动时的机械特性如图 5.31(b) 所示，制动时系统运行点从特性 1 之 a 点平移至特性 2 之 b 点，在制动转矩和负载转矩的共同作用下沿特性 2 迅速减速，直至 $n = 0$，当 $n = 0$ 时，$T = 0$，所以，能耗制动能准确停车，不像反接制动那样，如不及时切断电源会使电动机反转。不过当电动机停止后不应再接通直流电源，因为那样将会烧坏定子绕组。另外，制动的后期，随着转速的降低，能耗制动转矩也很快减少，所以，制动较平稳，但制动效果则比反接制动差。可以用改变定子励磁电流 I_f 或转子电路串入电阻（线绕式异步电动机）的大小来调节制动转矩，从而调节制动的强弱。由于制动时间很短，所以，通过定子的直流电流 I_f 可以大于电动机的定子额定电流，一般取 $I_f = (2 \sim 3) I_{1N}$。

5.6　单相异步电动机

单相异步电动机是一种容量从几瓦到几百瓦、由单相交流电源供电的旋转电机，具有结构简单、成本低廉、运行可靠等一系列优点，所以广泛用于电风扇、洗衣机、电冰箱、吸尘器、医疗器械及自动控制装置中。

5.6.1 单相异步电动机的磁场

单相异步电动机的定子绕组为单相，转子一般为鼠笼式，如图5.32所示。当接入单相交流电源时，它在定、转子气隙中产生一个如图5.33(a)所示的交变脉动磁场。此磁场在空间并不旋转，只是磁通或磁感应强度的大小随时间做正弦变化，即

$$B = B_m \sin\omega t$$

式中：B_m——磁感应强度的幅值；

ω——交流电源角频率。

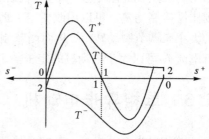

图5.32　单相异步电动机

如果仅有一个单相绕组，则在通电前转子原来是静止的，通电后转子仍将静止不动。若此时用手拨动它，转子便顺着拨动方向转动起来，最后达到稳定运行状态。可见，这种结构的电动机没有起动能力，但一经推动后，它却能转动起来，这是为什么？

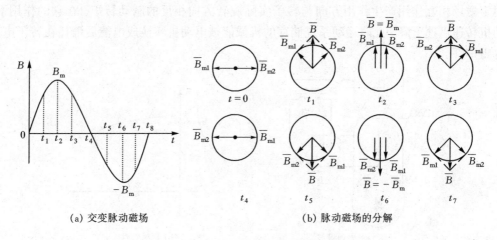

(a) 交变脉动磁场　　　　　　　(b) 脉动磁场的分解

图5.33　脉动磁场及其分解

可以证明，一个空间轴线固定而大小按正弦规律变化的脉动磁场（用磁感应强度 B 表示），可以分解成两个转速相等而方向相反的旋转磁场 B_{m1} 和 B_{m2}，如图5.33(b)所示，磁感应强度的大小为

$$B_{m1} = B_{m2} = B_m/2$$

当脉动磁场变化一个周期，对应的两个旋转磁场正好各转一圈。若交流电源的频率为 f，定子绕组的磁极对数为 p，则两个旋转磁场的同步转速为

$$\{n_0\}_{r/min} = \pm 60\{f\}_{Hz}/p$$

与三相异步电动机的同步转速相同。

两个旋转磁场分别作用于鼠笼式转子而产生两个方向相反的转矩，如图5.34所示。图中，T^+ 为正向转矩，由旋转磁场 $\bar{B}_{m1}$ 产生；T^- 为反向转矩，由反向旋转磁场 $\bar{B}_{m2}$ 产生；而 T 为单相异步电动机的合

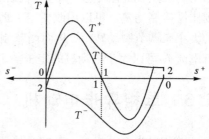

图5.34　单相异步电动机的 $T = f(s)$ 曲线

成转矩；s 为转差率。从曲线可以看出，在转子静止时（$s=1$），由于两个电磁转矩大小相等、方向相反，故其作用互相抵消，合成转矩为零，即 $T=0$，因而转子不能自行起动。

如果通过外力拨动转子沿顺时针方向转动，则此时正向转矩 T^+ 大于反向转矩 T^-，其合成转矩 $T=T^+-T^-$ 为正，将使转子继续沿顺时针方向旋转，直至达到稳定运行状态。同理，如果沿反方向推一下，则电动机就反向旋转。

由此可得出结论：

（1）在脉动磁场作用下的单相异步电动机没有起动能力，即起动转矩为零；

（2）单相异步电动机一旦起动，它能自行加速到稳定运行状态，其旋转方向不固定，完全取决于起动时的旋转方向。

因此，要解决单相异步电动机的应用问题，首先必须解决它的起动转矩问题。

5.6.2 　单相异步电动机的起动方法

单相异步电动机在起动时，若能产生一个旋转磁场，就可以建立起动转矩而自行起动，下面就介绍常见的分相式单相异步电动机的起动原理。

图 5.35 所示为电容分相式异步电动机的接线原理图。定子上有两个绕组 AX 和 BY，AX 为运行绕组（或工作绕组），BY 为起动绕组，它们都嵌入定子铁芯中，两绕组的轴线在空间互相垂直。在起动绕组 BY 电路中串有电容 C，适当选择参数，使该绕组中的电流 i_B 在相位上超前 AX 绕组中的电流 i_A 90°。其目的是：通电后能在定、转子气隙内产生一个旋转磁场，使其自行起动。根据两个绕组的空间位置及图 5.36(a) 所示的两相电流的波形，画出 t 为 $T/8$，$T/4$，$T/2$ 各时刻磁力线的分布，如图 5.36(b) 所示。从该图可以看出，磁场是旋转的，且旋转磁场旋转方向的规律也和三相旋转磁场一样，是由 BY 到 AX，

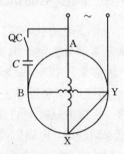

图 5.35 　电容分相式异步电动机

即由电流超前的绕组转向电流滞后的绕组。在此旋转磁场作用下，鼠笼转子将跟着旋转磁场一起旋转。若在起动绕组 BY 支路中接入一离心开关 QC，如图 5.35 所示，电动机起动后，当转速达到额定值附近时，借离心力的作用将 QC 打开，此后，电动机就成为单相运行了。此种结构型式的电动机，称为电容分相起动电动机。也可不用离心开关，即在运行时并不切断电容支路，称为电容分相运转电动机。

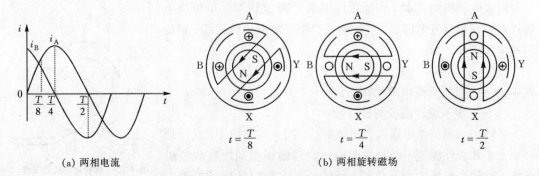

(a) 两相电流　　　　　　　　　　　　　(b) 两相旋转磁场

图 5.36 　电容分相式异步电动机旋转磁场的产生

值得指出的是，欲使电动机反转，不能像三相异步电动机那样调换两根电源线来实现，必须以调换电容器 C 的串联位置来实现，如图 5.37 所示，即改变 QB 的接通位置，就可改变旋转磁场的方向，从而实现电动机的反转（为什么？读者自行分析）。洗衣机中的电动机就是靠定时器中的自动转换开关来实现这种切换的。

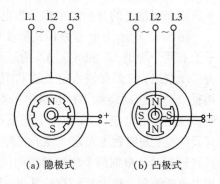

图 5.37　电容分相式异步电动机正反转接线原理图

5.7　同步电动机

同步电动机既可以作为发电机运行，也可以作为电动机运行。同步电动机也是一种三相交流电动机，它除了用于电力传动（特别是大容量的电力传动）外，还用于补偿电网功率因数。发电厂中的交流发电机全部采用同步发电机。

本节主要讨论同步电动机的结构、基本运行原理及工作特性。

5.7.1　同步电动机的基本结构

与异步电动机一样，同步电动机也分定子和转子两大基本部分。定子由铁芯、定子绕组（又叫电枢绕组，通常是三相对称绕组，并通有对称三相交流电流）、机座以及端盖等主要部件组成。转子则包括主磁极、装在主磁极上的直流励磁绕组、特别设置的鼠笼型起动绕组、电刷以及集电环等主要部件。

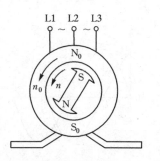

(a) 隐极式　　　(b) 凸极式

图 5.38　同步电动机的结构示意图

同步电动机按转子主磁极的形状分为隐极式和凸极式两种，它们的结构如图 5.38 所示。隐极式转子的优点是转子圆周的气隙比较均匀，适用于高速电机；凸极式转子呈圆柱形，转子有可见的磁极，气隙不均匀，但制造较简单，适用于低速运行（转速低于 1000 r/min）。

由于同步电动机中作为旋转部分的转子只通以较小的直流励磁功率（大约为电动机额定功率的 0.3% ~2%），所以同步电动机特别适用于大功率高电压的场合。

5.7.2　同步电动机的工作原理和运行特性

同步电动机的基本工作原理可用图 5.39 来说明。电枢绕组通以对称三相交流电流后，气隙中便产生一电枢旋转磁场，其旋转速度为同步转速：

$$\{n_0\}_{\text{r/min}} = 60\{f\}_{\text{Hz}}/p$$

式中：f——三相交流电源的频率；

p——定子旋转磁场的极对数。

在转子励磁绕组中通以直流电流后，同一空气隙中，又出现一个大小和极性固定、极对数与电枢旋转磁场相同的直流励磁磁场。这两个磁场的相互作用，使转子被电枢旋转磁场拖着以同步转速一起旋转，即 $n = n_0$，"同步"电动机也由此而得名。

图 5.39　同步电动机的工作原理示意图

在电源频率 f 与电动机转子极对数 p 为一定的情况下，转子的转速 $n = n_0$ 为一常数，因此同步电动机具有恒定转速的特性，它的运转速度是不随负载转矩而变化的。同步电动机的机械特性如图 5.40 所示。

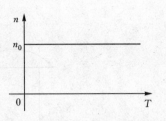

图 5.40　同步电动机的机械特性

因为异步电动机的转子没有直流电流励磁，它所需要的全部磁动势均由定子电流产生，所以，异步电动机必须从三相交流电源吸取滞后电流来建立电动机运行时所需要的旋转磁场。异步电动机的运行状态就相当于电源的电感性负载，它的功率因数总是小于 1 的。同步电动机与异步电动机则不相同，同步电机所需要的磁动势是由定子与转子共同产生的。同步电动机转子励磁电流 I_f 产生磁通 Φ_f，而定子电流 I 产生磁通 Φ_0，总的磁通为两者的合成。当外加三相交流电源的电压 U 一定时，总的磁通 Φ 也应该一定，这一点是和感应电动机的情况相似的。因此当改变同步电动机转子的直流励磁电流 I_f 使 Φ_f 改变时，如果保持总磁通 Φ 不变，那么，Φ_0 就要改变，而产生 Φ_0 的定子电流 I 必然随着改变。当负载转矩 T_L 不变时，同步电动机输出的功率 $P_2 = Tn/9550$ 也是恒定的，若略去电动机的内部损耗，则输入的功率 $P_1 = 3UI\cos\varphi$ 也是不变的。所以，改变 I_f 使 I 改变时，功率因数 $\cos\varphi$ 也是随着改变的。因此，可以利用调节励磁电流 I_f 使 $\cos\varphi$ 刚好等于 1，这时，电动机的全部磁动势都是由直流产生的，交流方面无须给励磁电流，在这种情况下，定子电流 I 与外加电压 U 同相，这时的励磁状态称为正常励磁。当直流励磁电流 I_f 小于正常励磁电流时，称为欠励，直流励磁的磁动势不足，定子电流将增加一个励磁分量，即交流电源需要供给电动机一部分励磁电流，以保证总磁通不变。当定子电流出现励磁分量时，定子电路便成为电感性电路，输入电流滞后于电压，$\cos\varphi$ 小于 1，定子电流比正常励磁时要增大一些。另一方面，如果使直流励磁电流 I 大于正常励磁电流时，称为过励，直流励磁过剩，在交流方面不仅毋须电源供给励磁电流，而且还向电网发出电感性电流与电感性无功功率，正好补偿了电网附近电感性负载的需要，使整个电网的功率因数提高。过励的同步电动机与电容器有类似的作用，这时，同步电动机相当于从电源吸取电容性电流与电容性无功功率，成为电源的电容性负载，输入电流超前于电压，$\cos\varphi$ 也小于 1，定子电流也要加大。

从上面的分析可以看出，调节同步电动机转子的直流励磁电流 I_f，便能控制 $\cos\varphi$ 的大小和性质（容性或感性），这是同步电动机最突出的优点。

同步电动机有时在过励下空载运行，在这种情况下电动机仅用以补偿电网滞后的功率因数，这种专用的同步电动机称为同步补偿机。

5.7.3　同步电动机的起动

同步电动机虽然具有功率因数可以调节的优点，但却没有像异步电动机那样得到广泛应用，这不仅是由于它的结构复杂、价格贵，同时还有起动困难的问题。其原因如下。

如图 5.41 所示，如果转子尚未转动时，加以直流励磁，就产生了固定磁场 N-S；当定子接上三相电源，流过三相电流时，就产生了旋转磁场，并立即以同步转速 n_0 旋转。在图 5.41(a) 所示的情况下，二者相吸，定子旋转磁场欲吸着转子旋转，但由于转子的惯性，它还没有来得及转动时，旋转磁场却已转到图 5.41(b) 所示的位置，二者又相斥，这样，转子

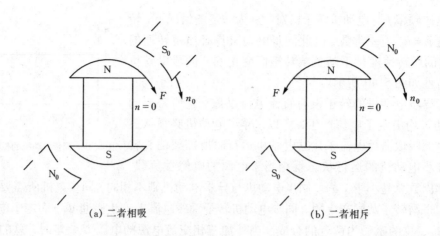

(a) 二者相吸   (b) 二者相斥

图 5.41 同步电动机的起动转矩为零

忽被吸，忽被斥，无法起动。为了起动同步电动机，可以采用异步起动法，即在转子磁极的极掌上安装与鼠笼绕组相似的起动绕组。起动时，先不加入直流磁场，只在定子上加上三相对称电压，以产生旋转磁场，鼠笼绕组内感生了电势，产生了电流，从而使转子转动起来。当转速接近同步转速时，再在励磁绕组中通入直流励磁电流，产生固定极性的磁场，在定子旋转磁场与转子励磁磁场的相互作用下，便可把转子拉入同步。转子达到同步转速后，起动绕组与旋转磁场同步旋转，即无相对运动，这时起动绕组中便不产生电势与电流。

思考与习题

5.1 有一台四极三相异步电动机，电源电压的频率为 50 Hz，满载时电动机的转差率为 0.02，求电动机的同步转速、转子转速和转子电流频率。

5.2 将三相异步电动机接三相电源的三根引线中的两根对调，此电动机是否会反转？为什么？

5.3 三相异步电动机带动一定的负载运行时，若电源电压降低了，此时电动机的转矩、电流及转速有无变化？如何变化？

5.4 三相异步电动机正在运行时，转子突然被卡住，这时电动机的电流会如何变化？对电动机有何影响？

5.5 三相异步电动机断了一根电源线后，为什么不能起动？而在运行时断了一根线，为什么仍能继续转动？这两种情况对电动机将产生什么影响？

5.6 三相异步电动机在相同电源电压下，满载和空载起动时，起动电流是否相同？起动转矩是否相同？

5.7 异步电动机变极调速的可能性和原理是什么？其接线图是怎样的？

5.8 异步电动机有哪几种制动状态？各有何特点？

5.9 试说明鼠笼式异步电动机定子极对数突然增加时，电动机的降速过程。

5.10 试说明异步电动机定子相序突然改变时，电动机的降速过程。

5.11 在图 5.37 中，为什么改变 QB 的接通方向即可改变单相异步电动机的旋转方向？

5.12 同步电动机的工作原理与异步电动机的有何不同？

5.13 一般情况下，同步电动机为什么要采用异步起动法？

第 6 章　交流传动控制系统

在电气传动系统中，尽管直流电动机具有调速性能好、起动转矩大等优点，但因其存在机械换向，使得其维护不便，应用环境受到限制，且制造成本高。相对于直流电动机来说，交流电动机（特别是异步电动机）具有结构简单、坚固、运行可靠的优点，尤其是在大容量或工作于恶劣环境时，更为直流拖动所不及。因此，交流电动机得到了广泛的应用。

随着电力电子器件、微电子技术、电动机和控制理论的发展，近年来，交流电动机调速系统也有了很大发展。电磁调速异步电动机，晶闸管低同步串级调速装置，变频、变压调速系统获得广泛应用；用晶闸管、大功率晶体管逆变器组成的，容量从几十千瓦到几百千瓦的异步电动机变频调速系统投入了工业运行；具备了制造几千千瓦无换向器电动机的能力；微型计算机、矢量变换控制技术在高性能交流传动系统应用中取得了根本性突破；传统上采用直流调速的轧钢、造纸、提升机械以及加工机床、机器人所用的伺服系统等，也已经应用高性能交流调速代替直流调速。

交流电动机有同步电动机和异步电动机两大类。同步电动机的调速靠改变供电电压的频率来改变其同步转速。

异步电动机转速公式为

$$n = n_0(1 - s) = \frac{60f}{p}(1 - s) \tag{6.1}$$

式中：p——磁极对数；

　　　f——供电电源频率，Hz；

　　　s——转差率（同步电动机传动时，$s = 0$）。

由式（6.1）可见，异步电动机的调速方法大致分为三种，即改变转差率 s、改变极对数 p 和改变频率 f，其中改变转差率 s 的方法又可以通过调节定子电压、转子电阻、转子电压以及定转子供电频率等方法来实现。

对异步电动机而言，调速的方法虽然很多，但从利用晶闸管控制技术来看，不外乎有：控制加于电机定子绕组的电压——调压调速；控制附加在转子回路的电势——串级调速；控制定子的供电电压与频率——变频调速；无换向器电机调速系统和电磁转差离合器调速系统等几种方法。

本章将主要介绍异步电动机几种调速系统的基本原理及特性，由于变极调速和转子串电阻在前面已介绍过，因此着重介绍其他改变转差率及改变频率的几种调速系统。

6.1　交流调压调速

由异步电动机电磁转矩和机械特性方程可知，异步电动机的转矩与定子电压的平方成正比，因此，改变异步电动机的定子电压也就是改变电动机的转矩及机械特性，从而实现调速，这是一种比较简单而方便的方法。尤其是随着晶闸管技术的发展，以及晶闸管"交流开关"元件的广泛采用,过去利用笨重的饱和电抗器或利用交流调压器来改变电压的状况彻底改变了。即将晶闸管反并联连接或用双向晶闸管,通过调整晶闸管的触发角,改变异步电动机端电压进行调速的一种方式。这种方式调速过程中的转差功率损耗在转子里或其外接电阻上,效率较低,仅用于特殊笼型和线绕转子等小容量电动机。

6.1.1 采用晶闸管的交流调压电路

晶闸管交流调压电路与晶闸管整流电路一样,也有单相与三相之分。

(1)单相交流调压电路。

单相晶闸管交流调压电路的种类很多,但应用最广的是反并联电路。以下分析它带电阻性负载及电感性负载的工作情况。

图 6.1 所示为单相交流反并联电路及其带电阻性负载时的电压电流波形图。由图可见,当电源电压为正半周时,在控制角为 α 的时刻触发 VT_1,使之导通,电压过零时,VT_1 自行关断。负半周时,在同一控制角 α 下触发 VT_2,如此不断重复,负载上便得到正负对称的交流电压。改变晶闸管控制角 α 的大小,就可以改变负载上交流电压的大小。对于电阻性负载,其电流波形与电压波形同相。

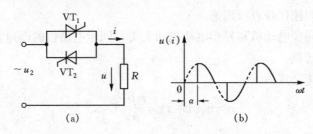

图 6.1 单相交流反并联电路及带电阻性负载时波形图

如果晶闸管调压电路带电感性负载(如异步电动机),其电流波形由于电感 L 电流不能突变而有滞后现象,其电路和波形如图 6.2 所示。

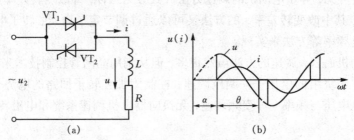

图 6.2 单相交流反并联电路及带电感性负载波形图

(2)三相交流调压电路。

工业中常用的异步电动机都是三相的,因此,晶闸管交流调压电路大都采用三相交流调压电路。将三对反并联的晶闸管(或三个双向晶闸管)分别接至三相负载就构成了一个典型的三相交流调压电路。负载常用 Y 形连接,如图 6.3(a)所示。就三相交流调压电路来说,为保证输出电压对称并有相应的控制范围,首先要求触发信号必须与交流电源有一致的相序和相位差。其次是在感性负载或小导通角情况下,为了确保晶闸管可靠触发,如同三相全控桥式整流电路一样，要求采用控制角大于 60° 的双脉冲或宽脉冲触发电路。

　　图 6.3(b) 是用三个晶闸管接成三角形，放置在星形连接负载的中点，故称之为星点三角形接法。由于晶闸管置于定子绕组之后，电网的浪涌电压得到一定的削弱；即使负载相间短接，晶闸管元件也基本上不受影响，再加上所需晶闸管元件少，因而是三相交流调压系统中常用的一种线路。由于这种调压电路是接在星形连接负载的中点上，因此要求负载的中点必须是能够分得开的。

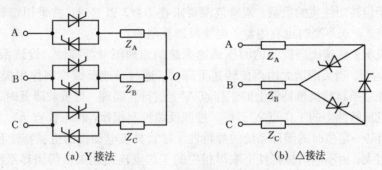

图 6.3　三相交流调压电路

6.1.2　异步电动机的调压特性

　　一般而言，异步电动机在轻载时，即使外加电压变化很大，转速变化也很小。而在重载时，如果降低供电电压，则转速下降很快，甚至停转，从而引起电动机过热甚至烧坏。因此，了解异步电动机调压时的机械特性，对于了解如何改变供电电压来实现均匀调速是十分必要的。如图 6.4(a) 所示，对于普通异步电动机，当改变定子电压 U 时，得到一组不同的机械特性，在某一负载 T_L 的情况下，将稳定工作于不同的转速，如图 6.4(a) 中 A，B，C 三点对应的转速。显而易见，在这种情况下，改变定子电压，电动机的转速变化范围不大。如果带风机类负载，工作点为 D，E，F，调速范围可以大一些。但要使电动机能在低速段运行(如点 F)，一方面拖动装置运行不稳定，另一方面，随着电动机转速的降低会引起转子电流相应增大，可能引起过热而损坏电动机，所以，为了使电动机能在低速下稳定运行又不致过热，要求电动机转子绕组有较高的电阻。

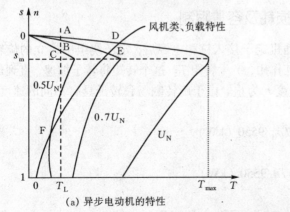
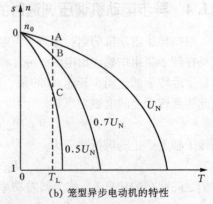

图 6.4　异步电动机调压时的机械特性

　　对于鼠笼型异步电动机，可以将电动机转子的鼠笼由铸铝材料改为电阻率较大的黄铜条，使之具有如图 6.4(b) 所示的机械特性。即使这样，其调速范围仍不大，且低速时运行稳定性不好，不能满足生产机械的要求。

6.1.3 闭环控制的调压调速系统

异步电动机调压调速时，采用普通电机时调速范围很窄，采用高阻转子的力矩电机时，调速范围虽有所增大，但机械特性变软，负载变化时的静差率太大，开环控制难以解决这个矛盾。对于恒转矩性质的负载，调速范围要求在 $D \geqslant 2$ 以上时，常采用带转速负反馈的闭环控制系统，要求不高时也有用定子电压反馈控制的。

图 6.5 表示了转速闭环控制的调压调速系统的原理图及静特性。设该系统带负载 T_L 在 A 点稳定运行，当负载增大因而使转速下降时，通过转速反馈控制作用提高定子电压，从而使电机在一条新的机械特性上的工作点 A′ 上运行。同理，当负载降低时，则在降低定子电压时的机械特性上的工作点 A″ 运行。按照反馈控制规律，将工作点 A″，A，A′ 连接起来，便可得到某一定值时的闭环系统的静特性。尽管异步电动机的机械特性和直流电动机的特性差别很大，由不同机械特性上取得相应的工作点连接起来获得闭环系统静特性，这种分析方法是完全一致的。虽然交流异步力矩电机的机械特性很软，但由系统放大系数决定的闭环系统静特性却可以做到很硬。如果采用 PI 调节器，就可以做到无静差。改变给定信号，则静特性平行地上下移动，可达到调速的目的。

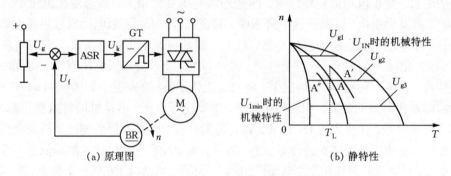

图 6.5 转速负反馈交流调压调速系统

6.1.4 异步电动机调压调速时的损耗及容量限制

根据异步电动机的运行原理，当电动机定子接入三相电源后，定子绕组中建立的旋转磁场在转子绕组中感应出电流，两者相互作用，产生转矩 T。这个转矩将转子加速，直到最后稳定运转于低于同步转速 n_0 的某一速度 n 为止。由于旋转磁场和转子具有不同的速度，因此传到转子上的电磁功率为

$$P_\varphi = Tn_0 / 9550 \ (\text{kW})$$

而转子轴上产生的机械功率为

$$P_m = Tn / 9550 \ (\text{kW})$$

它们之间存在的功率差，称为转差功率：

$$P_\varphi - P_m = T(n_0 - n) / 9550 = sP_\varphi (\text{kW}) \tag{6.2}$$

这个转差功率将通过转子导体发热而消耗掉。由式 (6.2) 也可以看出，在较低转速时，转差功率将很大，所以，这种调压调速方法不太适合于长期工作在低速的工作机械，如要

用于这种机械，电动机容量就要适当选择大一些。

　　另外，如果负载具有转矩随转速降低而减小的特性（如通风机类型的工作机械 $T_L = Kn^2$），那么当向低速方向调速时，转矩减小，电磁功率及输入功率也减小，从而使转差功率较恒转矩负载时小得多。因此，定子调压调速的方法特别适合于通风机及泵类等机械。

6.2　电磁转差离合器调速系统

　　电磁转差离合器调速系统是指电磁耦合器串接在笼型异步电机和负载之间，通过调节电磁耦合器的励磁，改变转差率进行调速，它并不对异步电动机本身进行调速。这种调速系统的特点是线路简单，价格便宜，加上速度负反馈后调速相当精确。缺点是调速过程中转差能量损耗在耦合器上，低速运行损耗较大，效率较低，适用于调速性能要求不高的小容量传动控制。

　　电磁转差离合器由电枢和磁极两部分组成，两者无机械联系，都可自由旋转，如图 6.6（a）所示。电枢由电动机带动，称为主动部分，它是一个由铁磁材料制成的圆筒，习惯上称为电枢。磁极用联轴节与负载相连，称为从动部分，磁极一般由与电枢同样的材料制成，在磁极上装有励磁绕组。当励磁绕组通以直流电，电枢为电动机所拖动，以恒速定向旋转时，在电枢中感应产生感应电动势，产生电流，电流与磁极的磁场作用产生电磁力，形成的电磁转矩使磁极跟着电枢同方向旋转，这样磁极就带着生产机械一同旋转。异步电动机电磁调速系统见图 6.6（b）所示。该系统由笼型异步电动机、电磁转差离合器和晶闸管励磁电源及其控制部分组成。晶闸管直流励磁电源功率较小，常用单相半波或全波晶闸管电路控制转差离合器的励磁电流。

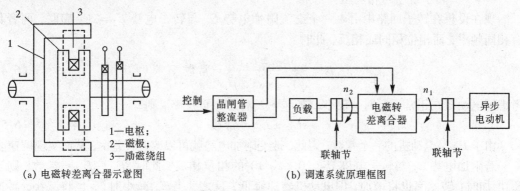

1—电枢；
2—磁极；
3—励磁绕组

　　　（a）电磁转差离合器示意图　　　　　　　　　　（b）调速系统原理框图

图 6.6　电磁转差调速系统

　　由于异步电动机的固有机械特性较硬，因而可以认为电枢的转速是近似不变的，而磁极的转速则由磁极磁场的强弱而定，也就是说，由提供给电磁离合器的电流大小而定。因此，只要改变励磁电流的大小，就可以改变磁极的转速，也就可以改变工作机械的转速。由此可见，当励磁电流等于零时，磁极是不会转动的，这就相当于工作机械被"离开"。一旦加上励磁电流，磁极即刻转动起来，这就相当于工作机械被"合上"。这就是离合器名字的由来。又因为它是基于电磁感应原理来发生作用的，磁极与电枢之间一定要有转差，才能产生涡流和电磁转矩，因此被称为"电磁转差离合器"。又因为它的作用原理和异步电动机相似，所以又将它连同异步电动机一起称作"滑差电机"。

由于转差离合器在原理上与异步电动机相似，因此，改变转差离合器的励磁电流的调速特性与改变定子电压的调速特性相似。由于该特性较软，不能直接应用于速度要求较稳定的工作机械上，为此，通常引入速度负反馈，使机械特性变硬，达到稳定转速的目的。

6.3　串级调速

对于线绕式异步电动机的调速，过去广泛采用转子串电阻的调速方法。这种方法简单，操作方便，但在电阻上将消耗大量的能量，效率低，经济性差，其效率随调速范围的增大而降低；调速时机械特性变软，降低了静态调速精度，只能在同步转速以下调节，且为有级调速。利用在电动机转子中串入附加电势以改变转差功率，从而实现转速调节，即为串级调速系统。这种系统具有高效率及良好的调速性能。

6.3.1　串级调速原理及基本类型

6.3.1.1　串级调速原理

在异步电动机的外加定子电压 U_1 及负载转矩 T_L 一定的情况下，电动机的转子电流近似为常数：

$$I_2 = \frac{sE_{20}}{\sqrt{r_2^2 + (sX_{20})^2}} \approx 常数 \tag{6.3}$$

式中：E_{20}——转子不转时的相电势，或称开路相电势；

$\quad\quad X_{20}$——$s = 1$ 时转子绕组每相漏抗；

$\quad\quad r_2$——转子绕组每相电阻。

现在设想在转子回路中引入一个交流附加电势 E_{ad} 与转子电势 $E_2 = sE_{20}$ 串联，两者具有相同频率，而相位相同或相反，此时

$$I_2 = \frac{sE_{20} \pm E_{ad}}{\sqrt{r_2^2 + (sX_{20})^2}} \approx 常数 \tag{6.4}$$

考虑到电动机在正常运行时 s 很小，故 $r_2 \gg sX_{20}$，sX_{20} 可忽略，则

$$sE_{20} \pm E_{ad} \approx 常数 \tag{6.5}$$

由于 E_{20} 是电动机的一个常数，因此，改变附加电势就可以改变转差率，从而实现调速。

若附加电势 E_{ad} 与转子电势 $sE_{20}(0 < s < 1)$ 的相位相反，此时 $sE_{20} - E_{ad} \approx 常数$，则当 E_{ad} 增加时，转差率也将增加，即电动机转速降低；反之，当 E_{ad} 减小时，s 也将减小，转速上升。当 $E_{ad} = 0$ 时，电动机转速为最高，即为固有机械特性所确定的转速。由此可见，逐渐增大 E_{ad}，电动机转速将从固有特性上所对应的速度逐渐下降，即得到低于同步转速的速度，故为同步转速以下的调速方法。

若附加电势 E_{ad} 与转子电势 $sE_{20}(0 < s < 1)$ 的相位相同，此时 $sE_{20} + E_{ad} \approx 常数$，显然，随着 E_{ad} 的增加，转差率减小，电动机的转速上升。当 E_{ad} 达到某一数值时，s 将等于零，电动机的转速达到同步速度。如果 E_{ad} 进一步增加，s 便开始变负，这时电动机的转速将超过同步转速，故为同步转速以上的调速方法。

6.3.1.2　串级调速的分类

从上述分析可知，要实现串级调速，需要一个与转子电势 $E_2 = sE_{20}$ 同频率且幅值可调

的附加电势。由于 E_2 的频率随转差率 s 而变化，因此要求附加电势在频率和相位上保持协调，实质上需要一个变频装置，从而保证电网能向电动机转子侧馈送功率，实现在电动状态下超同步速的调速，这种系统被称为超同步串级调速系统。它是一种向异步电动机定子和转子同时馈电的双馈电调速系统，适用于大容量、调速范围宽、对动态响应要求高的场合。

为了简化串级调速系统，在应用中，不采用交流附加电势环节，而是把转子交流电势首先整流为直流电压，然后与一个可控的直流附加电压进行比较，控制直流附加电压的幅值，同样可以调节电机的转速。这样就把交流可变频率的问题转化为与频率无关的直流问题，简化了分析与控制。显然，由于在电动机转子侧采用不可控整流，转差功率只能单方向传递（输出），而不能向转子输入功率，因此，这类串级调速系统只能实现在电动状态下低于同步速的调速，而不能实现高于同步速的调速，故称之为低同步串级调速系统。这类系统目前在国内外已广泛应用。通常所谓串调系统，若非特别指出，即指低同步串级调速系统。

低同步串级调速系统根据转差功率回馈方式的不同，可分为机械串级调速和电气串级调速两类。

（1）异步电动机机械串级调速（或称为 Kramer 系统）。

该系统的原理图如图 6.7 所示。图中异步电动机与一直流电动机同轴连接，共同拖动负载，交流绕线式异步电动机的转差功率经整流变换后输给直流电动机，后者把这部分电功率转变为机械功率反馈到负载轴上，这样就相当于在负载上附加了一个拖动转矩，从而很好地利用了转差功率。若忽略各种内部损耗，定子输入功率为 P，直流电动机输入和输出的功率相等，为 sP，而异步电动机输出的机械功率为 $(1-s)P$，因此，两台电动机输出的总机械功率近似等于 P，从而大大提高了系统的效率。调速时，只要改变直流电动机的励磁电流即可。这是因为稳定运行时，直流电机的反电势 E 与转子整流电压 U_d 相平衡，如增大 I_f，则 E 相应增大，使直流回路电流 I_d 降低、电机减速，直到新的平衡状态，异步机在较大的转差率下稳定运行。同理，如减小 I_f，则可使异步机在较高转速下运行。

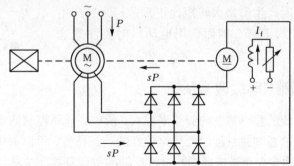

图 6.7 异步电动机机械串级调速原理

在调速时，这种系统的转差功率，也就是直流电动机的输出功率及异步机输出的机械功率都会变化，但两者的合成，即总的输出功率保持不变，因为定子侧的输入功率与异步机的转速无关。所以，这种机械串级调速系统属于恒功率调速系统。由于要增加设备，同时因转速较低时，直流电动机不能产生足够的附加直流电压，且其功率随调速范围的扩大而相应增大，因而调速范围通常在 2∶1 以内，使其应用受到限制。

（2）异步电动机电气串级调速（或称为 Scherbius 系统）。

图 6.8 为采用晶闸管逆变器控制的串级调速主电路图。从图可见，该电路的转子电势 sE_{20} 经二极管整流后加至三相有源逆变器上，逆变器将直流电压逆变成三相交流电压，再经过逆变变压器 TI 把转差功率 sP 回馈到交流电网，从而可大大提高系统的效率。

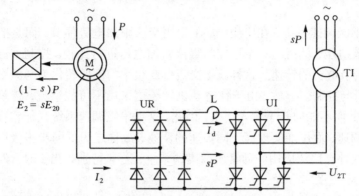

图 6.8 电气串级调速主电路图

改变有源逆变电路 UI 的逆变角 β，就可以改变直流附加电压的大小，使异步电动机的转速得到调节。例如，当逆变角减小时，逆变电压就增大，转子回路直流电流 I_d 就变小，I_2 亦变小，电磁转矩随之变小，由于负载转矩为恒值，电动机减速，转差 s 增大，sE_{20} 增大，I_d 和 I_2 增大，电磁转矩增大，直到等于负载转矩，这时电动机就稳定在一个新的低速上。

6.3.2 串级调速时的机械特性

图 6.9 给出了串级调速时异步电动机转速低于同步转速的一组机械特性曲线。由图可见，串级调速时异步电动机的机械特性与直流电动机的特性很相似。由特性可知，若引入的附加电势愈大，则 n_0 愈小，即电动机的转速愈低。另外，异步电动机串级调速时产生的最大转矩比正常运行时所产生的固有最大转矩低了约 17%，因而选用电动机时要注意这一点。

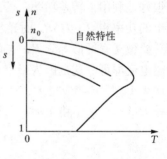

图 6.9 机械特性曲线

6.3.3 双闭环控制的串级调速系统

由于串级调速系统的静态特性的静差率较大，所以，开环控制适用于调速精度要求不高的场合。为了提高静态调速精度以及获得较好的动态特性，可以采用反馈闭环控制。与直流调速系统一样，通常采用转速反馈与电流反馈的双闭环控制方式。由于在串级调速系统中转子整流电路是不可控的，所以系统不能产生电气制动作用，所谓动态性能的改善一般只是指起动与加速过程性能的改善，而减速过程只能靠负载作用进行自由停车减速。

图 6.10 所示为具有双闭环控制的串级调速系统原理图。图中转速反馈信号取自与异步电动机机械连接的测速发电机，电流反馈信号取自逆变器交流侧，也可以通过霍尔变换器或直流互感器取自转子直流回路。为防止逆变器逆变颠覆，在电流调节器 ACR 输出电压为零时，应整定触发脉冲输出使 $\beta = \beta_{\min}$。图示系统与直流不可逆双闭环调速系统类似，

具有静态稳速与动态恒流加速的作用,所不同的是它的控制作用都通过异步电动机转子回路实现。

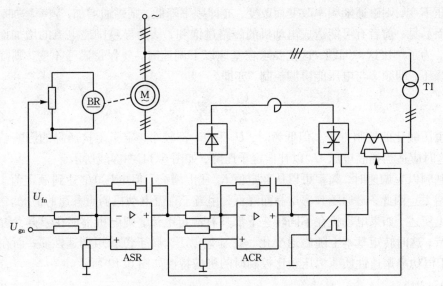

图 6.10 双闭环控制的串级调速系统原理图

异步电动机的晶闸管串级调速与直流电动机晶闸管整流调速相比,无论是从机械特性上还是从动态特性上以及调速系统组成上都有很多相似之处。对于直流电动机,改变晶闸管的控制角以改变整流电压,可改变电动机的转速(例如增加控制角 α,电压 U_d 下降,转速 n 降低),而串级调速是通过改变晶闸管的逆变角即逆变电压,从而改变转差率来调速的(例如逆变角增加,转差率 s 下降,转速 n 上升)。因此,异步电动机串级调速系统调节器参数的整定方法,也可以参考直流晶闸管调速系统的方法。

晶闸管串级调速具有调速范围宽、效率高(因转差功率可反馈电网)、便于向大容量发展等优点,是很有发展前途的绕线转子异步电动机的调速方法。其缺点是功率因数较低。现采用电容补偿等措施,使功率因数有所提高。

6.4 变频调速

所谓变频调速,就是通过改变电动机定子供电频率以改变同步转速来实现调速的。在调速过程中,从高速到低速都可以保持有限的转差功率,因而具有高效率、宽范围和高精度的调速性能。可以认为,变频调速是异步电动机调速最有发展前途的一种方法。

6.4.1 变频调速的原理

由式(6.1)可知,改变定子电源频率可以改变同步转速和电动机的转速。又知异步电动机每相定子绕组的感应电势公式为

$$E_1 = 4.44 f_1 N_1 K \Phi$$

当略去每相定子绕组的阻抗和漏磁感抗时,则外加电压为

$$U_1 \approx E_1 = C f_1 \Phi$$

式中，$C = 4.44 N_1 K$。

由上式可知，外加电压 U_1 近似与频率和磁通的乘积成正比，则 $\Phi \propto U_1 / f_1$。因此，若外加电压不变，则磁通随频率改变而改变，亦即频率降低，则磁通增加；频率增加，磁通降低。显而易见，前者有可能造成电动机的磁路过饱和，从而导致励磁电流的增加而引起铁芯过热。为了解决这一问题，这就要求在基速以下调速时，要保持磁通不变，则降频的同时必须降压，即频率与电压能协调控制，亦即

$$\frac{U_1}{f_1} = 常数 \tag{6.6}$$

这就是恒压频比的控制方式。但低频时，U_1 和 E_1 都较小，定子阻抗压降的影响就不能再忽略，这时应适当提高电压 U_1 以补偿定子压降，如图 6.11 中虚线所示。

在基频以上调速时，频率可以从额定值 f_{1N} 往上增高，但电压 U_1 达到额定值 U_{1N} 后不应继续增大。因此，磁通随频率增高而降低，相当于直流电动机弱磁升速的情况。

综上所述，如果电动机在不同转速下都具有额定电流，则电机都能在温升允许条件下长期运行，这时转矩基本上随磁通变化。在基频以下，属于恒转矩调速性质；而在基频以上，属于恒功率调速性质。恒压频比控制时的机械特性如图 6.12 所示。

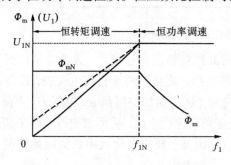 

图 6.11 异步电动机变频调速控制方式   图 6.12 恒压频比控制时的机械特性

6.4.2 变频器的分类

变频器根据使用开关器件的不同，一般分为晶闸管变频器和自关断型元件变频器。晶闸管变频器是使用晶闸管作为开关器件的，一般又分为交-直-交变频器和交-交变频器两大类；而自关断型元件变频器是使用大功率晶体管、场效应晶体管或可关断晶闸管作为开关器件的。

6.4.2.1 交-直-交变频器

单相交-直-交变频器的工作原理如图 6.13 所示。先将交流电整流为可控的直流电压 U_d，然后由 4 个晶闸管组成的逆变器将直流电逆变成交流电 u_0。当 VT_1，VT_3 导通时为正半波，当 VT_2，VT_4 导通时为负半波。u_0 的幅值为 U_d，频率不受电网频率的影响，而是取决于晶闸管的切换频率。为了提高功率因数，可以不采用可控整流获得直流电压 U_d，而采用不可控整流再经斩波器或经脉宽调制逆变器来调压。

在变频调速系统中，变频器的负载常常是异步电动机，其功率因数是滞后的，在变频器的直流环节和负载之间将有无功功率的流动，因而必须设置储能元件，以缓冲无功能量。根据无功能量的处理方式不同，交-直-交变频器又可分为电压型和电流型两类。

（1）电流型变频器。

电流型交-直-交变频器如图 6.14 所示，它是在直流回路中串大电感以吸收无功功率，

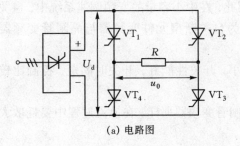

(a) 电路图

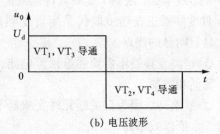

(b) 电压波形

图 6.13　单相交-直-交电压型变频器

直流电源阻抗较大，呈恒流源特性。由于直流中间回路电流的方向是不变的，所以不需要设置反馈二极管。

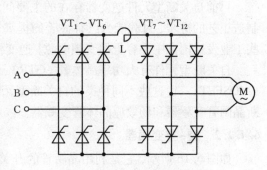

图 6.14　电流型交-直-交变频器

在电流型逆变器中，不论是电动运行状态，还是再生发电工作状态，在直流侧的电流方向不变，因此只要改变直流侧电压极性，就可以很方便地改变电动机的运行状态。这样，不必另设一组整流器，就能实现电动机四象限工作。这种逆变器适用于对动态要求高的场合，如轧钢机等高性能拖动系统。

（2）电压型变频器。

交-直-交电压型变频器如图 6.15 所示，它是在直流侧并联较大的滤波电容，以缓冲无功功率，直流电源阻抗很小，呈恒压源特性。所有的电压型变频器都设有反馈二极管，如图 6.15 中 $VD_1 \sim VD_6$，负载的滞后电流经反馈二极管反馈到滤波电容器，提高了逆变器换流工作的稳定性。

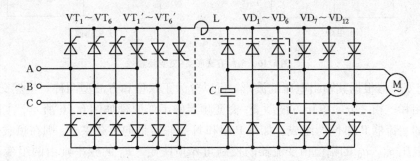

图 6.15　有回馈反并联整流器的三相交-直-交电压型变频器

由电压型变频器驱动的电动机工作在电动状态时，电流由直流侧流向逆变器。但在再生发电制动状态时，则因直流侧并有大电容，极性不能改变，而整流器又只能单方向流过电流，故须增加一组反并联的整流器，使经过反馈二极管的电流能向电网反馈，如图 6.15 中虚线所示。但为了获得再生制动而增加一套整流器很不经济，所以设有回馈反并联整流器的电压型逆变器用于不经常起、制动和对快速性要求不高的场合。

（3）自关断型元件变频器。

由于晶闸管变频器换流电路复杂，降低了变频器的可靠性，晶闸管逆变器的体积大、噪声高、效率低，限制了变频器性能的提高。因此，在中小容量的变频调速系统中，自关断型元件变频器正在逐步取代晶闸管变频器，因为自关断型元件变频器与晶闸管变频器相比，具有明显的优点。

①这类变频器不需要强迫换流电路，体积小，开关性能好，开关时间短，控制比较简单、灵活和方便。

②效率高。因为自关断元件变频器不像晶闸管变频器那样，在换流过程中要耗散大量的能量，所以效率高。

③抗干扰能力强，可靠性高。

目前自关断型元件逆变器存在的主要问题是过载能力低，驱动功率大，价格高。随着制造工艺的进步，过载能力已有显著的提高，因而自关断型逆变器的应用越来越广泛，有些工业发达国家中小容量的变频电源，逆变器已经晶体管化。

自关断型元件有大功率晶体管（GTR）、可关断晶闸管（GTO）以及电力场效应晶体管（MOSFET）。由这些不同种类的自关断型元件组成的变频器分别称为晶体管变频器、可关断晶闸管变频器和场效应晶体管变频器。

6.4.2.2　交–交变频器

如图 6.16 所示，它是利用晶闸管的开关作用，控制交流电源输出不同频率的交流电，其最高频率仅为电源频率的 $1/2 \sim 1/3$。但由于直接变换效率高，输出波形得到改善，使得直接变频器调速已在中低速领域内，作为驱动中大容量异步电动机的调速方法而被广泛采用。

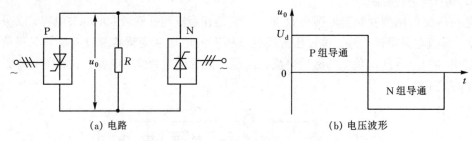

(a) 电路　　　　　　　　　　　　　　(b) 电压波形

图 6.16　单相方波形交–交变频器

交–交变频器根据其输出电压的波形，可以分为正弦型和方波型两种。当然交–交变频器也有单相和三相之分。单相方波型交–交变频器的工作原理如图 6.16 所示，主回路由两组反并联的变流器 P 和 N 所组成。如果 P 组和 N 组轮流地向负载供电，则在负载上就获得交流输出电压 u_0。u_0 的幅值由变流器的控制角 α 所决定。u_0 的频率则由两组变流器的切换频率所决定。由于输出波形是由电源波形整流后得到的，所以输出频率不可能高于电网频率，这样交–交变频器一般都用于低频的场合。

正弦型交–交变频器的工作原理可用图 6.17 所示的三相零式反并联电路加以说明。若两组反并联的三相零式整流器的控制角 α 保持不变，当两组整流器轮流切换时，输出电压是交替变化的方波，这时的变频器是方波型变频器。若在每半个周期内，设法使控制角 α 由大（例如 90°）变小（例如 0°），再由小（0°）变大（90°），则输出电压的平均值将按正弦规律变化，这时的变频器就是正弦型变频器。

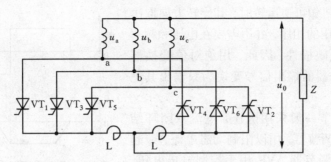

图 6.17　三相零式反并联交-交变频器

6.4.3　变频调速系统

6.4.3.1　交-直-交变频调速系统

采用电压-频率协调控制时，异步电动机在不同频率下都能获得较硬的机械特性线性段。如果生产机械对调速系统的静、动态性能要求不高，可以采用转速开环、电压闭环的恒压频比控制系统。这里先介绍由交-直-交电压型和电流型晶闸管变频器组成的转速开环调速系统，然后介绍采用 GTR-PWM 的变频调速系统。

（1）转速开环、电压闭环的交-直-交电压型变频调速系统。

图 6.18 是该系统原理图。整流输出经电感电容滤波后，具有恒压源特性，逆变器具有反馈二极管特性，是一种方波电压逆变器，变频器对三相交流异步电动机提供可调的电压与频率成比例的交流电源。系统中，晶闸管整流、移相触发电路、脉冲放大器、电压负反馈环节的电路及原理与直流调速系统没有多大差别。

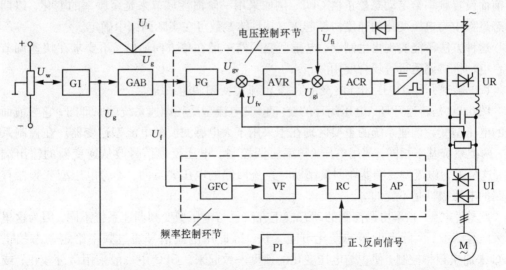

图 6.18　转速开环、电压闭环的交-直-交电压型变频调速系统

给定积分器 GI 的作用是将阶跃给定信号变换为按设定的斜率逐渐变化的斜坡信号，从而使电动机的定子电压和频率、转速都能平缓地升高或降低，其输入、输出关系如图 6.19 所示。给定积分器输出的曲线实际上反映了调速系统电机的起动、运行和制动过程，因此，给定积分器又称软起动器，它是所有转速开环的调速系统不可缺少的控制环节。

当异步电动机做可逆运转时，其旋转方向取决于逆变器输出电压的相序，并不需要在电压和频率的控制信号上反映极性，因此，用绝对值变换器GAB 将给定积分器的输出信号变换为只输出其绝对值的信号。

电压控制环节一般采用电压、电流双闭环结构，内环设电流调节器，用以限制动态电流，兼起保护作用。电压调节器 AVR 用于控制输出电压。为了保证低频时输出电压有所提高，以补偿定子阻抗压降，须接入函数发生器 FG。

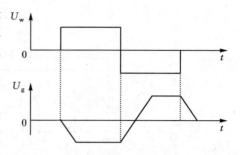

图 6.19　给定积分器（GI）输入、输出关系

频率控制环节主要由压频变换器 VF、环形分配器 RC 和脉冲放大器 AP 组成。压频变换器 VF 的作用是将电压信号变换为一系列脉冲信号，其频率与控制电压的大小成正比，从而得到恒压频比的控制作用。环形分配器 RC 是一个具有分频作用的环形计数器，它将压频变换器 VF 输出的脉冲列分配成 6 个一组相互间隔 60°的具有一定宽度的脉冲信号；再按 6 个脉冲一组依次分配给逆变器，触发桥臂上相应的 6 个晶闸管。对于可逆调速系统，只要改变晶闸管触发导通顺序，就可改变电动机的转向，这时只要采用可逆计数器就可以了，其方向由 PI 极性鉴别器实现正反转方向判别。

函数发生器 FG 虽然可以保证稳态磁通恒定（带定子压降补偿的恒压频比控制），但在交–直–交电压型变频器中，由于直流回路存在大滤波电容，电压的变化很缓慢，而频率控制环节的响应是比较快的，因此，难以保证动态过程中磁通维持恒定。为此，在压频变换器前面设置频率给定动态校正器 GFC，例如采用一阶惯性环节来延缓频率的变化，以期在动态过程中与电压变化的速度协调起来，其具体参数可在实际调试中确定。

这种方法不能实现再生制动，电压型变频器一般在单方向运转，不要求在快速调节及多台电动机协调运行等场合使用。

（2）转速开环、电压闭环的交–直–交电流型变频调速系统。

图 6.20 是转速开环、电压闭环的交–直–交电流型变频调速系统的原理图，它与前面所述的电压型变频调速系统的主要区别在于采用了大电感滤波的电流型逆变器。在控制系统上，两类系统基本相同，都用电压–频率协调控制。电压反馈信号改从逆变器的输出端引出，这是因为电流型变频器在回馈制动时直流回路的电压要反向，不像电压型变频器直流回路的电压极性是不变的。

此外，电压–频率协调控制的动态校正方法也与电压型变频调速系统不同，因为这里不用大电容滤波，实际上电压的变化可能太快，因此用电流信号通过频率给定动态校正器 GFC 来加快频率控制，使它与电压变化的速度一致起来。GFC 中一般采用微分校正，或者也可以调整调节器的参数，而不另加动态校正环节。

另外，由于非线性因素和频率系统与电压系统之间的耦合关系使调速系统容易发生振荡。采用频率给定动态校正环节也有助于抑制振荡，其参数需在实际调试中确定。

电流型变频调速系统的特点是容易实现回馈制动，从而便于四象限运行，适用于需要制动及经常正、反转的场合。当电机在电动状态下运行时，变频器的可控整流器工作在整流状态（$\alpha < 90°$），逆变器工作在逆变状态，电能由交流电网经变频器传送给电机。如果降

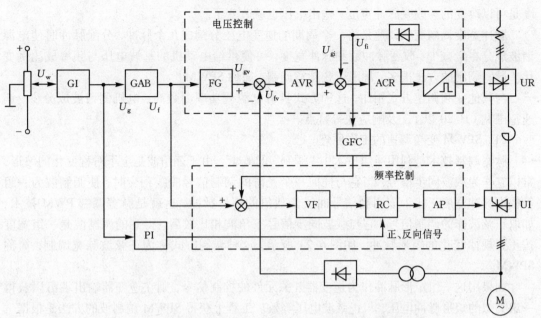

图 6.20　转速开环、电压闭环的交–直–交电流型变频调速系统

低逆变器的输出频率，同时使可控整流器的控制角 $\alpha > 90°$，则异步电机进入发电状态，直流回路电压 U_d 立即反向，而电流 I_d 方向不变，这时，逆变器变成整流器，而可控整流器转入有源逆变状态，电能由电机回馈交流电网。图 6.21 是电流型变频调速系统在电动运行和回馈制动两种状态的示意图。

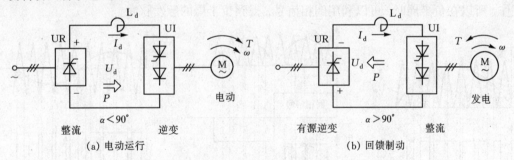

（a）电动运行　　　　　　　　　　　（b）回馈制动

图 6.21　电流型变频调速系统在电动运行和回馈制动两种状态

改变频率控制环节的相序，即可使电机反向，反向时同样有电动运行和回馈制动两种状态，与正向运行合在一起，实现四象限运行。

电流型变频调速系统多用于中大容量单机传动，也可用于如辊道等多机传动。

6.4.3.2　脉冲宽度调制变频（PWM 变频）调速

如图 6.22 所示，其电路结构与电压型变频调速相似。只是用不可控整流器 UR 代替了原来的可控整流器，逆变器 UI 可以用晶闸管，但更多的是用大功率晶体管（GTR）或可关断晶闸管（GTO）。由于不可控整流器输出的直流电压是恒定的，因而脉冲的幅值不能改变，但脉冲的宽

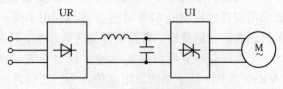

图 6.22　脉冲宽度调制变频器

度是可以改变的。改变脉冲宽度，输出电压也就改变了。

脉冲宽度调制变频调速是将一个周期的逆变电压分割成几个脉冲，分配脉冲时使电源谐波成分尽量减少；改变脉冲数和脉冲宽度，可使供给电动机的基波电压与频率成比例变化。脉宽调制的方法很多，常用正弦脉宽调制，简称 SPWM。

与其他变频调速方式相比，这种方式具有电源侧功率因数高、电机侧谐波成分少、调速范围宽（1:20 以上）及响应快等特点。

（1）SPWM 变频调速的工作原理。

脉宽调制技术是利用通信技术中"调制"的概念。由于三角波是上下对称变化的波形，常以它作为载波同步信号，当它与任何一个光滑的调制信号曲线相交时，使调制波为一组等幅而脉冲宽度正比于该调制信号曲线函数值的矩形脉冲，这就是脉宽调制 PWM 技术。如取正弦波作为调制信号，它与载波同步信号三角波相比较后，得到的调制波是一组宽度按正弦规律变化的矩形脉冲，如图 6.23 所示，这种调制方式称为正弦波脉宽调制，简称 SPWM。

如果用这一组矩形脉冲作为逆变器开关元件的控制信号，则在逆变器输出端可以获得一组类似的矩形脉冲电压，与正弦波电压等效。工程上获得 SPWM 调制波的方法是根据三角波与正弦波的交点来确定逆变功率开关的工作时刻。调节正弦波的频率或幅值便可以相应地改变逆变器输出电压基波频率或幅值。逆变器开关元件有以下两种工作方式。

① 单极性控制。指在逆变器输出波形的半个周期内，逆变器同一桥臂上一个元件处于开通状态，另一个元件始终处于截止状态的控制方式。单极性 SPWM 波形如图 6.24 所示。为了使逆变器输出的是一个交变电压，必须使一个周期内的正负半周分别使上下桥臂交替工作，所以在负半周时，可以利用倒相信号，得到负半周的触发脉冲。

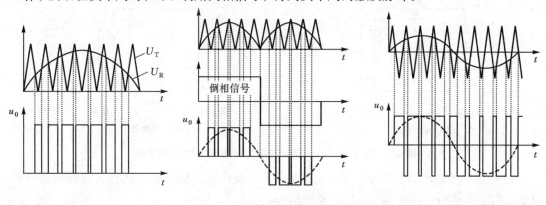

| 图 6.23 SPWM 波形 | 图 6.24 单极性 SPWM 波形 | 图 6.25 双极性 SPWM 波形 |

② 双极性控制。在输出的半个周期内，上下桥臂的两个开关元件处于互补工作状态，在一个周期内便可得到交变的正弦波电压输出。双极性 SPWM 波形如图 6.25 所示。从图上可以看出，在三角波双极性变化时，逆变器输出的相电压的基波分量要比单极性大。所以采用双极性控制的 SPWM 逆变器的利用率高，谐波分量也比单极性小。这样有利于交流电机低速运行的稳定，缺点是开关次数增加，开关损耗增加。

正弦波脉冲宽度调制是一种比较完善的调制方式，目前国际上生产的变频调速装置（VVVF 装置）几乎全部采用这种方法。当然它比一般的 PWM 方式的控制方法复杂，但可以有效地抑制输出电压谐波，改善输出波形的质量，因此得到越来越广泛的应用。

（2）SPWM 的控制。

用微机通过软件生成 SPWM 波形，方法有多种，有自然采样法、规则采样法，还有指定谐波消除法。下面着重介绍得到广泛应用的规则采样法。

所谓规则采样法，就是在三角载波的固定极性与固定值时刻对正弦波参考信号进行采样，以决定功率开关元件的导通与关断时刻，而不管此时是否发生参考正弦波与三角波相交。这样做会引起一定误差，但会使计算简便，节省计算机的计算时间，且在工程实践中也是可行的。

图 6.26(a) 所示为规则采样 I 法，固定在三角载波正峰值时刻对正弦参考信号进行采样，并使此值在三角载波周期 T_C 内保持恒定。以此参考信号值在三角载波上截取得 A，B 两点，认为它们是 SPWM 控制中表征脉冲生成的时刻。A，B 间的间距即为脉宽时间 t_2，从图中可以看出这样计算得到的脉宽比实际脉宽偏小，造成较大控制误差。

如图 6.26(b) 所示为规则采样 II 法。选定在三角载波的负峰值时刻对正弦参考信号进行采样，并以同样的方法在三角波上截取 A，B 两点，以确定脉宽时间 t_2。图中三角载波与正弦参考波及水平线的两个交点分别处在正弦参考波的内、外两侧，从而可减小脉宽生成误差，也就更精确地反映了 SPWM 的工作。由于这种规则采样法的采样时刻与采样值都是明确定义的，它所产生的 SPWM 控制脉冲是等间距的脉冲列，所以输出脉冲的宽度和位置都可以预先确定。

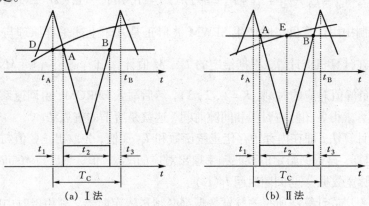

（a）I 法　　　　　　　　　　　　（b）II 法

图 6.26　规则采样

设三角波的幅值为 1，调制系数 M 为正弦波的幅值与三角波幅值之比，故正弦波的幅值为 M。由图中相似直角三角形的几何关系并考虑脉冲对三角载波的对称性，可得

$$\frac{2}{T_C/2} = \frac{1 + M\sin\omega_1 t_E}{t_2/2} \tag{6.7}$$

$$t_2 = \frac{T_C}{2}(1 + M\sin\omega_1 t_E)$$

式中：t_E——与 E 点对应的时刻。

间隙时间

$$t_1 = t_3 = \frac{1}{2}(T_C - t_2) \tag{6.8}$$

由于使用的逆变器是三相工作制，所以必须形成三相的 SPWM 波形。三相控制时，三角载波是共用的，这样就可得到如图 6.27 所示的三相 SPWM 脉冲波形。从图中可计算出三相脉宽时间：

$$t_{a2} = \frac{T_C}{2}(1 + M\sin\omega_1 t_E)$$

$$t_{b2} = \frac{T_C}{2}[1 + M\sin(\omega_1 t_E + 120°)]$$

$$t_{c2} = \frac{T_C}{2}[1 + M\sin(\omega_1 t_E - 120°)]$$

则三相脉宽时间总和为

$$t_{a2} + t_{b2} + t_{c2} = \frac{3}{2}T_C \tag{6.9}$$

三相间隙时间：

$$t_{a1} = t_{a3} = \frac{1}{2}(T_C - t_{a2})$$

$$t_{b1} = t_{b3} = \frac{1}{2}(T_C - t_{b2})$$

$$t_{c1} = t_{c3} = \frac{1}{2}(T_C - t_{c2})$$

则三相间隙时间总和为

$$t_{a1} + t_{b1} + t_{c1} = t_{a3} + t_{b3} + t_{c3} = \frac{3}{4}T_C \tag{6.10}$$

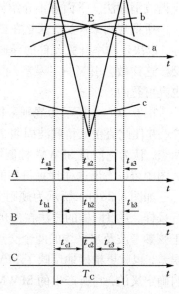

图 6.27　三相 SPWM 脉宽波形

在数字控制中用计算机实时产生 SPWM 波形正是基于上述采样原理与计算公式。一般可以离线先在计算机上计算，根据给定的 T_C，M 值计算出 t_2 或 $\frac{T_C}{2}(1 + M\sin\omega_1 t_{EK})$ 的值（t_{EK} 为三角波负峰值对应的时刻，$K = 1，2，3$），然后写入 EPROM，由调速系统的微机通过查表和加减运算求得各相脉宽时间和间隙时间，这就是所谓的查表法。

也可以用计算法，即在内存中存佬正弦函数和 $T_C/2$ 值，先取出正弦值与要求的调制系数 M 做乘法运算，再根据给定的载波频率取出对应的 $T_C/2$ 值，然后与 $M\sin\omega_1 t_{EK}$ 做乘法运算，即可算得脉宽数据 t_2 与间隙时间 $t_1(t_3)$。

上述按查表法或计算法所得的脉宽数据都必须送入定时器，利用定时中断向接口电路送出相应的高、低电平，以实时产生 SPWM 波形的一系列脉冲。对于电压开环的控制系统，在某一给定转速下其调制系数 M 与频率 ω_1 都有固定的对应值，所以宜采用查表法。而对于电压闭环控制的调速系统，由于在调速过程中 M 值需随时被调节，所以用计算法更为适宜。

在所讨论的 SPWM 生成方法中可以使用 8 位或 16 位的单片机或专用大规模集成芯片，如 4752LSI–SPWM 发生器等。

6.4.3.3　数字式变频器举例

变频器按适应机械负载类型分类，不同种类的机械负载要选择不同种类的变频器，匹配得好，既节能、降低成本，又能满足机械性能要求，这一点在做工程系统方案时尤为关键。

机械负载性主要分为泵类（通风机、水泵类）负载、反抗性恒转矩负载、位能性恒转矩负载、恒功率负载。

选择变频器时，要清楚负载类型，选择对应的型号。一般普通变频器低速时性能不好，通风机和水泵负载低速时负载转矩亦很小，由于无需补偿，因此价格比较便宜。对于反抗性恒转矩负载，如小车、转台等，变频器要具有低速转矩补偿功能，否则低速转速稳定性不好，甚至不能拖动负载，调速范围降低。低速转矩补偿有很多方法，简单的为电压补偿，复杂的为速度闭环，增加反馈系统，以提高机械特性的硬度，提高速度的稳定性。电梯、吊车等位能性负载有专用的变频器。小功率电机或机械惯性不大的场合，变频器采用能耗制动，大功率电机或机械惯性较大的场合，可选择四象限运行的变频器，可将惯性机械能回馈电网，并有利于限制转速。

一般变频器控制和调速的操作方法有面板键盘操作、控制端子操作、旋钮调速、开关量控制多段调速、外接频率指令调速，有的变频器还具有通信口调速方式。数字式变频器的外端子图如图 6.28 所示，包括电源及制动部分（左上）、交流电机部分（右上）、多功能输入部分（S1 ~ S6）、模拟量输入部分（+V，A1，A2，AC）、输出部分、通信部分。通过多功能输入（S3 ~ S6）的逻辑组合，可以选择多段频率进行多段速运行，最多可以达到 16 段速运行，即实现开关量控制的多段调速。通过模拟量输入部分，可以实现电压控制（A1）和电流控制（A2），从而得到实时可变的连续速度控制，即外接频率指令调速。

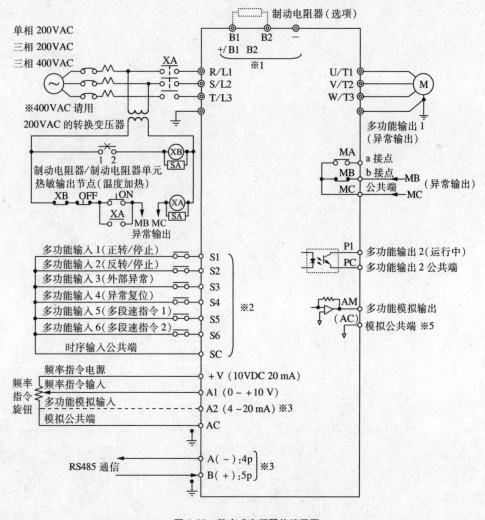

图 6.28 数字式变频器外端子图

思考与习题

6.1 试述电磁转差离合器的工作原理。其工作原理与鼠笼式异步电动机的工作原理有何异同？为什么？

6.2 试说明 JZT 型转差离合器调速系统的调速过程。

6.3 为什么说调压调速方法不大适合于长期工作在低速的工作机械？

6.4 为什么调压调速必须采用闭环控制才能获得较好的调速特性，其根本原因何在？

6.5 串级调速的基本原理是什么？

6.6 串级调速系统电动机的机械特性与正常接线时电动机的固有机械特性比较，有什么不同之处？

6.7 试述交–直–交电压型变频调速系统的工作原理。

6.8 为什么说用变频调压电源对异步电动机供电是比较理想的交流调速方案？

6.9 脉宽调制变频器中，逆变器各开关元件的控制信号如何获取？试画出波形图。

6.10 交–直–交变频与交–交变频有何异同？

第 7 章 继电器-接触器控制系统

用继电器、接触器等有触点电器组成的控制电路，称为继电器-接触器控制电路。它的主要特点是操作简单、直观形象、抗干扰能力强，并可进行远距离控制。但这种控制电路是通过继电器、接触器触点的接通或断开的方式对电路进行开环控制的，因此，系统的精度不高。在接通或断开电路时，触点之间会产生电弧，影响它的使用寿命，并且容易烧蚀触头，造成线路故障，影响工作的可靠性。另外，控制电路是固定接线，没有通用性和灵活性。近年来，电力拖动的自动控制已向无触点、数字控制、微机控制方向发展。但由于继电器-接触器控制系统所用的控制电器结构简单、投资小，能满足一般生产工艺要求，因此在一些比较简单的自动控制系统中的应用仍然很广泛。

本章将扼要地介绍一些常用控制电器的结构、工作原理和应用范围，对控制电动机的启停、正反转、制动等基本控制电路进行讨论，并分析几种典型的继电器-接触器控制线路。

7.1 常用控制电器

生产机械中所用的控制电器多属于低压电器，它是指电压在 500 V 以下，用来接通或断开电路，以及用来控制、调节和保护用电设备的电器。

（1）按照动作性质分类。

① 非自动切换电器。这类电器没有动力机构，依靠人力或其他外力来接通或切断电路，如刀开关、转换开关、行程开关等。

② 自动切换电器。这类电器有电磁铁等动力机构，按照指令、信号或参数变化而自动动作，使工作电路接通或切断，如接触器、继电器、自动开关等。

（2）按照用途分类。

① 控制电器。用来控制电动机的起动、反转、调速、制动等动作，如磁力起动器、接触器、继电器等。

② 保护电器。用来保护电动机，使其安全运行，以及保护生产机械，使其不受损坏，如熔断器、电流继电器、热继电器等。

③ 执行电器。用来操纵、带动生产机械和支撑与保持机械装置在固定位置上的一种执行元件，如电磁铁、电磁离合器等。

大多数电器既可做控制电器，也可做保护电器，它们之间没有明显的界线。如电流继电器既可按照"电流"参量来控制电动机，又可用来保护电动机不致过载；行程开关，既可用来控制工作台的加、减速及行程长度，又可作为终端开关，保护工作台不致闯到导轨外面。

7.1.1 非自动控制电器

7.1.1.1 刀开关

刀开关又名闸刀，一般用于不需要经常切断或闭合的交、直流低压（不大于 500 V）电路，额定电压下，其工作电流不能超过额定值。主要用作电源与用电设备分离的隔离开关。

一般刀开关结构如图7.1(a)所示。转动手柄后，刀极即与刀夹座相接，从而接通电路。

由于刀开关触头分断速度慢，灭弧困难，因此仅用于切断小电流电路。若用刀开关切断较大电流的电路，特别是切断直流电路时，为了使电弧迅速熄灭以保护开关，可采用带有快速断弧刀片的刀开关。

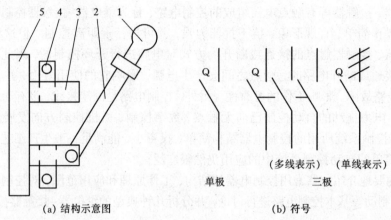

(a) 结构示意图　　　　　　　　　　(b) 符号

图7.1　刀开关

1—刀极手柄；2—刀极（动触头）；3—刀夹座（静触头）；4—接线端子；5—绝缘板

刀开关分单极、双极和三极，其表示符号如图7.1(b)所示。常用的三极刀开关长期允许通过的电流有100，200，400，600，1000 A 五种。目前生产的产品有 HD（单投）和 HS（双投）等系列型号。

刀开关应根据工作电流和电压来选择。

7.1.1.2　转换开关

转换开关又称组合开关，它有许多对动、静触片，中间以绝缘材料隔开，装在胶木盒里，故也称盒式转换开关。常用型号有 HZ5，HZ10 系列。图7.2所示是它的结构和接线示意图。动触片装在转轴上，转动手柄时，一部分动触片插入相应的静触片中，使对应的线路接通，而另一部分断开，当然也可使全部动、静触片同时接通或断开。因此可分别接通或断开相应的电路。

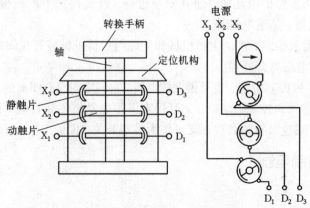

图7.2　转换开关结构和接线示意图

7.1.1.3　主令控制器

主令控制器又称主令开关，它是一种多挡的转换开关，具有多组触头，采用凸轮传动原理，使转轴转动时触头接通或断开。凸轮形状不同，则触头接通或断开的规律不同。它最多有 12 个接触元件，能控制 12 条电路。图 7.3 所示为主令控制器的图形符号及触点通断表。图中"×"表示手柄转动在该位置下，触点闭合，空格代表断开。如手柄从 0 位置向左转动到 1 后，触点 2，4 闭合；当手柄从 0 位置向右转动到 1 位后，触点 2，3 闭合。其他的依此类推。在电气传动系统中，主令控制器的文字符号为 SL。

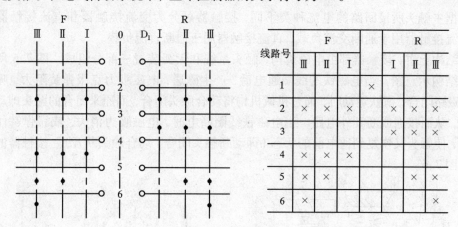

线路号	F				R		
	Ⅲ	Ⅱ	Ⅰ		Ⅰ	Ⅱ	Ⅲ
1				×			
2	×	×	×		×	×	×
3					×	×	×
4	×	×	×				
5		×	×			×	×
6	×						×

图 7.3　主令控制器

7.1.1.4　按钮

按钮是一种专门用来接通或断开控制回路的电器。图 7.4 所示是按钮开关的结构示意图与图形符号。它包括一个常开触头和一个联动的常闭触头。

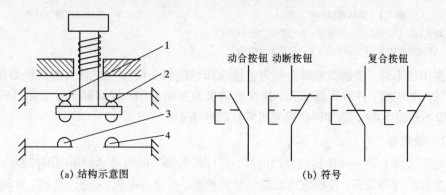

(a) 结构示意图　　　　(b) 符号

图 7.4　按钮开关

1，2—常闭触头；3，4—常开触头

按钮开关的文字符号用 SB 表示。

按钮在未按下之前称为原位状态，此时，常开和常闭触头的状态如图所示；按钮按下时为动作状态，此时，常闭触头 1，2 动断，常开触头 3，4 动合。

常用的按钮有 LA18，LA19，LA20，LAY3 等型号。按钮触头的额定电流一般为 5 A，用在 500 V 以下的电路中。

7.1.2 自动切换电器

7.1.2.1 接触器

接触器是最常用的一种自动切换电器,它是利用电磁吸力,使触头闭合或断开的电器。接触器根据外部信号(如按钮或其他电器触头的闭合或断开)来接通或断开带负载的电路,适用于远距离接通或断开的交、直流电路及大容量控制电路。主要控制对象是电动机及其他电力负载。

根据主触头所接回路的电流种类不同,接触器可分为交流接触器和直流接触器两大类。交流接触器用于通断交流负载,直流接触器用于通断直流负载。

从结构上讲,接触器都由电磁机构、触头系统和灭弧装置三部分组成。图 7.5 所示为接触器结构示意图。当电磁铁的线圈通电后,产生磁通,电磁吸力克服弹簧阻力,吸引衔铁,使磁路闭合,衔铁运动时,通过机械机构将动合触头闭合,而原来闭合的触头即动断触头打开,从而接通或断开外电路。当电磁铁线圈断电时,电磁吸力消失,依靠弹簧作用释放衔铁,使触头又恢复到通电前的状态(即动断触头闭合,动合触头断开)。接触器的图形符号见图 7.6。

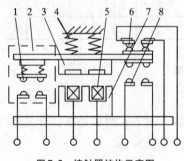

线圈　主触头　辅助常开触头　辅助常闭触头

图 7.5　接触器结构示意图　　　　图 7.6　接触器的图形符号

1—主触头;2—灭弧罩;3—动铁芯;4—弹簧;5—线圈;
6—辅助常闭触头;7—静铁芯;8—辅助常开触头

根据用途不同,接触器的触头分为主触头和辅助触头两种。主触头的接触面积大,它能通过较大的电流,并有灭弧装置,接在电动机的主电路中;辅助触头只能通过较小的电流(一般不超过 5 A),通常接在电动机的控制电路中。

7.1.2.2 继电器

继电器实质上是一种传递信号的电器,它可根据输入的信号达到不同的控制目的。

继电器的种类很多,按照它所反映信号的种类,可分为电流、电压、速度、时间、压力、热继电器等;按照作用原理,分为电磁式、感应式、电动式、电子式和机械式等。由于电磁式继电器具有工作可靠、结构简单、制造方便、寿命长等一系列优点,所以在机电传动系统中应用最为广泛,约有 90% 以上的继电器是电磁式的。继电器一般用来接通或断开控制电路,故电流容量、触头、体积都很小,只有当电动机的功率很小时,才可用某些中间继电器来直接接通或断开电动机的主电路。电磁式继电器有直流和交流之分,它们的主要结构和工作原理与接触器基本相同,它们各自又可分为电流继电器、电压继电器、中间继电器、热继电器、时间继电器等。

（1）电流继电器。

电流继电器是根据电流信号而动作的。如在直流并激电动机的励磁线圈里串联-电流继电器，当励磁电流过小时，它的触头便打开，从而控制接触器以切除电动机的电源，防止电动机因转速过高或电枢电流过大而损坏，具有这种性质的继电器叫欠电流继电器；反之，为了防止电动机短路或过大的电枢电流（如严重过载）而损坏电动机，就要采用过电流继电器。

选择电流继电器时，主要根据电路内的电流种类和额定电流大小来选择。

（2）电压继电器。

电压继电器是根据电压信号动作的。电压继电器也可分为过电压继电器和欠（零）电压继电器两种。过电压继电器是当控制线路出现超过所允许的正常电压时，继电器动作而控制切换电器（接触器），使电动机等停止工作，以保护电气设备不致因过高的电压而损坏；欠（零）电压继电器是当控制线圈电压过低，控制系统不能正常工作时，使控制系统或电动机脱离不正常的工作状态，这种保护称欠压保护。

选择电压继电器时，根据线路电压的种类和大小来选择。

（3）中间继电器。

中间继电器本质上是电压继电器，但还具有触头多（多至 6 对或更多）、触头能承受的电流较大（额定电流 5 ~ 10 A）、动作灵敏（动作时间小于 0.05 s）等特点。它的用途有两个：其一是用作中间传递信号，当接触器线圈的额定电流超过电压或电流继电器触头所允许通过的电流时，可用中间继电器作为中间放大器再来控制接触器；其二是用作同时控制多条线路。

选用中间继电器时，主要根据是控制线路所需触头的多少和电源电压等级。

（4）热继电器。

热继电器是根据控制对象的温度变化来进行控制的继电器，即利用电流的热效应而动作的电器。它主要用来保护电动机的过载。电动机工作时，是不允许超过额定温升的，否则会降低电动机的寿命。熔断器和过电流继电器只能保护电动机不超过允许最大电流，不能反映电动机的发热状况，电动机短时过载是允许的，但长期过载时，电动机就要发热，因此，必须采用热继电器进行保护。

图 7.7 所示为热继电器的原理结构示意图。动作原理如下：当电动机过载时，通过发热元件 1 使双金属片 2 向左膨胀，2 推动 3，3 带动 4 向左转，使 4 脱开了 5，5 在

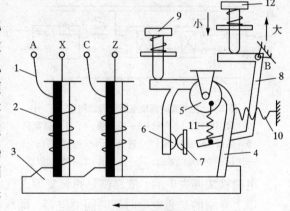

双金属片受热变形方向

图 7.7　热继电器原理结构示意图

1—热敏元件；2—双金属片；3—绝缘杆；4—感温元件；
5—凸轮支架；6—动触头；7—静触头；8—杠杆；
9—手动复位按钮；10，11—弹簧；12—调节旋钮

11 的拉动下绕支点 B 向顺时针方向旋转，从而使动断触头 6 与 7 断开，电动机得到保护。

用热继电器保护三相异步电动机时，至少要用有两个热元件的热继电器，从而在正常的工作状态下，也可对电动机进行过载保护。例如，电动机单相运行时，至少有一个热元件能起作用。当然，最好采用有 3 个热元件带缺相保护的热继电器。

（5）时间继电器。

在某些生产机械中，运动部件要在给出信号一定时间后才开始运动，这就产生了按时间的自动控制方法。同时也出现了反映时间长短的时间继电器，它是一种在输入信号经过一定时间间隔才能控制电流流通的自动控制电器，即时间继电器。

目前用得最多的是利用阻尼（如空气阻尼或磁阻尼等）、电子和机械的原理而制成的时间继电器。时间继电器可实现从 0.05 秒至几十小时的延时。

下面介绍常用的空气式时间继电器的原理，其结构示意图如图 7.8 所示。它主要由电磁铁、空气室和工作触头三部分组成。其工作原理如下。

线圈通电后，衔铁吸下，胶木块支承杆间形成一个空隙距离，胶木块在弹簧作用下向下移动，但胶木块通过连杆与活塞相连，活塞表面上敷有橡皮膜，因此当活塞向下时，就在气室上层造成稀薄的空气层，活塞受其下层气体的压力而不能迅速下降，室外空气经由进气孔、调节螺钉逐渐进入气室，活塞逐渐下移，移动至最后位置时，挡块撞击微动开关，使其触点动作输出信号。这段时间为自电磁铁线圈通电时刻起至微动开关触点动作时为止的时间。通过调节螺钉调节进气孔气隙的大小，就可以调节延时时间。

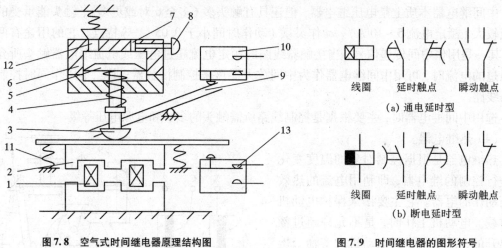

图 7.8　空气式时间继电器原理结构图	图 7.9　时间继电器的图形符号

1—吸引线圈；2—衔铁；3—胶木块；4，11—弹簧；
5—活塞；6—橡皮模；7—进气孔；8—调节螺钉；
9—压杆；10—延时触点；12—出气孔；13—瞬动触点

电磁铁线圈失电后，依靠恢复弹簧复原。气室空气经由出气孔迅速排出。

以上介绍的是通电延时型时间继电器，即线圈通电后触点延时动作，断电后触点瞬时复位。还有一种叫断电延时型时间继电器，它在线圈通电后触点瞬时动作，断电后触点延时复位。这两种时间继电器在电气传动系统图中的图形符号如图 7.9 所示。时间继电器的文字符号为 KT。

（6）速度继电器。

为了准确地控制电动机的起动和制动，有时需要直接测量速度信号，再用这个速度信号进行控制。这就出现了速度继电器。其原理结构如图 7.10 所示。继电器的轴和需控制速度的电动机轴相连接，在轴上装有一块永久磁铁，外面有一个可以转动一定角度的外环，外环内部装有与鼠笼式异步电动机的转子绕组类似的绕组。故它的工作原理也与鼠笼式异步电动机完全一样。当轴转动时，永久磁铁也一起转动，形成一个旋转磁场，在绕组里感应出电势和电流，使定子外环有趋势和转子一起转动，于是固定在外环上的杠杆触动弹簧片，使触头系统动作（视轴的旋转方向而定）。当转轴接近停止时，动触点跟着弹簧片恢复原来的位置，与两个靠外边的静触点分开，而与靠内侧的静触点闭合。

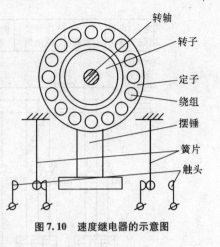

图 7.10　速度继电器的示意图

一般速度继电器在转速小于 100 r/min 时，触点就恢复原状。调整弹簧片的拉力可以改变触点恢复原位时的转速，以实现准确的制动。

速度继电器的结构较简单、价格便宜，但它只能反映出转动的方向和是否停转，或者说只能够反映一种速度（是转还是不转），所以，它仅广泛用在异步电动机的反接制动中。

速度继电器在电气传动控制系统图中的图形符号见附录，文字符号为 KS。

另外还有测速发电机、光电转速计等，它们可以连续地测量转速。

7.2　继电器-接触器自动控制的基本线路

7.2.1　继电器-接触器控制线路原理图的画法规则

接触器控制线路是由许多电气元件按照一定要求连接而成的，从而实现对生产机械的电气自动控制。为了便于对控制系统进行设计、研究、分析、安装、调试、使用及维修，需对电气控制系统中各电气元件及其相互连接用国家规定的统一符号、文字和图形表示出来。这种图就是继电器-接触器控制系统图。它有三种形式：原理图、电器布置图、安装接线图。

下面以图 7.11 为例，着重介绍原理图的画法规则。

绘制原理图应按照本书附录中 GB 7159—1987，GB 20939—2007 等标准规定。为兼容目前各类教材和相关技术资料中的电器符号，本书仍采用 GB 7159—1987 标准绘制。

原理图一般由主电路、控制电路、辅助电路（保护、显示和报警电路）等组成。

（1）在原理图中，电源电路绘成水平线，主电路（即受电的动力装置，如电动机）及保护电器应垂直电源电路。

（2）控制电路垂直在两条水平电源线之间；耗能元件（线圈、电磁铁、信号灯等）直接连接在接地的水平电源线上；控制触点连接在上方水平电源线与耗能元件之间。

（3）控制线路中的电气元件，属于同一电器的各个部分（如接触器的线圈和触头）都用同一文字符号表示，并在代号后加数字以示区别，如图 7.11 中的 KM1，KM2 等。

（4）各种电器都绘制成未通电时的状态，机械开关应是循环开始前的状态。

（5）在原理图中导线的连接处用"实心圆"表示。

（6）为便于检索电气线路，方便阅读原理图，将图区分成若干区域（以下简称图区）。图区编号一般写在图的下部。

在每个接触器线圈的文字符号下面画两条垂直线分成左、中、右三栏。左栏表示主触头所在图区号，中栏表示辅助动合（常开）触头所在图区号，右栏表示辅助动断（常闭）触

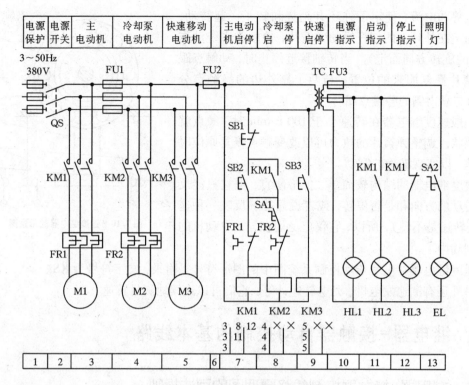

电源保护	电源开关	主电动机	冷却泵电动机	快速移动电动机	主电动机启停	冷却泵启停	快速启停	电源指示	启动指示	停止指示	照明灯

图 7.11 CY6140 车床电气原理图

头所在图区号。对未用的触头，在相应的栏中用记号"×"表示。

（7）原理图的上方设有用途栏，用文字注明该栏对应的电路或元件的功能或名称，以便于理解原理图中各部分的功能及其电路的工作原理。

（8）电路图上应标明：各个电源电路的电压值、极性、频率和相数，某些元器件的特性（如电阻、电容的数值等）。

7.2.2 继电器–接触器基本控制电路

生产机械的运动部件的动作往往是比较复杂的，其相应的控制电路一般也很复杂，但这些复杂的控制电路都是由一些基本控制环节组成的。

下面将以三相交流异步电动机为控制对象，来研究它的起动、制动、正反转、点动控制等线路。为了不使图面过于复杂，所列举的各种电路图均略做简化。

7.2.2.1 异步电动机的起动电路

异步电动机有直接起动和降压起动两种方式。

（1）直接起动控制电路。

① 对于小型台钻、冷却泵、砂轮机等，可用开关直接起动。

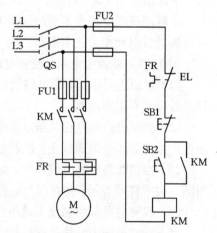

图 7.12 电动机直接起动控制电路

② 对于小容量鼠笼式异步电动机，可采用接触器直接起动，如图 7.12 所示。

SB1 为停止按钮，SB2 为起动按钮。按下 SB2，接触器线圈 KM 得电，其主触头闭合，使电动机直接起动。同时，其辅助常开触头闭合，使 KM 线圈保持得电状态，此种连接方法也称自锁。按下 SB1 时，KM 线圈断电，其触头断开，切断电动机电源，并解除自锁，电动机停止。热继电器 FR 用作过载保护，熔断器 FU1，FU2 用作短路保护。同时，该电路还具有零压和欠压保护功能，即当电源电压切断（零压）或降低至不足以使接触器触头吸合（欠压）时，接触器线圈断电，触点复位，电机停止。随后，若恢复供电或电源电压值恢复至额定值，电机不能自行起动，需重新按起动按钮。

（2）降压起动控制电路。

对于较大容量的异步电动机，一般都采用降压起动的方式起动。

一般有两种降压起动方法：对于正常为△形连接的电动机，通常采用 Y-△降压起动；而对于正常为 Y 形连接的电动机，常采用定子串电阻降压起动。两种方法的控制电路均要使用时间继电器进行状态的转换。

① Y-△降压起动控制线路。图 7.13 为采用通电延时型时间继电器实现异步电动机 Y-△降压起动的控制电路。按下起动按钮 SB2，时间继电器 KT 和接触器 KM3 线圈得电，KM3 常开触头闭合，常闭触头断开，使接触器 KM1 线圈得电，KM2 不能得电，电机 Y 形降压起动。KT 经过延时，其延时动断触点断开，从而使 KM3 线圈失电，KM2 线圈得电，此时，电动机△形正常运转。同时 KM2 的常闭触点断开，使得时间继电器断电，避免其长期通电，延长使用寿命。

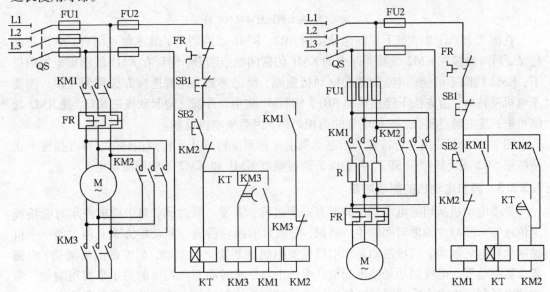

图 7.13　Y-△降压起动控制电路　　　　　图 7.14　定子串电阻降压起动电路

② 定子串电阻降压起动控制电路。图 7.14 所示为定子串电阻降压起动电路。按下起动按钮 SB2 后，KM1 首先得电并自锁，同时使时间继电器 KT 得电，定子串电阻 R 起动。KT 经延时后，其动合触点闭合，使 KM2 得电并自锁，KM2 动断触点断开，又使 KT 和 KM1 失电。电动机的定子绕组将电阻短接而正常运行。

7.2.2.2　异步电动机的正反转控制电路

在生产上，经常要求运动部件做正、反两个方向的运动。例如，机床工作台的前进与后退、主轴的正转与反转、起重机的提升与下降等，都是通过电动机的正反转来实现的。

为了使电动机能够正反转，应使接到电动机定子绕组上的三根电源线中的任意两根对调，控制中采用两个接触器分别控制，如图 7.15 所示。

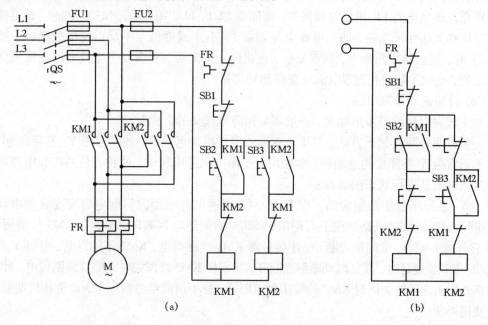

图7.15　电动机正反转控制电路

在图 7.15(a) 中，按下正向起动按钮 SB2，KM1 线圈得电，其主触点闭合，电机正向起动，同时串接在 KM2 线圈回路中的 KM1 的常闭触点断开，保证在 KM1 线圈得电的前提下，KM2 线圈不可能得电，以避免电动机短路，反之亦然，此种连接方法称为互锁。当要求电机反转时，需先按下停止按钮 SB1，使 KM1 失电，再按反向起动按钮 SB3，使 KM2 线圈得电，其主触点闭合，三相电源的两相对调，因而使电机反转。

图 7.15(b) 采用复合按钮。当电动机由正转到反转或从反转到正转时，可直接按下正转按钮 SB2 或反转按钮 SB3，并能保证两接触器 KM1 和 KM2 不能同时得电。

7.2.2.3　异步电动机的制动电路

异步电动机从切除电源到停转要有一个过程，需要一段时间，对于要求停车时能精确定位或尽可能减少辅助时间的生产机械，必须采取制动措施。制动的方式有两大类——机械制动和电气制动。机械制动是用电磁铁操纵机械装置进行制动，如电磁抱闸制动、电磁离合器制动等。电气制动是使电动机产生一个与原来转动方向相反的力矩来实现制动。常用的电气制动方式有反接制动和能耗制动。其中反接制动是由速度继电器来完成的。

（1）异步电动机反接制动控制电路。

反接制动是利用异步电动机定子绕组中三相电源中任意两相相序的改变，产生反向旋转磁场，从而产生制动转矩而实现制动的。

图 7.16 所示为采用速度继电器的反接制动电路。按下 SB2 后，KM1 得电并自锁，使动机转动。由于速度继电器与电动机同轴连接，当电动机达到速度继电器的动作速度时，速度继电器的动合触点闭合，为接通 KM2 做好准备。当按下停止按钮 SB1 时，KM1 失电，电动机定子绕组与电源断开，但由于惯性仍继续按原方向转动。同时，KM1 的动断触点复位使 KM2 得电自锁，电动机的两相电源相序对调，产生与转子旋转方向相反的制动转矩，使电动

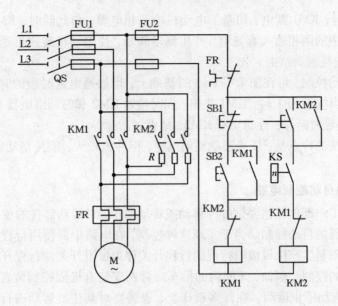

图 7.16　反接制动控制电路

机转速迅速降低。当转子速度低于100 r/min 时，速度继电器的触点复位，KM2 失电，电动机与电源断开。

由于反接制动时，电动机制动电流很大，因此在大容量电动机的反接制动过程中需要串入电阻 R，以限制制动电流。

（2）异步电动机的能耗制动控制电路。

能耗制动的原理是三相异步电动机在切除三相电源的同时，将定子绕组的任意两相接入直流电源，形成固定磁场，由于转子的惯性作用而继续旋转，切割磁力线，产生反向力矩，迫使电动机转子制动。当转速接近零时，切除直流电源。

图 7.17（a）所示为采用复合按钮手动操纵的能耗制动控制电路。在主电路中，交流电经控制变压器降压后，再经桥式整流而变成直流电。按下 SB2，KM1 得电，电动机起动正

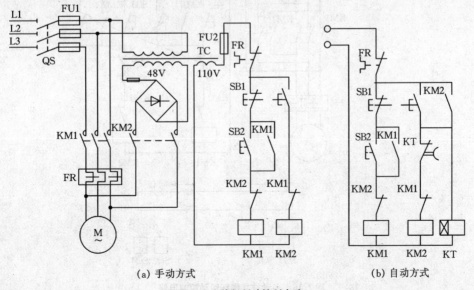

(a) 手动方式　　　　　　　　　　(b) 自动方式

图 7.17　能耗制动控制电路

常运转；按下 SB1，KM1 断电，切断了电动机的三相电源，与此同时，KM2 得电，为电动机三相定子绕组中的两相通入直流电，产生制动转矩，使电动机转速迅速下降，当接近零时，松开 SB1，能耗制动结束。

为了实现自动控制，可在图 7.17（a）的基础上，增加通电延时型的时间继电器，如图 7.17（b）所示。当按下 SB1 时，KM1 失电，同时接通 KM2 和时间继电器 KT。经过一定的延时后，KT 触点延时断开，自动切断 KM2，结束制动过程。

两种制动方法的特点是：反接制动制动迅速，但冲击较大；能耗制动制动平稳、准确、噪声小。

7.2.2.4　行程的自动控制电路

生产机械的工作部件往往要做各种移动或转动动作，对运动部件的位置或行程进行的自动控制称为行程的自动控制。为了实现这种控制，在电路中要使用行程开关。通常把放在终端位置用来限制生产机械极限行程的行程开关称为极限开关。行程开关用来实现行程控制和往复运动的控制。例如，车间内的吊车通常都安装有极限控制装置，当吊车运行到终点时，它就能自动停止运动。在许多机床上，也需要对其往复运动进行控制，如龙门刨床、铣床工作台等的往复运动控制。

图 7.18 所示为自动往复循环运动控制电路。当生产机械的运动部件向左运动到位后，行程开关 SQ1 工作，其动断触点断开，KM1 失电，正转电源被切断。同时 SQ1 动合触点闭合，KM2 得电，接通反转电源，工作台向右运动。在这里，SQ1 和 SQ2 称为换向行程开关，SQ3 和 SQ4 称为限位保护行程开关。

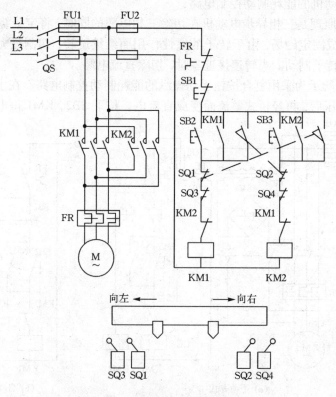

图 7.18　自动往复循环运动控制电路

7.2.2.5　双速异步电动机的调速控制

多速电动机常用来改善机床的调速性能,简化机械变速装置。从电动机转速公式

$$n = (1 - s)n_0 = (1 - s)\frac{60f}{p}$$

可以看出,改变定子绕组的磁极对数 p,就可以改变电动机的转速。在多速电机中,一般是通过改变绕组的连接方法来改变磁极对数的。

双速电动机是最简单的多速电动机,常见的接线方法有△/YY 和 Y/YY 两种。

图 7.19(a) 所示的控制电路是用复合按钮 SB2 和 SB3 做高低速控制的。按下起动按钮 SB2,KM1 得电并自锁,定子绕组接成△形,电动机低速运行;当按下 SB3 时,KM1 失电,KM2 和 KM3 同时得电并自锁,定子绕组接成 YY 形,电动机高速运行。

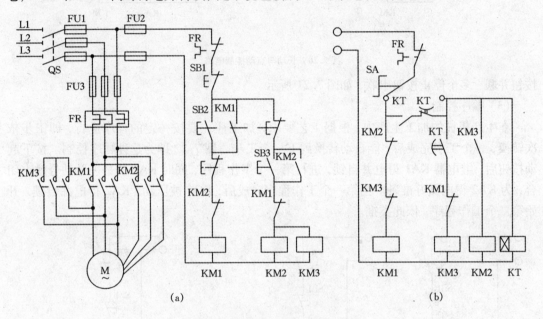

图 7.19　双速电动机的高低速控制电路

对于功率较小的双速电动机,可采用上述控制方式,直接起动低速或高速。但对容量较大的双速电动机,在起动高速时,要首先起动低速,经一定延时后再换接成高速,这样可获得较大的起动转矩。

图 7.19(b) 是用转换开关 SA 实现高、低速转换的。其中,在起动高速时,采用时间继电器首先接通低速,再经 KT 的延时动作切断低速,接通高速。

7.2.2.6　其他基本控制电路

(1)点动与长动控制。

生产机械除了需要连续运转,实现长动外,有时还要求做短暂的运转,即点动。长动可用自锁电路实现,而取消自锁触头或使自锁触头不起作用,即可实现点动,如图 7.20 所示。其中,图(a)为用转换开关实现的长动与点动转换的控制电路,图(b)为用中间继电器实现长动与点动的控制电路。

(2)多地点控制。

为了操作上的便利,有些生产机械常需要在多个点进行控制,其控制方法为多个起动

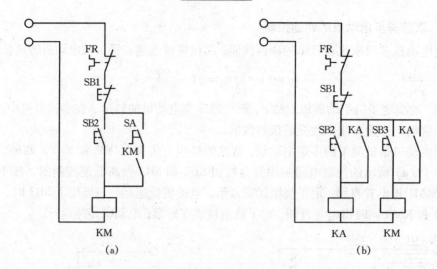

图 7.20　长动与点动控制电路

按钮并联，多个停止按钮串联，如图 7.21 所示。

（3）顺序控制。

在生产机械的加工生产中，根据工艺要求，加工往往要按一定的程序进行，即工步依次转换，一个工步完成后，能自动转换到下一个工步。图 7.22 即为这种顺序控制。按下起动按钮后，继电器 KA1 得电并自锁，进行第一个工作程序，同时 KA1 的另一个动合触点闭合，为 KA2 得电做好准备。当第一个工作程序完成后，SQ1 被压动，KA2 得电并自锁，开始第二个工作程序，依此类推。

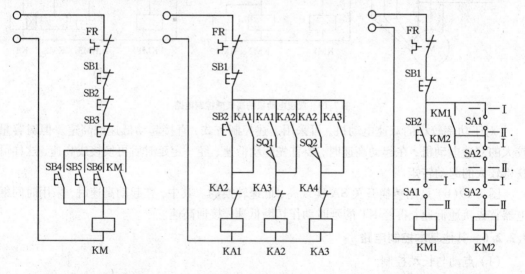

图 7.21　多地点控制电路　　　图 7.22　顺序控制　　　图 7.23　联合控制与分别控制

（4）联合控制与分别控制。

生产机械中广泛采用多电机拖动，在一台设备上采用几台甚至几十台电动机拖动部件，而设备的各个运动部件之间是相互联系的。多电动机拖动常需要联合动作，而有时又需单独动作，如机床主运动和进给运动之间就有这种要求，所以需要对其进行联合与分别控制。在控制中常采用转换开关来实现控制线路联锁、转换等。

图 7.23 所示为两台电动机的联合控制和分别控制的线路。其中采用两个转换开关 SA1 和 SA2 来控制所需的动作。转换开关在 Ⅰ 位置时为联合动作，即按下 SB2，KM1 和 KM2 同时得电，两台电动机同时工作。在调整时，若将 SA1 转 90°到 Ⅱ 位置，则只有 KM2 得电，第二台电动机单独工作；若不转动 SA1，而是将 SA2 转到 Ⅱ 的位置，则第一台电动机单独工作。三台以上电动机的联合控制与分别控制的原理和线路也类同，不再进一步介绍。

7.2.3　继电器–接触器的典型控制电路

目前生产机械的继电器–接触器控制线路往往比较复杂。为了实现一个工艺过程的控制要求，需要同时采用多种方法，但它们都是由一些基本控制电路组成的。

在分析控制电路之前，首先要了解生产机械的工艺过程及生产设备对电气控制的要求，然后着手分析。分析的方法是：首先分析主电路，包括各台电动机的起动、制动方式，是否有正反转以及调速要求等；其次分析控制电路，包括如何实现各台电动机的起动、制动、正反转和调速（基本控制环节）；最后分析保护、联锁控制及照明、信号等电路。

7.2.3.1　C650 型普通车床电气控制线路

（1）电气控制线路的特点。

C650 车床属于中型普通车床。图 7.24 是 C650 型车床的电气控制原理图。该车床共有 3 台电动机。M1 为主电动机，功率为 30 kW，可以实现点动和正反转，除了具有短路保护和过载保护装置以外，还通过电流互感器 TA 接入电流表 A 以监视主电动机的电流。主回路中，还串入了限流电阻 R，它的作用有两个：一是在点动时，可防止因连续起动而过载，故经 R 实现降压起动，以减小起动电流的连续冲击；二是在制动时，经 R 可减小制动电流。M2 为冷却泵电动机，功率为 0.15 kW，由接触器 KM4 控制通断，其启停控制方法与单向起动控制方法完全相同，也具有短路保护和过载保护。M3 为溜板箱快速移动电动机，用以减轻工人劳动强度，节约辅助工作时间，功率为 2.2 kW，由接触器 KM5 控制，由于溜板箱在快速移动时连续工作的时间不长，因此未设过载保护。

（2）电路工作原理。

合上组合开关 QS，将三相电源接通，电路进入准备工作状态。

① 主电机 M1 的控制。

• 点动控制。按下 SB4，接触器 KM1 得电吸合，主触点闭合，主电动机 M1 经电阻 R 与电源接通，电动机降压起动。在此过程中，因中间继电器 KA 没通电，故 KM1 不自锁。松开 SB4，KM1 断电，M1 停转。

• 正反转控制。正转：按下 SB1，接触器 KM3 首先得电吸合，主触点闭合，将电阻 *R* 短接，同时，KM3 常开辅助触点闭合，中间继电器 KA 得电吸合，KA 的常开触点闭合，KM1 得电吸合，KM1 主触点闭合，主电动机 M1 在全压下起动正转。同时由于 KA 和 KM1 的吸合，使 KM1 自锁，故松开 SB1 后，M1 仍将继续运转。

反转：与正转控制相类似，按下 SB2，KM3 首先吸合，再使 KA 吸合，然后使 KM2 吸合，KM2 的主触点使电源相序反接，M1 在全压下起动反转。同时，由于 KA 和 KM2 的常开触点闭合，使 KM2 得以自锁，松开 SB2 后，M1 能连续反转。在 KM1 和 KM2 的电路中，分别串接有 KM2 和 KM1 的常闭辅助触点，起到互锁的作用。

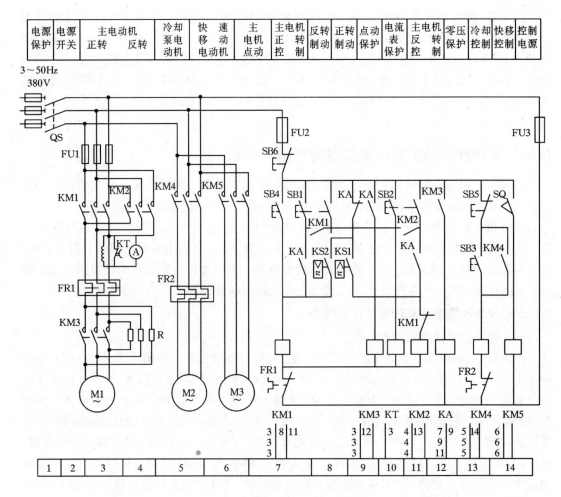

图 7.24 C650 型车床电气控制原理图

• 停机、制动控制。从基本环节可知，反接制动由可逆环节和速度继电器组成，速度继电器与被控电动机同轴连接。

正转制动：当电动机起动正转时，速度继电器的常开触点 KS1 闭合，为正转制动做好了准备。停机时，按下停止按钮 SB6，接触器 KM1 和 KM3 均断电释放，电动机电源被切断，此时 M1 在惯性旋转，KS1 仍闭合，在 KM1 和 KM2 断电的同时，KA 也释放；当松开 SB6 时，KM2 得电吸合，主电动机 M1 经 KM2 主触点和电阻 R 接通反相序电源，电动机在反接制动作用下，惯性旋转的速度迅速下降，当电动机的转速下降到接近于零（100～120 r/min）时，速度继电器的常开触点 KS1 断开，切断了 KM2 的通电回路，使电动机来不及反转即断电。

反转制动：反转制动与正转制动相类似。当电动机起动反转时，KS2 闭合准备。停车时，KM1 得电，电源经 KM1 主触点和电阻 R 接通进行制动。

②冷却泵电动机 M2 的控制。M2 的控制是典型的单向起动控制电路。起动时，按起动按钮 SB3，KM4 得电吸合，主触点闭合，M2 起动运转。停车时，按停止按钮 SB4 即可。

③刀架快速移动电动机 M3 的控制。刀架的快速移动是通过转动刀架手柄，将行程开关 SQ 压住，使 KM5 得电，KM5 主触点闭合，M3 起动。KM5 无自锁环节，只要松开刀架

手柄，SQ 断开，M3 停止，行程开关 SQ 的作用相当于一个点动按钮。

④ 其他辅助电路。为了监视主电动机的电流情况，在 M1 的主电路中，经过电流互感器接入了一只电流表 A。为了防止电动机在点动和制动时大电流对电流表的冲击，将时间继电器 KT 的触点（延时断开的常闭触点）与电流表相并联。M1 在起动时，起动电流很大（起动电流为额定电流的 4～7 倍），即电流互感器副边电流也很大，但此时 KT 的触点在延时时间内（起动时间只有 1～3 s，而时间继电器的延时时间在 60 s 内可调）尚未断开，冲击电流只经过该延时触点，而电流表则无电流流过。起动平稳后，电动机电流为正常值，而 KT 的触点也已断开，电动机正常工作时的电流才流经电流表，以便监视电动机在工作中电流的变化情况。如电流表上所示电流与电动机的额定电流相差较大时，便及时采取必要措施。

7.2.3.2　摇臂钻床控制电路

钻床为孔加工机床，按照其结构形式不同，有立式钻床、卧式钻床、深孔钻床及摇臂钻床等。摇臂钻床是机械加工车间中常见的机床，它适用于单件或批量生产中带有多个孔的零件的加工。

Z3040 型摇臂钻床即为常见的一种摇臂钻床。下面以 Z3040 型摇臂钻床为例进行介绍。

（1）主要运动。

Z3040 型摇臂钻床具有下列运动。

主运动：主轴的旋转运动和进给运动。

辅助运动：摇臂沿外立柱的垂直运动；主轴箱沿摇臂的径向移动及摇臂与外立柱一起相对于内立柱的回转运动。后两者为手动。另外，还需要考虑主轴箱、摇臂、内外立柱的夹紧和松开。

（2）控制电路。

由于摇臂钻床运动部件较多，常采用多电动机控制。图 7.25 为 Z3040 型摇臂钻床电气控制原理图，表 7.1 为其电气元件表。

表 7.1　Z3040 型摇臂钻床电气元件表

符　号	名　称　及　用　途	符　号	名　称　及　用　途
M1	主轴及进给电动机	M2	摇臂升降电动机
M3	液压泵电动机	M4	冷却泵电动机
KM1	主电动机用接触器	KM2，KM3	摇臂升降电动机正反转用接触器
KM4，KM5	液压泵电动机正反转用接触器	KT	断电延时时间继电器
YV	控制用电磁阀	FR1～FR3	热继电器
FU1～FU5	熔断器	SA1，SA2	组合转换开关
SQ1～SQ6	行程及极限开关	TC	控制变压器
QF	自动开关	SB1，SB2	主电动机起动、停止按钮
SB3，SB4	摇臂升降按钮	SB5，SB6	主轴箱和立柱夹紧与放松按钮
EL	照明灯	HL1，HL2	主轴箱和立柱夹紧与放松指示灯
HL3	主电动机工作指示	XB	连　接　片
PE	保护地线		

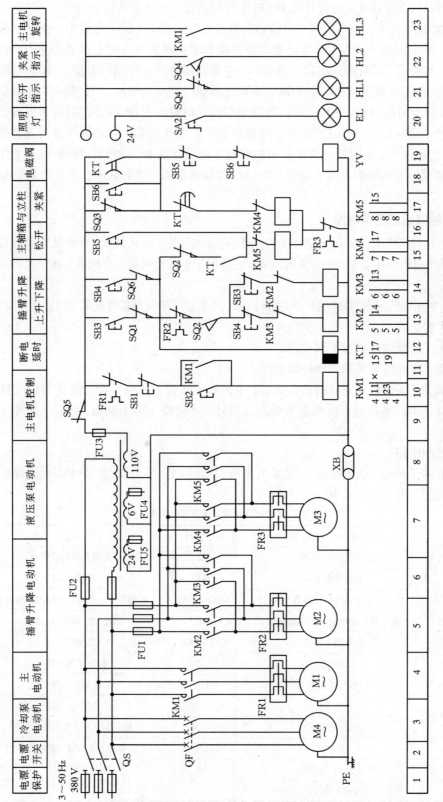

图 7.25 Z3040 型摇臂钻床电气控制原理图

从图 7.25 可以看出，Z3040 型摇臂钻床共有 4 台异步电动机，属于多机拖动。其中：主电动机 M1 控制主轴的旋转运动和进给运动；单向旋转摇臂升降电动机 M2 控制摇臂的升降运动，双向旋转；液压泵电动机 M3 控制摇臂的夹紧和放松以及主轴箱与立柱的夹紧和放松，双向旋转；冷却泵电动机 M4 为手动控制，单向旋转。下面对该控制电路的工作原理进行分析。

① 主电动机 M1 的控制。控制比较简单，就是一个启停电路。通过 SB2，SB1 分别控制 KM1 的得电与失电，从而控制 M1 的起停。

② 摇臂的升降与夹紧控制。摇臂钻床工作时，摇臂应夹紧在外立柱上，在摇臂上升与下降之前，须先松开夹紧装置，当摇臂上升或下降到预定位置时，夹紧装置将摇臂夹紧。Z3040 型摇臂钻床能够自动完成这一过程。动作情况：当按下按钮 SB3 或 SB4 时，摇臂夹紧机构自动松开，摇臂随之开始上升或下降，到达所需高度时，松开 SB3 或 SB4，升降停止，并自动将摇臂夹紧。

下面具体分析摇臂上升（或下降）的工作过程。

按下 SB3（或 SB4），则时间继电器 KT 得电，致使电磁阀 YV 和接触器 KM4 同时得电动作，液压泵电机 M3 正向起动，高压油经二位六通阀进入摇臂松开腔。松开到位后，活塞杆通过弹簧片压动限位开关 SQ2，其常闭触点使 KM4 失电，液压泵停止工作，同时，其常开触点动合使 KM2（或 KM3）得电，摇臂升降电机 M2 正转（或反转），带动摇臂上升（或下降）。

当摇臂上升（或下降）到位后，松开 SB3（或 SB4），KT 和 KM2（或 KM3）失电，断电延时型时间继电器 KT 经延时后，使 KM5 得电，油泵电动机 M3 反转，压力油进入摇臂夹紧油腔，反向推动活塞和菱形块，使摇臂夹紧。夹紧到位后，活塞杆通过弹簧片压动行程开关 SQ3，其动断触点使 KM5 和 YV 失电，液压泵电动机 M3 停止工作，电磁阀复位。

这样就完成了摇臂松开—上升（或下降）到预定位置—夹紧控制的全过程。

在这里应注意以下三个问题。

第一，SQ2 应调整得当，保证摇臂松开后即动作，以避免油泵电机长期过载，并单独加过载保护 FR3。

第二，断电延时型时间继电器 KT 的作用是保证当升降电机完全停止后，再夹紧摇臂。

第三，摇臂上升时，用 SQ1 的动断触点做极限位置保护；摇臂下降时，用 SQ6 的动断触点做极限位置保护。

③ 主轴箱和立柱的夹紧与放松。主轴箱和立柱的夹紧与放松均采用液压操纵机构实现。工作时，要求电磁阀 YV 始终处于断电状态。松开与夹紧动作分别由按钮 SB5 和 SB6 进行控制，并通过 HL1 和 HL2 进行工作状态指示。

按下 SB5（或 SB6），接触器 KM4（或 KM5）得电，油泵电机正转（或反转），压力油经二位六通电磁阀进入另一油路，推动活塞和菱形块，使主轴箱和立柱同时松开（或夹紧），行程开关 SQ4 指示灯 HL1（或 HL2）亮。

7.2.3.3　铣床电气控制电路

常用的铣床有立铣和卧铣。铣床的主运动为刀具的旋转运动，进给运动为工作台的垂直、纵向、横向移动，辅助运动有工作台的快速移动以及圆工作台的回转运动。

铣削加工一般有顺铣和逆铣两种形式，因此要求主轴能正反转。但一旦铣刀固定后，铣削方向也就确定了，所以在工作过程中，不需要改变主轴的旋转方向。

铣床工作台沿垂直、纵向、横向的移动要求互锁，即在同一时刻只允许沿其中的一个方向移动，为此，工作台的移动由一台进给电动机拖动，由方向选择手柄操纵离合器选择移动方向，再通过电动机的正反转实现上下、前后、左右运动。另外，圆工作台与工作台的进给运动要互锁。

在电动机起动顺序上，要求首先起动主轴电动机，然后起动进给电动机，以避免当工件和铣刀接触时，使机床或工件受到损坏。而在停止时，要求进给电动机先停或主轴电动机与进给电动机同时停止。

另外，为了适应各种不同的切削要求，主运动和进给运动应在一定范围内速度可调。普通铣床通常采用主轴箱和进给变速箱进行机械调速。因此，在变速过程中，要求电动机能做瞬时点动，以使变速齿轮能顺利变速。工作台的工进和快进可通过机械与电气配合来实现。

下面以 X52K 立式铣床为例，分析中小型铣床的电气控制原理图。图 7.26 为其电气控制原理图，表 7.2 为其电气元件表。

表 7.2　X52K 立式铣床电气元件表

符　号	名　称　及　用　途	符　号	名　称　及　用　途
M1	主轴电动机	M2	进给电动机
M3	冷却泵电动机	VC	整流桥
KM1	主电动机起停接触器	KM2，KM3	进给电动机正反转用接触器
KM4	快速移动接触器	FR1 ~ FR3	热继电器
FU1 ~ FU6	熔断器	SA1	圆工作台转换开关
SA2	主轴换刀制动开关	SA3，SA4	转换开关
SA5	主电动机换向用转换开关	SB1，SB2	停止按钮
SB3，SB4	主电动机起动按钮	SB5，SB6	工作台快速移动按钮
YB	电磁制动器	YC1，YC2	进给及快速电磁离合器
SQ1，SQ2	工作台纵向进给行程开关	SQ3，SQ4	工作台横向及升降进给行程开关
SQ6	进给变速点动行程开关	SQ7	主轴变速点动开关
HL	指示灯	EL	照明灯
TC	控制变压器	QF	自动开关
XB	连接片		

X52K 为立式升降台铣床，它配有 3 台电动机。主电动机 M1 拖动机床的主运动（铣刀的旋转运动），用换向转换开关 SA5 选择主轴的转向，用制动电磁离合器进行制动；进给电动机 M2 通过自身的正反转和垂直、纵向、横向 3 个电磁离合器，驱动工作台的上下、前后、左右 6 个方向的进给运动，同时可驱动工作台的快速运动和回转运动；冷却泵电动机 M3 由转换开关 SA3 控制。铣床的控制采用多地点操作。

（1）主轴电动机的控制。

①主轴的起动。在主轴起动前，首先由换向开关 SA3 选择主轴的旋向。电源自动开关 QF 接通后，按下起动按钮 SB3（或 SB4），KM1 线圈得电并自锁，主电机 M1 起动。

②主轴的停止。主轴的停止采用制动电磁离合器 YB 实现。按下停止按钮 SB1（或 SB2），其动断触点使 KM1 失电，同时其动合触点接通 YB（点动），主轴开始制动，转速接

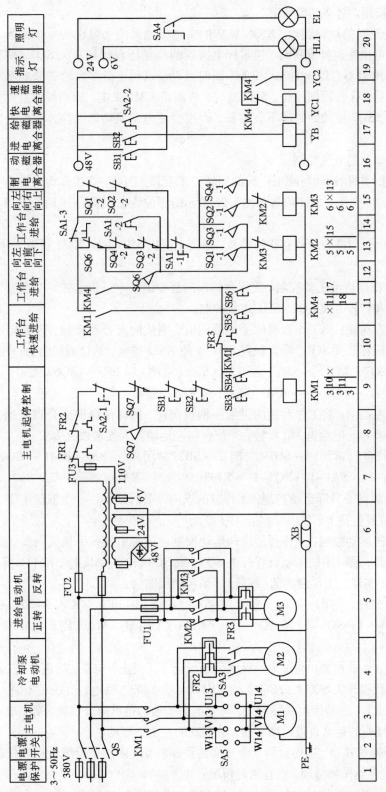

图 7.26 X52K 立式铣床电气控制原理图

近零时，松开按钮，制动过程结束。

③ 主轴变速时的瞬时点动。X52K 铣床的主轴变速采用孔盘机构集中操纵。当变速锁紧手柄使孔盘退出变速操纵杆时，锁紧杆上所连的凸轮压合行程开关 SQ7，使其动断触点断开，KM1 得电但不自锁，主电动机 M1 瞬时点动，以利于滑移齿轮的顺利啮合。当滑移齿轮完全啮合后，孔盘回到原位，SQ7 复位，从而使 KM1 失电，切断瞬时点动线路。在这里要注意的是，SQ7 压动的时间不宜过长，否则会使电动机转速过高，不利于滑移齿轮的啮合。

（2）进给运动的电气控制。

X52K 铣床的进给运动与圆工作台的回转要求互锁，因此，在工作台做 6 个方向的进给时，圆工作台的转换开关 SA1 应置于图 7.26 所示的原位状态，即 SA1-1 闭合、SA1-2 断开、SA1-3 闭合。

另外，主运动与进给运动有联锁关系，即当主电机 M1 起动（KM1 得电）后，进给电机 M2 才能起动。

① 工作台横向进给运动控制。工作台的横向进给由一个三位（左、中、右）手柄操纵横向进给离合器和行程开关 SQ2，SQ1 进行控制。

工作台向右运动：将工作台横向手柄扳向右，则横向离合器接通，为横向运动做好准备。同时压动行程开关 SQ1，动合触点 SQ1-1 使 KM2 得电，其接通线路为：

SA2-1→SQ7（常闭）→ SB1（常闭）→ SB2（常闭）→ FR3 → SQ6（常闭）→SQ4-2 → SQ3-2 → SA1-1 → SQ1-1 → KM3（常闭）→ KM2 线圈。

工作台向左运动：将工作台横向进给手柄扳向左，同样使纵向离合器接通，同时压动 SQ2，使 KM3 得电，电动机 M2 反转，工作台向左运动。其接通线路为：

SA2-1 → SQ7（常闭）→ SB1（常闭）→ SB2（常闭）→ FR3 → KM1 → SQ6（常闭）→ SQ4-2 → SQ3-2 → SA1-1→ SQ2-1 → KM2（常闭）→ KM3 线圈。

② 工作台纵向及升降运动控制。工作台的纵向及升降运动由一个五位十字手柄集中操纵控制，5 个位置包括上、下、前、后、中（停止）。

工作台纵向运动控制：工作台的纵向运动控制通过集中操纵手柄扳向前（或后），接通纵向进给离合器，同时手柄压动行程开关 SQ3（或 SQ4），使 KM2（或 KM3）得电，电动机正（或反）转来实现。工作台向前（或后）运动接通线路为：

SA2-1 → SQ7（常闭）→SB1（常闭）→SB2（常闭）→ FR3 → KM1 → SA1-3 → SQ2-2 →SQ1-2 →SA1-1→SQ3-1（或 SQ4-1）→ KM3 常闭（或 KM2 常闭）→ KM2（或 KM3）线圈。

工作台垂直运动控制：通过集中操纵手柄扳向下（或上）位置，接通垂直进给离合器，同时手柄压动行程开关 SQ3（或 SQ4），使 KM2（或 KM3）得电，电机正（反）转来实现。工作台向下（或上）运动接通线路同上，只是前者接通的是纵向进给离合器，故工作台前后运动，而后者接通的是垂直进给离合器，故实现的是上下运动。

③ 工作台快速移动。工作台沿 6 个方向的快速移动，由两个操纵手柄和快速按钮 SB5（或 SB6）的配合操作来实现，它有两种情况：

· 当工作台正在沿某一方向运动时，按 SB5（或 SB6），使 KM4 得电，则快速电磁离合器 YC2 得电，进给电磁离合器 YC1 失电，这样，工作台沿原方向快速移动；

● 当主电动机运转而进给电动机处于停止状态时，将手柄扳到某一位置，首先接通某一方向的进给离合器，再按 SB5（或 SB6），使工作台沿该方向快速运动。

④ 进给变速时的瞬时点动。进给变速前提是横向进给手柄和集中操纵的十字手柄均处在中位（即横向、纵向和垂直进给离合器均脱开），所以 SQ1～SQ4 均处在原位状态。变速时，进给变速手柄拉出，压动 SQ6，其动合触点接通 KM2 线圈，使电动机正转点动。具体接通线路为：

SA2-1 → SQ7（常闭）→ SB1（常闭）→ SB2（常闭）→ FR3 → KM1 → SA1-3 → SQ2-2 → SQ1-2 → SQ3-2 → SQ4-2 → SQ6（常开）→ KM3（常闭）→ KM2 线圈。

当滑移齿轮顺利啮合后，手柄推回原位，则 SQ6 复位，点动过程结束。

（3）圆工作台的控制。

X52K 铣床安装有圆形工作台，它工作的前提是，两个操作手柄均扳到中位，同时将圆工作台转换开关扳到"接通"位置，此时，SA1-1 断开，SA1-2 闭合，SA1-3 断开。在主电动机起动后，通过 KM1 的常开触点接通的线路为：

KM1（常开）→ SQ6（常闭）→ SQ4-2 → SQ3-2 → SQ1-2 → SQ2-2 → SA1-2 → KM3（常闭）→ KM2 线圈。

从上述线路可以看出，圆工作台回转时，只要有一个手柄扳动，使 SQ1-2～SQ4-2 之一动作，则圆工作台的接通线路将被断开，从而保证了圆工作台与 6 个方向进给之间的互锁。

（4）其他控制。

① 冷却泵由转换开关 SA3 控制。

② 机床局部照明所用 24 V 电压由变压器供给。SA4 控制照明灯 EL。

③ 换刀制动。当机床需要换刀时，主轴应迅速制动。扳动制动开关 SA2，则其动断触点 SA2-1 断开，切断主电动机的三相电源，同时 SA2-2 闭合，使制动电磁离合器 YB 得电，主轴迅速制动，从而可以方便地换刀。

7.2.3.4　组合机床控制电路

组合机床是由一些通用部件及少量专用部件组成的，在组合机床上可完成钻孔、扩孔、铰孔、镗孔、攻丝、铣削及精加工等工序，一般采用多轴、多刀、多工序同时加工。

组合机床控制系统大多采用机械、液压、电气或气动相结合的控制方式，其中电气控制起着重要的作用。

组合机床由大量的通用部件组成，组合机床的电气控制线路也是由通用部件的典型控制线路和一些基本控制环节组成的，这些典型线路都经过了一定的生产实践考验，只要应用得当，一般是可靠的。

组合机床的通用部件一般划分为：动力部件，如动力头和动力滑台；支承件，如滑座、床身、立柱和中间底座；输送部件，如回转分度工作台、回转鼓轮、自动线工作回转台及零件输送装置；控制部件，如液压元件、控制板、按钮台及电气挡块；其他部件，如排屑装置和润滑装置等。

组合机床上最主要的通用部件是动力头和动力滑台，它们是完成刀具切削运动和进给运动的部件。通常将能同时完成切削运动及进给运动的动力部件称为动力头，而将只能完成进给运动的动力部件称为动力滑台。动力滑台按照结构分，有机械动力滑台和液压动力滑台两种。动力滑台可配置成卧式的组合机床,动力滑台配置不同的控制线路,可完成多种自动工作循环。动力滑台的基本工作循环形式有:

① 一次工作进给　快进→工作进给→快退。

② 双向工作进给　快进→工作进给→反向工作进给→快退。

③ 二次工作进给　快进→一次工进→二次工进→快退。

④ 跳跃进给　快进→工进→快进→工进→快退。

⑤ 分级进给　快进→工进→快退→快进→工进→快退→…→快进→工进→快退。

机械动力滑台由滑台、滑座和双电机(快速及进给电机)传动装置三部分组成。滑台的自动工作循环是靠传动装置将动力传递给丝杠来实现的。

下面以机械滑台和液压滑台为例,说明其工作原理、控制电路及工作循环。

(1) 机械滑台的电气控制。

① 具有一次工进的机械滑台电气控制。图 7.27 所示为具有一次工进的机械滑台电气控制原理图。它由两台进给电机进行驱动控制:快进电机 M2 用来拖动滑台快进和快退运动,要求有正反转;工进电机 M1 用来拖动滑台的工作进给运动,单向旋转。主轴旋转由接触器 KM4 控制一台专门电机(图中未画出)进行拖动。

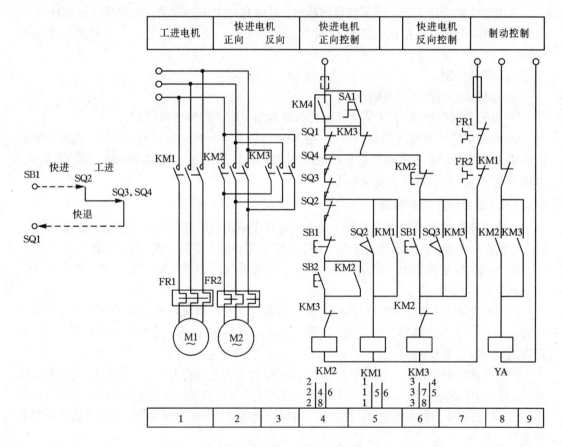

图 7.27　机械滑台一次工进控制电路

工进时,只允许工进电机 M1 工作,快进电机则由断电型制动器迅速制动。

下面按滑台的"快进→工进→快退→停止"这样的工作循环过程来分析它的控制电路。

　　动力头在原位时，SQ1 应被压动。在主轴电机已被起动（即 KM4 得电）的前提下，按起动按钮 SB2，则 KM2 线圈得电，使制动电磁铁 YA 得电，松开制动器，同时快进电机 M2 正向旋转，带动滑台快速进给（快进）；当滑台压动行程开关 SQ2 时，其动断触点使 KM2 失电，则制动电磁铁 YA 断电，电机 M2 被迅速制动，同时，SQ2 的动合触点使 KM1 得电，工进电机工作，带动滑台工作进给（工进）；当滑台压动 SQ3 时，其动断触点使 KM1 失电，工进电机停止，同时，其动合触点接通 KM3，使快进电机 M2 反转，并使 YA 得电，带动滑台快速退回（快退）；退到原位时，压动 SQ1，KM3 失电，使 YA 和 KM2 失电，电机 M2 被迅速制动，滑台停在原位（停止）。

　　图 7.27 中，SA1 为滑台单独调整开关，SQ4 为向前超程保护开关。

　　② 具有双向工作进给的机械滑台的控制线路。图 7.28 为机械滑台双向工进控制线路原理简图。M1 为工进电机，拖动滑台的正反向工进，M2 为快进电机，与 M1 一起拖动滑台的快进和快退，两台电机均要求有正反转。KM1，KM2 控制 M1 的正反转，实现正向工进和反向工进；KM1，KM3 接通时，M2 正转，KM2，KM3 接通时，M2 反转。另外，控制回路中串有两个热继电器触点，只要有一个过载，电路即断开，实现过载保护。

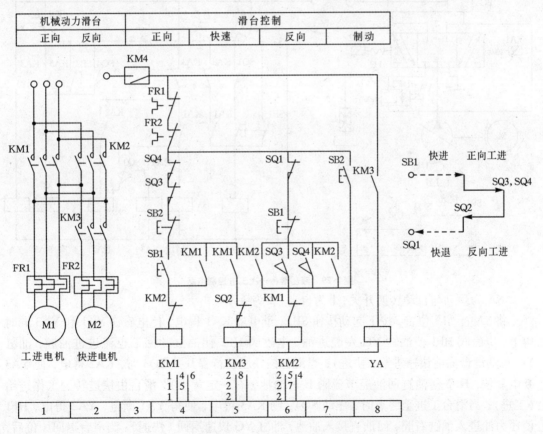

图 7.28　机械滑台双向工进控制电路

　　下面按"快进→正向工进→反向工进→快退"的工作循环来分析电路的工作原理。

　　按下 SB1，KM1 得电并自锁，同时 KM3 和 YA 得电，制动器松开，电机 M1 和 M2 同时正转，机械滑台快速前进（快进）；当滑台长挡块压动 SQ2 时，KM3 被切断，同时 YA 断电，快进电机 M2 被迅速制动，滑台由工进电机拖动，实现正向工作进给（正向工进）；正向工进至终点时，压动 SQ3，则 KM1 断电，KM2 得电，工进电机 M1 反转，拖动滑台反向工作进给（反向工进）；当反向工进至长挡块松开 SQ2 时，SQ2 复位，KM3 和 YA 恢复得电，制动器松开，快进电机 M2 反转，拖动滑台快速退回（快退）；当快退至原位时，压动 SQ1，则 KM2、KM3、YA 均失电，M1 和 M2 均断电，其中 M2 迅速制动，使机械滑台停在原位（停止）。至此，整个工作循环结束。

SQ4 为向前超行程保护行程开关。当压动 SQ4 时，KM1 失电，KM2 得电，滑台反向工进退回，继而快速退回至原位。

（2）液压滑台的电气控制。

液压滑台由滑台、滑座、油缸三部分组成，通过压力油，使油缸拖动滑台实现向前或向后运动。液压滑台的工作循环由电气线路控制液压系统来完成。

① 具有一次工作进给的液压滑台的电气控制。图 7.29 给出了液压滑台一次工进电气控制线路原理图。下面将电气控制线路与液压回路结合起来，分析液压滑台的工作循环。

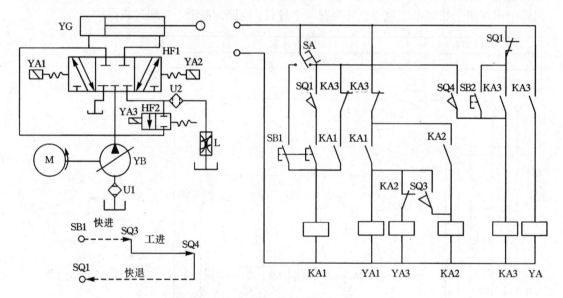

图 7.29 液压滑台一次工进控制电路

SA 为手动与自动转换开关，1 为自动，2 为手动。

将 SA 置"1"位置，按下起动按钮 SB1，继电器 KA1 得电，使电磁铁 YA1 和 YA3 同时得电，电磁阀 HF1 使油缸 YG 左腔进油，电磁阀 HF2 使油缸的回油也流进进油腔，油缸 YG 拖动滑台向前快速进给（快进）；当滑台挡铁压动行程开关 SQ3 时，KA2 得电，使 YA3 断电复位，HF2 使油缸回油经节流阀 L 进油池（有一定背压），滑台由快进转为工作进给（工进）；当滑台工进至终点时，压动 SQ4，则 KA3 得电，使得 YA1 断电，YA2 得电，HF1 使压力油进入油缸右腔，回油直接入油池，油缸 YG 快速退回（快退）；当滑台退回原位后，压动 SQ1，使 YA2 断电，滑台原位停止，循环结束。

当 SA 置"2"位置时，可手动调整滑台的进给，SB2 为快速退回按钮。

在上述电路的基础上，若增加一延时线路，就可得到这样的工作循环：快进→工进→延时停留→快退。其控制电路如图 7.30 所示。

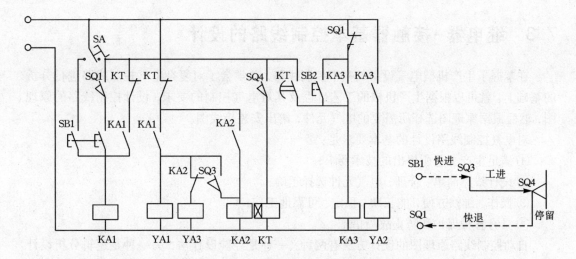

图 7.30　具有延时停留的控制电路

图 7.30 与图 7.29 比较，只增加了一个时间继电器 KT，并通过 KT 的瞬动触点（常闭）切断前进回路。当工进至终点后，压动 SQ4，使 KT 得电，其瞬动触点使 YA1 断电，滑台停止前进，同时其延时触点延时闭合后，接通 YA2，滑台开始快退，达到工进后延时停留再快退的目的。

② 具有二次工作进给的液压滑台电气控制。图 7.31 所示为具有二次工作进给的液压滑台控制电路。它所完成的工作循环是：快进→一次工进→二次工进→快退→原位停止。电路的工作原理与图 7.28 相似，所不同的是：SQ3 使 KA2 得电，断开 YA3，油缸的回油经节流阀 1L 回油池，实现一次工进；SQ4 使 KA3 得电，接通 YA4，油缸的回油经过 1L，2L 两个节流阀回油池，油缸实现二次工进（二次工进较一次工进速度要慢）。

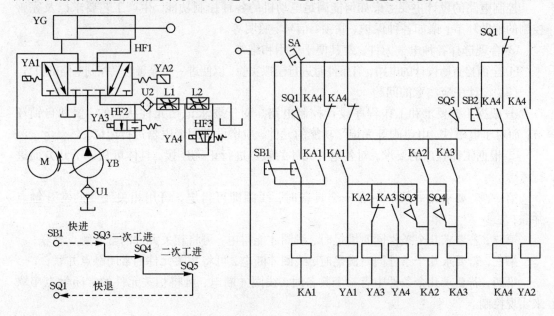

图 7.31　液压滑台二次工进控制电路

7.3　继电器-接触器基本控制线路的设计

在掌握了生产机械电气设备的基本控制线路，并学会了对复杂电气控制线路进行分析的基础上，就可以根据生产机械的工艺过程及其对电气控制的要求，设计控制线路的原理图，然后根据原理图选择所需要的电气元件，给出安装接线图。

对电气控制线路设计的基本要求是：

① 满足生产工艺所提出的技术要求；

② 设计线路简单、合理，电气元件选择正确；

③ 操作、维修方便，能长期、稳定、可靠地工作；

④ 具有各种保护和防止故障措施。

自动控制线路原理图的设计方法有两种：一种是经验设计法，另一种是逻辑分析设计法。这里主要介绍经验设计法。

经验设计法主要根据生产工艺的要求和设计人员的实际经验，用一些基本控制线路和典型环节加以合理组合，来完成控制线路原理图的设计。这种方法较简单，但在设计比较复杂的线路时，要求设计人员经验丰富，并要经过反复修改，有时还需模拟试验，方可设计出一个比较完善、合理的线路。

（1）设计的基本步骤。

① 广泛查阅国内外同类设备的资料，使所设计的控制系统满足设计要求。

② 一般生产机械电气控制线路的设计，应包括主电路、控制电路和辅助电路等。

主电路设计主要考虑电动机的起动、正反转、制动及多速电动机调速，还有电动机的短路、过载保护等。

控制电路的设计主要考虑如何能满足电动机的各种控制功能、生产工艺要求以及完善控制的辅助环节，诸如各种保护、联锁、信号、照明等。

③ 合理选择各种电气元件，使其便于使用和维修。

④ 全面检查所设计的电路，有条件时进行模拟实验，以便进一步完善电气控制电路的设计。

（2）设计中应注意的问题。

① 根据工艺要求和工作程序设计控制电路。对于要求记忆元件状态的，要加自锁环节；而对于电磁铁、电磁阀等无记忆功能的元件，应增设中间继电器进行记忆。

② 根据工作程序的要求，对各电气元件的触点进行正确连接，具体可从以下几方面进行考虑。

第一，若要求几个条件中有一个具备时，线圈即可得电，可用相关元件的常开触点并联；

第二，若要求几个条件同时满足时，线圈才能得电，可将相关元件的常开触点串联；

第三，若要求几个条件同时满足时，线圈才断电，可将相关元件的常闭触点并联；

第四，若要求几个条件中有一个具备时，线圈才断电，可将相关元件的常闭触点串联来实现控制。

③ 简化电路，合并同类触点，提高线路的可靠性，在图 7.32 中，在实现同样功能的前提下，图（b）比图（a）少一个触点。但在合并触点时，应注意触点的额定电流要能够满足

要求。

④ 正确连接电路中的线圈，注意交流接触器的线圈不能串联使用，如图 7.33(a) 所示。因为两个电磁机构的电磁铁不能同时动作，当其中一个接触器先动作时，其吸引线圈的电感增大，感抗增加，线圈端电压增大，而尚未吸合的接触器因线圈电压达不到额定电压而不能吸合。所以，在需要两个电器同时动作时，其线圈应并联。另外，大容量的直流电磁铁线圈不能与继电器线圈直接并联，如图 7.33(b) 所示。当 KM1 触点断开时，因电磁铁 YA 线圈电感量大，产生的感应电势加在中间继电器 KA1 上，将使继电器重新吸合，从而产生误动作。因此在 KA1 线圈回路中，应单独串联 KM1 常开触点进行控制。

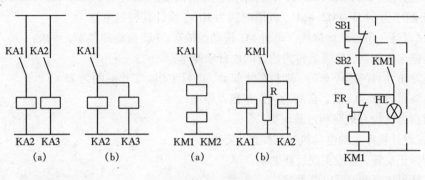

图 7.32　简化电路　　　　图 7.33　错误接法　　　　图 7.34　寄生回路

⑤ 避免在控制电路中出现寄生回路，即在控制电路动作过程中或事故情况下意外接通的电路，如图 7.34 所示。在正常情况下，电路能满足各种要求的控制，但在电动机过载时，FR 触点断开，则会出现图中虚线所示的寄生回路，使接触器 KM1 线圈无法断电，电动机得不到应有的过载保护。

⑥ 应尽量避免多级控制接通一个电器，如图 7.35 所示。图(a) 中 KA3 的动作要通过 KA1，KA2 两个电器的动作才能实现。而图(b) 只需经 KA1 继电器动作，KA3 即可动作。

⑦根据被控对象要求选择电气元件并合理安排元件的位置。按图 7.36(a) 的接法，控制柜和操作台的按钮站之间需要 4 根引线；而采用图(b) 的接法，只需 3 根引线。

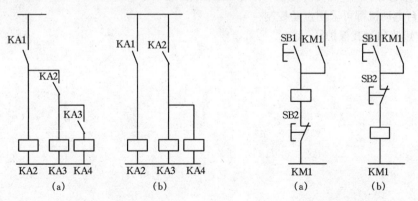

图 7.35　触点的合理使用　　　　图 7.36　合理的位置接法

⑧为防止误动作，避免事故，应具备必要的安全保护环节，如短路、过载、超程、零压及联锁保护等控制环节。

思考与习题

7.1 在配有电气控制的机床上，若电动机由于过载而自动停车后，如果立即按起动按钮，则不能开车，为什么？

7.2 为了限制点动调整电动机时的冲击电流，试设计电气控制电路，使得正常起动时为直接起动，点动调整时串入限流电阻。

7.3 试设计一个异步电动机的能耗制动电路，要求采用断电延时型时间继电器。

7.4 三台电机 M1，M2，M3 按一定顺序先后起停，起动顺序为：M1→M2→M3，间隔时间为 5 s；停止顺序为：M3→M2→M1，间隔时间为 10 s，设计其控制电路。

7.5 试设计一条自动运输线。电机 M1 拖动运输车，M2 拖动卸料车，要求：

(1) 运输车先起动，然后运料到达目的地自动停车；

(2) 运输车在目的地停车后，卸料车才起动，进行工作，工作时间为 25 s；

(3) 运输车停车 30 s 后，自动返回发车地点停车；

(4) 两台电机均有短路和过载保护。

7.6 试设计机床主轴电动机控制线路，要求：

(1) 可以正反转，且能实现反接制动；

(2) 正转可以点动，可以两处起停；

(3) 有短路和过载保护。

7.7 有一台双速电机，试设计满足如下要求的控制线路：

(1) 分别用两个按钮控制电动机低速起动和高速起动，用一个总停按钮控制电动机停止；

(2) 起动高速时，应先接通低速，经一段时间后再切换到高速；

(3) 有短路和过载保护。

7.8 小型梁式吊车上有 3 台电动机，试按以下要求设计出控制电路。

(1) 横梁电机 M1 带动横梁在车间前后移动，在横梁两端必须有行程开关做限位保护；

(2) 提升机构的小车由电动机 M2 带动，在横梁左右移动；

(3) 提升电动机 M3 能升降重物，有终端限位保护；

(4) 3 台电动机都可采用点动控制；

(5) 有短路和过载保护。

第 8 章　可编程序控制器

可编程序逻辑控制器（Programmable Logic Controller，PLC），通常简称为可编程序控制器，它是以微处理器为核心，综合了微电子技术、自动化技术、网络通信技术于一体的通用工业控制装置。英文缩写为 PC 或 PLC。它具有体积小、功能强、程序设计简单、灵活通用、维护方便等一系列优点，特别是它的高可靠性和较强的适应恶劣工业环境的能力，更得到用户的好评。因而在机械、能源、化工、交通、电力等领域得到了越来越广泛的应用，成为现代工业控制的三大支柱（PLC，机器人和 CAD/CAM）之一。

8.1　PLC 概述

8.1.1　PLC 的产生

1968 年，美国通用汽车公司（GM）为适应生产工艺不断更新的需要，提出一种设想：把计算机的功能完善、通用、灵活等优点和继电器控制系统的简单易懂、操作方便、价格便宜等优点结合起来，制成一种通用控制装置。这种通用控制装置把计算机的编程方法和程序输入方式加以简化，采用面向控制过程、面向对象的语言编程，使不熟悉计算机的人也能方便地使用，并提出十项招标指标。

美国数字设备公司（DEC）根据这一设想，于 1969 年研制成功了第一台可编程序控制器 PDP-14，在汽车自动装配线上试用并获得成功。该设备用计算机作为核心设备。其控制功能是通过存储在计算机中的程序来实现的，这就是人们常说的存储程序控制。由于当时主要用于顺序控制，只能进行逻辑运算。

进入 20 世纪 80 年代，随着微电子技术和计算机技术的迅猛发展，可编程序控制器逐步形成了具有特色的多种系列产品。系统中不仅使用了大量的开关量，而且使用了模拟量，同时具有高速脉冲的输入输出、通信组网、数学计算等多种功能。虽然仍称为 PLC，但其功能已经远远超出逻辑控制、顺序控制的应用范围。

8.1.2　PLC 的主要特点

由于控制对象的复杂性、使用环境的特殊性和运行工作的连续长期性，PLC 在设计、结构上，具有许多其他控制器所无法相比的特点。

（1）可靠性高，抗干扰能力强。

为了满足 PLC "专为在工业环境下应用设计" 的特点，采用了很多硬件和软件的措施。随着构成 PLC 的元器件性能的提高，PLC 的生产厂家甚至宣布，今后它生产的 PLC 不再标明可靠性这一指标，因为对于 PLC，这一指标已毫无意义了。经过大量实践，人们发现 PLC 系统在使用中发生的故障大多是由 PLC 的外部开关、传感器、执行机构引起的，而不是 PLC 本身发生的。

（2）通用性强，使用方便。

现在的 PLC 产品都实现了系列化和模块化，PLC 配备有各种各样品种齐全的 I/O 模块和配套部件供用户使用，可以很方便地搭成能满足不同控制要求的控制系统。用户不再需要自己设计和制作硬件装置。在确定了 PLC 的硬件配置和 I/O 外部接线后，用户所做的工作只是程序设计而已。

（3）程序设计简单、易学、易懂。

PLC 是一种新型的工业自动化控制装置，其主要使用对象是广大的电气技术人员。PLC 生产厂家考虑到这种实际情况，一般不采用微机所用的编程语言，而采取与继电器控制原理图非常相似的梯形图语言，工程人员学习、使用这种编程语言十分方便。这也是 PLC 能迅速普及和推广的原因之一。

（4）采用先进的模块化结构，系统组合灵活方便。

PLC 的各个部件，包括 CPU、电源、I/O（其中也包含特殊功能的 I/O）等均采用模块化设计，由机架和电缆将各模块连接起来。系统的功能和规模可根据用户的实际需求自行组合，这样便可实现用户要求的合理的性能价格比。

（5）系统设计周期短。

系统硬件的设计任务仅仅是依据对象的要求配置适当的模块，如同点菜一样方便，这样就大大地缩短了整个设计所花费的时间，加快了整个工程的进度。

（6）安装简便，调试方便，维护工作量小。

PLC 一般不需要专门的机房，可以在各种工业环境下运行。使用时，只需将现场的各种设备与 PLC 相应的 I/O 端相连，系统便可以投入运行，安装接线工作量比继电器控制系统少得多。PLC 软件的设计和调试都可以在实验室里进行，用模拟实验开关代替输入信号，其输出状态既可以观察 PLC 上相应的发光二极管，也可以另接输出模拟实验板。模拟调试好后，再将 PLC 控制系统安装到现场，进行联机调试，这样既节省时间又方便。由于 PLC 本身故障率很低，又有完善的自诊断能力和显示功能，一旦发生故障时，可以根据 PLC 上的发光二极管或编程器提供的信息，迅速查明原因。如果是 PLC 本身，则可用更换模块的方法排除故障。这样提高了维护的工作效率，保证了生产的正常进行。

（7）对生产工艺改变适应性强，可进行柔性生产。

PLC 实质上就是一种工业控制计算机，其控制操作的功能是通过软件编程来确定的。当生产工艺发生变化时，不必改变 PLC 硬件设备，只需改变 PLC 中的程序。这对现代化的小批量、多品种产品的生产特别合适。

8.1.3　PLC 的应用领域

随着 PLC 性价比的不断提高，应用范围不断扩大，其主要应用领域包括以下几个方面。

8.1.3.1　数字量的逻辑控制

PLC 用"与""或""非"等逻辑指令来实现触点的串、并联，代替继电器进行组合逻辑控制、定时控制和顺序逻辑控制。数字量逻辑控制既可以用于单台设备，也可以用于自动生产线，其应用领域已经遍及各行各业。

8.1.3.2　运动控制

PLC 使用专用的运动控制模块，可实现位置控制、速度控制、力矩控制、加速度控制、多轴联动的位置控制，使运动控制和位置控制功能有机地结合在一起，被广泛用于各种机床、装配机械、机器人等场合。

8.1.3.3　闭环过程控制

PLC 通过模拟量 I/O 模块（A/D 和 D/A），可以处理模拟量信号，组成闭环系统，实现闭环 PID（比例、积分、微分）控制。

8.1.3.4　数据处理

PLC 具有数学运算功能，包括四则运算、矩阵运算、函数运算、字逻辑运算、求反、循环、移位、浮点数运算、数据传送、转换、排序、查表和位操作等，可以完成数据的采集、分析和处理。

8.1.3.5　通信联网

PLC 主机可以与远程 I/O 通信，可以实现多 PLC 之间的通信，PLC 还可以与其他智能模块或智能控制设备通信。可以组成"集中管理，分散控制"的分布式控制系统。

8.1.4　PLC 的分类

PLC 的分类方式有三种。

8.1.4.1　按照控制规模分类

PLC 可以分为大型机、中型机和小型机。

小型机的控制点一般在 256 点之内，适合于单机控制或小型系统的控制。例如，日本 OMRON 公司的 CQM1，德国 SIEMENS 公司的 S7-200、S7-1200。

中型机的控制点一般不大于 2048 点，可用于对设备进行直接控制，还可以对多个下一级的可编程序控制器进行监控，它适合中型或大型控制系统的控制。例如，日本 OMRON 公司的 C200HG，德国 SIEMENS 的 S7-300、S7-1500。

大型机的控制点一般大于 2048 点，不仅能完成较复杂的算术运算，还能进行复杂的矩阵运算。它不仅可用于对设备进行直接控制，还可以对多个下一级的可编程序控制器进行监控。例如，日本富士公司的 F200、日本 OMRON 公司的 CV2000，德国 SIEMENS 公司的 S7-400 等。

8.1.4.2　按照控制性能分类

PLC 可以分为高档机、中档机和低档机。

低档机：具有基本的控制功能和一般的运算能力。工作速度比较低，能带的输入和输出模块的数量比较少。例如，日本 OMRON 公司生产的 C60P 就属于这一类。

中档机：具有较强的控制功能和较强的运算能力。它不仅能完成一般的逻辑运算，也能完成比较复杂的三角函数、指数和 PID 运算。工作速度比较快，能带的输入输出模块的数量也比较多，输入和输出模块的种类也比较多。例如，德国 SIEMENS 公司生产的 S7-300 就属于这一类。

高档机：具有强大的控制功能和强大的运算能力。它不仅能完成逻辑运算、三角函数运算、指数运算和 PID 运算，还能进行复杂的矩阵运算。工作速度很快，能带的输入输出模块数量很多，输入和输出模块的种类也很全面。这类可编程序控制器可以完成规模很大的控制任务，在联网中一般做主站使用。例如，德国 SIEMENS 公司生产的 S7-400 就属于这一类。

8.1.4.3 按照结构划分

PLC 可以分为整体式、组合式和叠装式。

整体式结构的 PLC 把电源、CPU、存储器、I/O 系统都集成在一个单元内，该单元叫作基本单元。一个基本单元就是一台完整的 PLC。控制点数不符合需要时，可再接扩展单元。整体式结构的特点是非常紧凑、体积小、成本低、安装方便。

组合式结构的 PLC 把系统的各个组成部分按照功能分成若干个模块，如 CPU 模块、输入模块、输出模块、电源模块等。其中各模块功能比较单一，模块的种类却日趋丰富。比如，一些 PLC，除了一些基本的 I/O 模块外，还有一些特殊功能模块，像温度检测模块、位置检测模块、PID 控制模块、通信模块等。组合式结构的 PLC 特点是 CPU、输入、输出均为独立的模块，模块尺寸统一，安装整齐，I/O 点选型自由，安装、调试、扩展、维修方便。

叠装式结构集整体式结构的紧凑、体积小、安装方便和组合式结构的 I/O 点搭配灵活、安装整齐的优点于一身。它也由各个单元组合构成。其特点是 CPU 自成独立的基本单元（由 CPU 和一定的 I/O 点组成），其他 I/O 模块为扩展单元。在安装时，不用基板，仅用电缆进行单元间的连接，各个单元可以一个个地叠装，使系统达到配置灵活、体积小巧。

8.1.5 PLC 的型号与厂商

1969 年美国的 DEC 公司研制成功了世界上第一台 PLC。1971 年日本从美国引进了 PLC 技术并加以消化，由日立公司试制成功了日本的第一台 PLC。欧洲走的是独立研制 PLC 的道路，1973 年德国的西门子公司研制成功了欧洲的第一台 PLC。从 20 世纪 70 年代开始，在不到 30 年的时间里，PLC 生产发展成一个巨大的产业，据不完全统计，现在世界上生产 PLC 及其网络的厂家有 200 多家，生产 400 多个品种的 PLC 产品。目前在国内应用最为广泛的 PLC 有：德国西门子公司 S7 系列 PLC，包括 S7-200、S7-300、S7-400，可满足不同的工作要求，之后又相继推出了 S7-1200、S7-1500；美国 A-B 公司的 PLC，主要有 PLC-5、SLC500 以及 Micrologix 1000 系列，有相应的编程、调试仿真软件，以及种类众多的 I/O 模块；日本 OMRON 公司的 C 系列 P(H) 型机、CQM、CPM，三菱公司的 F 系列以及东芝公司的 EX 系列。

8.2 PLC 的组成、工作原理及其软硬件基础

8.2.1 PLC 的组成

PLC 由中央处理单元（CPU）、存储器单元、电源单元、输入输出单元、接口单元和外部设备组成，如图 8.1 所示。

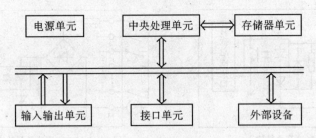

图 8.1　PLC 的组成

（1）中央处理单元（CPU）。

CPU 是系统的核心部件，由大规模或超大规模的集成电路微处理芯片构成。主要完成运算和控制任务，可以接收并存储从编程器输入的用户程序和数据。进入运行状态后，用扫描的方式接收输入装置的状态或数据，从内存逐条读取用户程序，通过解释后，按照指令的规定产生控制信号，执行数据的存取、传送、比较和变换等处理过程，完成用户程序所设计的逻辑或算术运算任务，根据运算结果，控制输出设备。可编程序控制器中的中央处理单元多数使用 8 位到 32 位字长的单片机。

（2）存储器单元。

按照物理性能，存储器可以分为随机存储器（RAM）、只读存储器（ROM）和可擦除可编程只读存储器。

（3）电源单元。

可编程序控制器配有开关电源，电源的交流输入端一般都有脉冲吸收电路，交流输入电压范围一般都比较宽，抗干扰能力比较强。有些可编程序控制器还配有大容量电容作为数据后备电源，停电可以保持 50 小时。

一般直流 5 V 电源供可编程序控制器内部使用，直流 24 V 电源供输入输出端和各种传感器使用。

（4）输入输出单元。

输入单元用于处理输入信号，对输入信号进行滤波、隔离、电平转换等，把输入信号的逻辑值安全可靠地传递到可编程序控制器内部。输入单元包括直流开关量输入和交流开关量输入，如图 8.2（a）（b）所示。

输出单元用于把用户程序的逻辑运算结果输出到可编程序控制器外部，输出单元具有隔离 PLC 内部电路和外部执行元件的作用，还具有功率放大的作用。输出单元包括继电器输出、交流开关量输出（晶闸管）、直流开关量输出（晶体管）。如图 8.2（c）（d）（e）所示。

功能模块是一些智能化了的输入和输出模块。比如，温度检测模块、位置检测模块、位置控制模块、PID 控制模块等。

中央处理单元与输入输出设备的连接是由输入单元和输出单元完成的，见图 8.2。

（5）接口单元。

接口单元包括扩展接口、编程器接口、存储器接口和通信接口。

（6）外部设备。

可编程序控制器的外部设备主要有编程器、文本显示器、操作面板和打印机等。

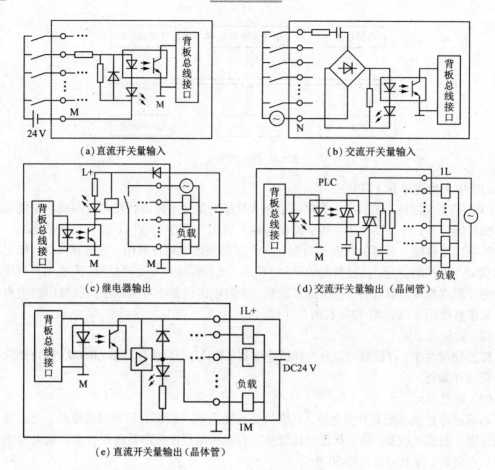

（a）直流开关量输入　　　　　　　　　　（b）交流开关量输入

（c）继电器输出　　　　　　　　　（d）交流开关量输出（晶闸管）

（e）直流开关量输出（晶体管）

图8.2　PLC 的输入/输出单元类型

8.2.2　PLC 的工作原理

PLC 最主要的方式是周期扫描方式，可以细分成以下几个过程。

8.2.2.1　上电初始化处理过程

PLC 上电后，要进行上电的初始化处理。

8.2.2.2　读取输入

在 PLC 的存储区中，设置了一片区域来存放输入信号和输出信号的状态，它们分别被称为输入过程映象寄存器和输出过程映象寄存器。CPU 以字节（8 位）为单位来读写输入/输出过程映象寄存器。

在读取输入阶段，PLC 把所有外部数字量输入电路的 I/O 状态（或称 ON/OFF 状态）读入输入过程映象寄存器。当外接的输入开关量闭合时，对应的输入过程映象寄存器为"1"状态，梯形图中对应的输入点的常开触点闭合，常闭触点断开；当外接的输入开关量断开时，对应的输入过程映象寄存器为"0"状态，梯形图中对应的输入点的常开触点断开，常闭触点闭合。

8.2.2.3　程序执行过程

该过程用于执行用户程序。从输入映象区读入输入信息，根据用户程序进行运算操作，并向输出映象区送出控制信息。该过程占用的时间和 PLC 速度、用户程序长短及指令种类有关。

8.2.2.4 改写输出

输出信号刷新为输出处理过程。CPU 执行完用户程序后，将输出过程映象寄存器的"0/1"状态传送到输出模块，并锁存起来。信号经输出模块隔离放大后，继电器型输出模块中对应的继电器线圈的状态随其对应的寄存器位的状态而变化。当梯形图中某一输出线圈"通电"时，对应的寄存器位为"1"状态，输出模块中对应的继电器线圈通电，其触点闭合，接通外部负载；当梯形图中某一输出线圈"断电"时，对应的寄存器位为"0"状态，输出模块中对应的继电器线圈断电，其触点为断开状态，外部负载不接通。该过程占用时间与可编程序控制器所带的输入输出模块的种类和点数多少有关。

8.2.2.5 通信服务过程

当 PLC 和其他设备构成通信网络或由 PLC 构成网络时，需要有通信服务过程。

8.2.2.6 自诊断检查

自诊断检查的主要任务是复位监视计时器、检查 I/O 总线、检查扫描周期、检查程序存储器。

PLC 周期性地执行上述过程，每执行一个循环为一个周期，如图 8.3 所示。

PLC 对输入和输出信号的响应是有延时的，这就是滞后现象。为了确保 PLC 在任何情况下都能正常无误地工作，一般情况下，输入信号的脉冲宽度必须大于一个扫描周期 T。

还应该注意一个问题：输出信号的状态是在输出刷新时才送出的。因此，在一个程序中，若给一个输出端多次赋值，中间状态只改变输出映象区。只有最后一次赋的值才能送到输出端。

除了上述正常的工作循环外，PLC 还根据程序的需要，执行下列操作。

（1）中断程序的处理。

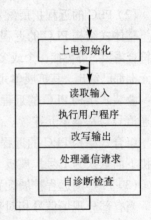

图 8.3　PLC 的周期性工作过程

如果在程序中使用了中断，中断事件发生时，CPU 停止正常的扫描工作模式，立即执行中断程序，中断功能可以提高 PLC 对某些事件的响应速度。

（2）立即 I/O 处理。

在程序执行过程中使用立即 I/O 指令，可以直接存取 I/O 点。用立即输入指令读输入点的值时，相应的输入过程映象寄存器的值不更新。用立即输出指令改写输出点时，相应的输出过程映象寄存器的值被更新。立即 I/O 指令可以不受扫描周期影响，立即读取输入开关量的状态或立即改写输出。

8.2.3　PLC 的硬件基础

PLC 是用来执行具体控制的，特定的工艺要求和特定的工作环境决定了 PLC 选择特定的 I/O 模块和系统配置。

8.2.3.1　PLC 的接口模块

接口模块负责把外部设备的信息转换成 CPU 能够接收的信号，同时把 CPU 发送到外部设备的信号转换成能够驱动外部设备的电平。接口模块不仅能起到转换电平的作用，还可以起到外部设备的电信号与 CPU 的隔离作用，同时也可以起到抗干扰和滤波等作用。

接口模块包括数字量输入/输出模块、模拟量输入/输出模块、功能模块（含高速计数器模块、PID 模块、扩展接口模块、通信接口模块等）。

8.2.3.2　PLC 的配置

PLC 的配置可分为三种：基本配置、近程扩展配置和远程扩展配置。

（1）PLC 的基本配置。

整体式 PLC 的基本配置由基本单元自身构成。电源、CPU、存储器、I/O 系统都集成在一个单元内，该单元叫作基本单元。一个基本单元就是一台完整的 PLC。

组合式结构的 PLC 基本配置是把 PLC 系统的各个功能模块，如 CPU 模块、输入模块、输出模块、电源模块等组合在一起，组成一台完整功能的 PLC。

叠装式结构的 PLC 基本配置是由各个单元组合构成的。有 CPU 基本单元（由 CPU 和一定的 I/O 点组成）和电源等，构成一台完整的 PLC。

（2）PLC 的近程扩展配置。

整体式结构 PLC 的近程扩展配置由一个基本单元和多个扩展单元构成。如果控制点数不符合需要，可再接一个或多个扩展单元，直到满足要求为止。这类 PLC 的编址一般在基本单元上都已给出，其扩展单元的编址的通道号（有的 PLC 指的是字节号）与基本单元连续。

叠装式结构 PLC 的近程扩展配置编址一般在基本单元上都已给出，其扩展单元的编址的通道号与基本单元连续。

组合式结构 PLC 的近程扩展配置可以由主机（基本单元）和一台或多台扩展机组成。主机下面依次为 1 号扩展机、2 号扩展机等。

（3）PLC 的远程扩展配置。

当有部分现场信号相对集中，而又与其他现场信号相距较远时，可采用远程扩展方式。远程扩展机主要用于扩大控制距离。I/O 模块和部分功能模块可在远程扩展机上使用。在远程方式下，远程 I/O 模块作为远程主站，可安装在主机及其近程扩展机上，远程扩展机作为远程从站安装在现场。

8.2.4　PLC 的软件基础

PLC 的软件分为两大部分，即系统监控程序和用户程序。

系统监控程序是由 PLC 的制造者编制的，用于控制 PLC 本身的运行；用户程序是由 PLC 的使用者编制的，用于控制被控装置的运行。

8.2.4.1　系统监控程序

系统监控程序分成系统管理程序、用户指令解释程序、标准程序模块和系统调用三部分。

（1）系统管理程序。

系统管理程序是系统监控程序中最重要的部分，整个 PLC 的运行都由它主管。其一是运行管理，控制 PLC 何时输入、何时输出、何时运算、何时自检、何时通信等，进行时间上的分配管理。其二是进行存储空间的管理，即生成用户环境，由它规定各种参数、程序的存放地址。将用户使用的数据参数、存储地址转化为实际的数据格式和物理存放地址。它将有限的资源变为用户可直接使用的诸多元件。通过这部分程序，用户看到的不是实际存储地址，而是按照用户数据结构排列的元件空间和程序存储空间。其三是系统自检程序，它包括各种系统出错检验、用户程序语法检验、警戒时钟运行等。在系统管理程序的控制下，整个 PLC 就能有序地正确工作。

（2）用户指令解释程序。

任何计算机最终都是根据机器语言来执行的，而机器语言的编制是很难记忆和编写的。所以在 PLC 中可以采用梯形图编程，将人们易懂的梯形图程序变为机器能识别的机器语言程序，这就是解释程序的任务。

（3）标准程序模块和系统调用。

这部分是由许多独立的程序块组成的，各自能完成不同的功能，有些完成输入、输出，有些完成特殊运算等。PLC 的各种具体工作都是由这部分程序来完成的。

整个系统监控程序是一个整体，它的质量的好坏很大程度上影响 PLC 的性能。因为通过改进系统监控程序，就可在不增加任何硬设备的条件下，提高 PLC 的性能。

8.2.4.2　用户程序

用户程序是线性地存储在系统监控程序指定的存储区间内的，它的最大容量由系统监控程序限制。

IEC61131 是 IEC（国际电工委员会）制定的 PLC 编程语言的国际标准，标准中的第三部分 IEC61131-3 是 PLC 的编程语言标准。IEC61131-3 是世界上第一个，也是至今为止唯一的工业控制系统的编程语言标准。

目前已有越来越多的生产 PLC 的厂家提供符合 IEC61131-3 标准的产品，IEC61131-3已经成为各种工控产品事实上的软件标准。

IEC61131-3 详细地说明了句法、语义和下述 5 种编程语言：

（1）指令表（Instruction List，IL）。

（2）结构文本（Structured Text，ST），S7-1200 为 S7-SCL（结构化控制语言）。

（3）梯形图（Ladder Diagram，LD），西门子 PLC 简称为 LAD。

（4）功能块图（Function Block Diagram，FBD）。

（5）顺序功能图（Sequential Function Chart，SFC）。

S7-1200 用户程序只使用梯形图 LAD、功能块图 FBD 和结构化控制语言 SCL 这三种编程语言。

8.3　西门子 S7-1200 系列 PLC 的基本指令

8.3.1　西门子 S7-1200 系列 PLC 概述

西门子 S7-1200 系列 PLC 可以在各种自动化控制中应用。S7-1200 设计紧凑、成本低廉且具有功能强大的指令集，这些特点使它成为控制各种应用的完美解决方案。S7-1200PLC 和基于 Windows 的 TIA PORTAL 编程工具提供了解决自动化问题时需要的灵活性。

8.3.1.1　S7-1200 PLC 的组成

S7-1200 主要由 CPU 模块（简称为 CPU）、信号板、信号模块、通信模块和编程软件组成，各种模块安装在标准 DIN 导轨上。S7-1200 的硬件组成具有高度的灵活性，用户可以根据自身需求确定 PLC 系统的结构，扩展方便。

（1）CPU 模块。

S7-1200 CPU 型号有 CPU 1211C、CPU 1212C、CPU 1214C、CPU 1215C、CPU 1217C等。

S7-1200 的 CPU 模块见图 8.4，将微处理器、电源、数字量输入/输出电路、模拟量输入/输出电路、PROFINET 以太网接口、高速运动控制功能组合到一个设计紧凑的模块中。每块 CPU 模块内可以安装一块信号板，安装以后不会改变 CPU 的外形和体积。

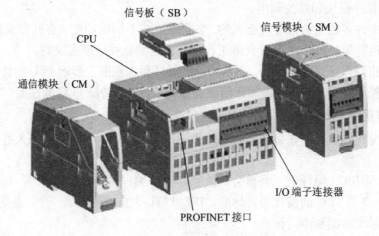

图 8.4　S7-1200 PLC

CPU 模块运行程序时，不断地采集输入信号，执行用户程序，刷新系统的输出，存储器用来存储程序和数据。

S7-1200 集成的 PROFINET 接口用于与编程计算机、HMI（人机界面）、其他 PLC 或其他设备通信。

（2）信号模块 SM。

输入（Input）模块和输出（Output）模块简称为 I/O 模块，数字量（又称为开关量）输入模块和数字量输出模块简称为 DI 模块和 DO 模块，模拟量输入模块和模拟量输出模块简称为 AI 模块和 AO 模块，它们统称为信号模块，简称为 SM。

信号模块安装在 CPU 模块的右边，扩展能力最强的 CPU 可以扩展 8 个信号模块，以增加数字量和模拟量输入、输出点。

信号模块 SM 是系统联系外部现场设备和 CPU 的桥梁。输入模块用来接收和采集输入信号。数字量输入模块用来接收从按钮、选择开关、数字拨码开关、限位开关、接近开关、光电开关、压力继电器等来的数字量输入信号。模拟量输入模块用来接收电位器、测速发电机和各种变送器提供的连续变化的模拟量电流、电压信号或者直接接收热电阻、热电偶提供的温度信号。

数字量输出模块用来控制接触器、电磁阀、电磁铁、指示灯、数字显示装置和报警装置等输出设备。模拟量输出模块用来控制电动调节阀、变频器等执行器。

CPU 模块内部的工作电压一般是 DC 5 V，而 PLC 的外部输入/输出信号电压一般较高，例如 DC24 V 或 AC220 V。从外部引入的尖峰电压和干扰噪声可能损坏 CPU 中的元器件，或使 PLC 不能正常工作。在信号模块中，用光耦合器、光敏晶闸管、小型继电器等器件来隔离 PLC 的内部电路和外部的输入、输出电路。信号模块除了传递信号外，还有电平转换与隔离作用。如图 8.2 所示。

（3）通信模块。

通信模块安装在 CPU 模块的左边，最多可以添加 3 块通信模块，可以使用点对点通信模块、PROFIBUS 模块、工业远程通信模块、AS-i 接口模块和 IO-Link 模块。

（4）编程软件。

TIA 是 Totally Integrated Automation（全集成自动化）的简称，TIA 博途（TIA POR-TAL）是西门子自动化的全新工程设计软件平台。S7-1200 用 TIA 博途中的 STEP7 Basic（基本版）或 STEP7 Professional（专业版）编程。

8.3.1.2 S7-1200 PLC 技术规范

（1）可以使用梯形图（LAD）、功能块图（FDB）和结构化控制语言（SCL）这三种编程语言。布尔运算指令、字传送指令和浮点数数学运算指令的执行速度分别为 0.08 μs/指令、1.7 μs/指令、2.3 μs/指令。

表 8.1 S7-1200 PLC 性能参数

CPU 参数	CPU 1211C	CPU 1212C	CPU 1214C	CPU 1215C	CPU1217C
3CPUs	DC/DC/DC，AC/DC/RLY，DC/DC/RLY				
工作内存（集成）	30 KB	50 KB	75 KB	100 KB	125 KB
装载内存（集成）	1 MB	1 MB	4 MB	4 MB	4 MB
保持内存（集成）	10 KB	10 KB	10 KB	10 KB	10 KB
存储卡	SIMATIC 存储卡（可选）				
集成数字量 I/O	6 输入/4 输出	8 输入/6 输出	14 输入/10 输出	14 输入/10 输出	14 输入/10 输出
集成模拟量 I/O	2 输入			2 输入/2 输出	2 输入/2 输出
过程映象区	1024 字节输入/1024 字节输出				
信号扩展板	最多 1 个				
信号模块扩展	无	最多 2 个	最多 8 个		
最大本地数字量 I/O	14	82	284		
最大本地模拟量 I/O	3	19	67	69	69
高速计数器	3（全部）	4（全部）	6（全部）	6（全部）	6（全部）

（2）S7-1200 集成了最大 150 KB（B 字节）的工作存储器、最大 4 MB 的装载存储器和 10KB 的保持性存储器。CPU1211C 和 CPU1212C 的位存储器（M）为 4096 B，其他 CPU 为 8192 B。可以用可选的 SIMATIC 存储卡扩展存储器的容量和更新 PLC 的固件。还可以用存储卡将程序传输到其他 CPU。

（3）过程映象输入、过程映象输出各 1024 B。集成的数字量输入电路的输入类型为漏型/源型，电压额定值为 DC 24 V，输入电流为 4 mA。1 状态允许的最小电压/电流为 DC 15 V/2.5 mA，0 状态允许的最大电压/电流为 DC 5 V/1 mA。输入延迟时间可以组态为

0.1 μs～20 ms，有脉冲捕获功能。在过程输入信号的上升沿或下降沿可以产生快速响应的硬件中断。

继电器输出的电压范围为 DC 5～30 V 或 AC 5～250 V，最大电流 2 A。DC/DC/DC 型 CPU 的 MOSFET 场效应管的 1 状态最小输出电压为 DC 20 V，0 状态最大输出电压为 DC 0.1 V，输出电流 0.5 A。

S7‒1200 集成的工艺功能包括高速计数与频率测量、高速脉冲输出、PWM 控制、运动控制和 PID 控制。

（4）有 2 路集成的模拟量输入（0～10 V），10 位分辨率，输入电阻大于等于 100 kΩ。

8.3.1.3 CPU 外部接线图

CPU 1214C AC/DC/RLY（继电器）型的外部接线图见图 8.5。输入回路一般使用图中标有①的 CPU 内置的 DC 24 V 传感器电源，漏型输入时需要去除图中标有②的外接 DC 电源，将输入回路的 1M 端子与 DC 24 V 传感器电源的 M 端子连接起来，将内置的 24 V 电源的 L + 端子接到外接触点的公共端。源型输入时将 DC 24 V 传感器电源的 L + 端子连接到 1M 端子。M 接外接触点的公共端。

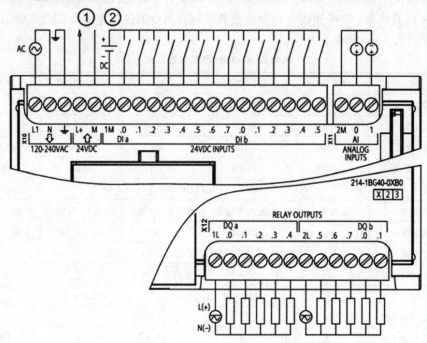

图 8.5   CPU 1214C AC/DC/RLY 继电器接线图

CPU 1214C DC/DC/DC 的接线图见图 8.6，其电源电压、输入回路电压和输出回路电压均为 DC 24 V，输入回路也可以使用内置的 DC 24 V 电源。

CPU 1214C DC/DC/RLY 的接线图见图 8.7。

（1）24 VDC 传感器电源；

（2）对于漏型输入，将负载连接到"－"端（如图 8.7 所示）；对于源型输入，将负载连接到"＋"端。

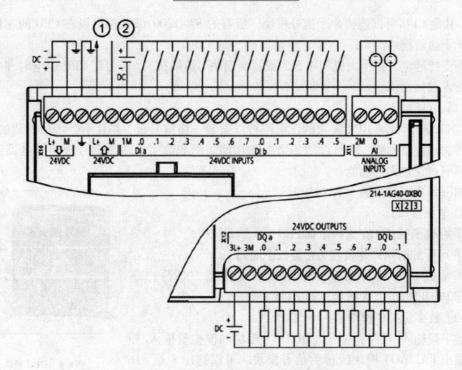

图 8.6　CPU 1214C DC/DC/DC 的接线图

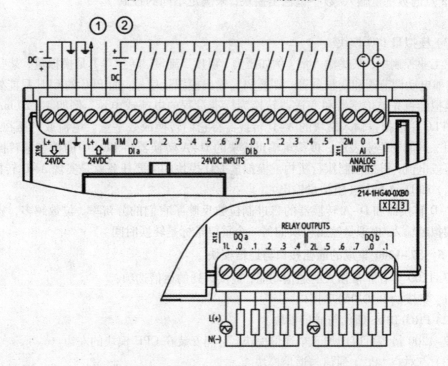

图 8.7　CPU 1214C DC/DC/RLY 的接线图

8.3.1.4　S7-1200 PLC 硬件扩展模块

　　各种 CPU 的正面都可以增加一块信号板。信号模块连接到 CPU 的右侧，以扩展其数字量或模拟量 I/O 的点数。CPU 1211C 不能扩展信号模块，CPU 1212C 只能连接两个信号模块，其他 CPU 可以连接 8 个信号模块。所有的 S7-1200 CPU 都可以在 CPU 的左侧安装最多 3 个通信模块。

不支持通电时在中央机架中插入或拔出模块（热插拔）。切勿在 CPU 通电时在中央机架中插入或拔出模块。

（1）信号板。

S7-1200 所有的 CPU 模块的正面都可以安装一块信号板，并且不会增加安装的空间。有时添加一块信号板，就可以增加需要的功能。例如数字量输出信号板使继电器输出的 CPU 具有高速输出的功能。

如图 8.8 中 CPU 模块结构如下：

① 电源接口；

② 存储卡插槽（在盖板下面）；

③ 可拆卸的用户连接器（在盖板下面）；

④ 集成 I/O（输入/输出）的状态 LED（发光二极管）；

⑤ PROFINET 以太网接口的 RJ45 连接。

（2）数字量 I/O 模块。

数字量输入/数字量输出（DI/DO）模块和模拟量输入/模拟量输出（AI/AO）模块统称为信号模块。可以选用 8 点、16 点和 32 点的数字量输入/数字量输出模块，来满足不同的控制需要。

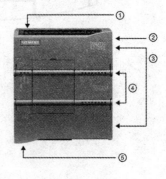

图 8.8　CPU 模块

（3）模拟量 I/O 模块。

在工业控制中，某些输入量（例如压力、温度、流量、转速等）是模拟量，某些执行机构（例如电动调节阀和变频器等）要求 PLC 输出模拟量信号，而 PLC 的 CPU 只能处理数字量。模拟量首先被传感器和变送器转换为标准量程的电流或电压，例如 4～20 mA 和 0～10 V，PLC 用模拟量输入模块的 A-D 转换器将它们转换成数字量。电流或电压在 A-D 转换后用二进制补码来表示。模拟量输出模块的 D-A 转换器将 PLC 中的数字量转换为模拟量电压或电流，再去控制执行机构。模拟量 I/O 模块的主要任务就是实现 A-D 转换（模拟量输入）和 D-A 转换（模拟量输出）。

A-D 转换器和 D-A 转换器的二进制位数反映了它们的分辨率，位数越多，分辨率越高。模拟量输入/模拟量输出模块的另一个重要指标是转换时间。

8.3.1.5　S7-1200 集成的通信接口与通信模块

S7-1200 具有非常强大的通信功能，提供下列的通信选项：

（1）集成的 PROFINET 接口。

（2）PROFIBUS 通信与通信模块。

S7-1200 最多可以增加 3 个通信模块，它们安装在 CPU 模块的左边。

（3）点对点（PtP）通信与通信模块。

通过点对点通信，S7-1200 可以直接发送信息到外部设备，例如打印机；从其他设备接收信息，例如条形码阅读器、RFID（射频识别）读写器和视觉系统；可以与 GPS 装置、无线电调制解调器以及其他类型的设备交换信息。

（4）AS-i 通信与通信模块。

AS-i 是执行器传感器接口（Actuator Sensor Interface）的缩写，它是用于现场自动化设备的双向数据通信网络，位于工厂自动化网络的最底层。AS-i 已被列入 IEC 62026 标准。

（5）远程控制通信与通信模块。

通过使用 GPRS 通信处理器 CP 1242-7，S7-1200 CPU 可以与下列设备进行无线通信：中央控制站、其他远程站、移动设备（SMS 短消息）、编程设备（远程服务）和使用开放式用户通信（UDP）的其他通信设备。通过 GPRS 可以实现简单的远程监控。

（6）IO-Link 主站模块。

IO-Link 是 IEC 61131-9 中定义的用于传感器/执行器领域的点对点通信接口，使用非屏蔽的 3 线制标准电缆。IO-Link 主站模块 SM 1278 用于连接 S7-1200 CPU 和 IO-Link 设备，它有 4 个 IO-Link 端口，同时具有信号模块功能和通信模块功能。

8.3.2　S7-1200 的用户环境与数据类型

8.3.2.1　S7-1200 CPU 物理存储区

PLC 的操作系统使 PLC 具有基本的智能，能够完成 PLC 设计者规定的各种工作。用户程序由用户设计，它能使 PLC 完成用户要求的特定功能。从物理存储器看，S7-1200 CPU 内部有随机存储器 RAM、只读存储器 ROM 和非易失性存储器。

（1）S7-1200 的内部存储区。

S7-1200 的内部物理存储区分为工作存储区、装载存储区和保持性存储区三种。

① 装载存储器。

装载存储器是非易失性的存储器，用于存储用户项目文件（用户程序、数据和组态）。所有的 CPU 都有内部的装载存储器。项目下载到 CPU 时，保存在装载存储器中。装载存储器具有断电保持功能。

如果不使用存储卡，用户使用 TIA PORTAL 软件下载项目即下载到 CPU 内置的装载存储区中。

如果使用存储卡，用户使用 TIA PORTAL 软件下载项目即下载到存储卡中，即存储卡作为装载存储区。

② 工作存储器。

工作存储器是集成在 CPU 中的高速存取的 RAM，是易失性存储区。为了提高运行速度，CPU 在执行用户程序时会将用户程序中与程序执行有关的部分和一些项目内容（例如组织块、功能块、功能和数据块）从装载存储器复制到工作存储器。CPU 断电时，工作存储器中的内容将会丢失，且不能被扩展。

③ 保持性存储器。

保持性存储器用于在 CPU 断电时存储指定单元的过程数据，保证数据断电不丢失。暖启动后保持性存储器中的数据保持不变，存储器复位时其值被清除。

（2）存储卡。

SIMATIC 存储卡基于 FEPROM，是预先格式化的 SD 存储卡，它用于在断电时保存用户程序和某些数据，不能用普通读卡器格式化存储卡。可以将存储卡作为程序卡、传送卡或固件更新卡。

8.3.2.2 数制与 S7-1200 数据类型

S7-1200 数据类型的分类如下。

（1）数制。

基本数据类型：包括位、位序列、整数、浮点数、日期&时间、字符。

① 二进制数。

二进制数的一位（bit）只能取 0 和 1 这两个不同的值，可以用来表示开关量（或称数字量）的两种不同的状态，例如触点的断开和接通、线圈的通电和断电等。如果该位为 1，则表示梯形图中对应的位编程元件（例如位存储器 M 和过程映象输出位 Q）的线圈"通电"，其常开触点接通，常闭触点断开，以后称该编程元件为 TRUE 或 1 状态；如果该位为 0，则对应的编程元件的线圈和触点的状态与上述的相反，称该编程元件为 FALSE 或 0 状态。

② 十六进制数。

多位二进制数的书写和阅读很不方便。为了解决这一问题，可以用十六进制数来取代二进制数，每个十六进制数对应于 4 位二进制数。十六进制数的 16 个数字是 0~9 和 A~F（对应于十进制数 10~15）。B#16#、W#16# 和 DW#16# 分别用来表示十六进制字节、字和双字常数，例如 W#16#13AF。在数字后面加"H"也可以表示十六进制数，例如 16#13AF 可以表示为 13AFH。

③ BCD 码。

BCD 码（Binary-coded Decimal）是二进制编码的十进制数的缩写，BCD 码用 4 位二进制数表示一位十进制数，每一位 BCD 码允许的数值范围为 2#0000~2#1001，对应于十进制数 0~9。BCD 码的最高位二进制数用来表示符号，负数为 1，正数为 0。一般令负数和正数的最高 4 位二进制数分别为 1111 或 0000。3 位 BCD 码的范围为 -999~+999，7 位 BCD 码的范围为 -9999999~+9999999，TIA 博途用 BCD 码来显示日期和时间值。

（2）数据类型。

数据类型用来描述数据的长度（即二进制的位数）和属性。

很多指令和代码块的参数支持多种数据类型。将鼠标的光标放在某条指令某个参数的地址域上，过一会儿在出现的黄色背景的小方框中，可以看到该参数支持的数据类型。

不同的任务使用不同长度的数据对象，例如位逻辑指令使用位数据，MOVE 指令使用字节、字和双字。字节、字和双字分别由 8 位、16 位和 32 位二进制数组成。

① 位 Bool。

位数据的数据类型为 Bool（布尔）型，在编程软件中，Bool 变量的值 1 和 0 用英语单词 TRUE（真）和 FALSE（假）来表示。

位存储单元的地址由字节地址和位地址组成，例如 I3.5 中的区域标识符"I"表示输入（Input），字节地址为 3，位地址为 5。这种存取方式称为"字节.位"寻址方式。

② 位字符串。

数据类型 Byte、Word、Dword 统称为位字符串。它们不能比较大小，它们的常数一般用十六进制数表示。

a. 字节（Byte）由 8 位二进制数组成，例如 I3.0~I3.7 组成了输入字节 IB3，B 是 Byte 的缩写。

b. 字（Word）由相邻的两个字节组成，例如字 MW100 由字节 MB100 和 MB101 组成。

表 8.2　基本数据类型的位和位序列属性

数据类型	位大小	数值类型	数值范围	常数示例	地址示例
Bool	1	布尔运算	FALSE 或 TRUE	TRUE	I1.0 Q0.1 M550.7 DB1.DBX2.3 Tag_name
		二进制	2#或 2#1	2#0	
		无符号整数	0 或 1	1	
		八进制	8#0 或 8#1	8#1	
		十六进制	16#0 或 16#1	16#1	
Byte	8	二进制	2#0 到 2#1111 1111	2#1000 1001	IB2 MB10 DB1.DBB4 Tag_name
		无符号整数	0 到 255	15	
		有符号整数	−128 到 127	−63	
		八进制	8#0 到 8#377	8#17	
		十六进制	B#16#0 到 B#16#FF， 16#0 到 16#FF	B#16#F， 16#F	
Word	16	二进制	2#0 到 2#1111 1111 1111 1111	2#1101 0010 1001 0110	MW10 DB1.DBW2 Tag_name
		无符号数	0 到 65535	61680	
		有符号数	−32768 到 32767	72	
		八进制	8#0 到 8#177 777	8#170 362	
		十六进制	W#16#0 到 W#16#FFFF， 16#0 到 16#FFFF	W#16#F1C0， 16#A67B	
DWord	32	二进制	2#0 到 2#1111 1111 1111 1111 1111 1111 1111 1111	2#1101 1100 1111 1110 1000 1100	MD10 DB1.DBD8 Tag_name
		无符号数	0 到 4 294 967 295	15 793 935	
		有符号数	−2 147 483 648 到 2 147 483 647	−400000	
		八进制	8#0 到 8#37 777 777 777	8#74 177 417	
		十六进制	DW#16#0000 0000 到 DW#16 #FFFF FFFF，16#0000 0000 到 16#FFFF FFFF	DW#16#20 F30A， 16#B 01F6	

MW100 中的 M 为区域标识符，W 表示字。

例如，存储区的绝对地址：M3.5（图 8.9）。

M：存储区标识符；

字节地址：字节 3；

分隔符："字节.位"；

位在字节中的位置：位 5，共 8 位。

本示例中，存储区和字节地址（M 代表位存储区，3 代表 Byte 字节）通过后面的句点（"."）与位地址（位 5）分隔。

c. 双字（DWord）由两个字（或 4 个字节）组成，双字 MD100 由字节 MB100～MB103 或字 MW100、MW102 组成，见图 8.10，D 表示双字。需要注意以下两点：

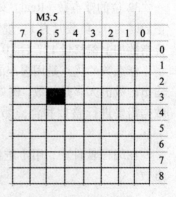

图 8.9　字节与位示意图

- 用组成双字的编号最小的字节 MB100 的编号作为双字 MD100 的编号。
- 组成双字 MD100 的编号最小的字节 MB100 为 MD100 的最高位字节，编号最大的字节 MB103 为 MD100 的最低位字节。字也有类似的特点。

31 MSB		MD100		LSB 0
7 0	7 0	7 0	7 0	
MB100	MB101	MB102	MB103
MW100		MW102	
MD100			

图 8.10 字节、字与双字示意图

（3）整数。

一共有 6 种整数，所有整数的符号中均有 Int。符号中带 S 的为 8 位整数（短整数），带 D 的为 32 位双整数，不带 S 和 D 的为 16 位整数。带 U 的为无符号整数，不带 U 的为有符号整数。

有符号整数的最高位为符号位，最高位为 0 时为正数，为 1 时为负数。有符号整数用补码来表示，正数的补码就是它的本身，将一个二进制正整数的各位取反后加 1，得到绝对值与它相同的负数的补码。将负数的补码的各位取反后加 1，得到它的绝对值对应的正数。

SInt 和 USInt 分别为 8 位的短整数和无符号短整数，Int 和 UInt 分别为 16 位的整数和无符号整数，DInt 和 UDInt 分别为 32 位的双整数和无符号的双整数。

表 8.3 整数数据类型

数据类型	位大小	常数示例	地址示例	
USInt	8	0 到 255	78，2#01001110	MB0，DB1. DBB4，
SInt	8	−128 到 127	+50，16#50	Tag_name
UInt	16	0 到 65535	65295，0	MW2，DB1. DBW2，
Int	16	−32768 到 32767	30000，+30000	Tag_name
UDInt	32	0 到 4294967295	4042322160	MD6，DB1. DBD8，
DInt	32	−2147483648 到 2147483647	−2131754994	Tag_name

（4）实数。

32 位的浮点数（Real）又称为实数，最高位（第 31 位）为浮点数的符号位（见表 8.4），正数时为 0，负数时为 1。规定尾数的整数部分总是为 1，第 0～22 位为尾数的小数部分。8 位指数加上偏移量 127 后（0～255），放在第 23～30 位。

浮点数的优点是用很小的存储空间（4B）可以表示非常大和非常小的数。PLC 输入和输出的数值大多是整数，例如 AI 模块的输出值和 AQ 模块的输入值，用浮点数来处理这些数据需要进行整数和浮点数之间的相互转换，浮点数的运算速度比整数的运算速度慢一些。

在编程软件中，用十进制小数来输入或显示浮点数，例如 50 是整数，而 50.0 为浮点数。

表 8.4　实数数据类型

数据类型	位大小	数值范围	常数事例	地址事例
Real	32	$-3.4.2823e+38$ 到 $-1.175495e-38$，± 0，$+1.175495e+38$ 到 $+3.4.2823e+38$	123.456，$-3/4$	MD100，DB1.DBD8
Lreal	64	$-1.7976931348623158e+308$ 到 $-2.2250738585072014e-308$，± 0，$+2.2250738585072014e-308$ 到 $+1.7976931348623158e+308$	$1.2e+40$	DB_name.var_name 不支持直接寻址

LReal 为 64 位的长浮点数，它的最高位（第 63 位）为符号位。尾数的整数部分总是为 1，第 0～51 位为尾数的小数部分。11 位的指数加上偏移量 1023 后（0～2047），放在第 52～62 位。

浮点数 Real 和长浮点数 LReal 的精度最高为十进制 6 位和 15 位有效数字。

（5）时间与日期。

Time 是有符号双整数，其单位为 ms，能表示的最大时间为 24 天多。Date（日期）为 16 位无符号整数，TOD（Time_of_Day）为从指定日期的 0 时算起的毫秒数（无符号双整数）。其常数必须指定小时（24 小时/天）、分钟和秒，ms 是可选的。

数据类型 DTL 的 12 个字节为年（占 2B）、月、日、星期的代码、小时、分、秒（各占 1B）和纳秒（占 4B），均为 BCD 码。星期日、星期一～星期六的代码分别为 1～7。可以在块的临时存储器或者 DB 中定义 DTL 数据。

表 8.5　事件与日期数据类型

数据类型	大小	范围	常量输入示例
Time	32 位	T#24d_20H－31m_23s_648ms 到 T#24d_20H－31m_23s_647ms 存储形式：－2147483648ms 到＋2147483647ms	T#5m_30s T#1d_2h_15m_30s_45ms TIME#10d20h30m20s630ms 500h10000ms 10d20h30m20s639ms
日期	16 位	D#1990－1－1 到 D#2168－12－31	D#2009－12－31 DATE#2009－12－31 2009－12－31
Time_of_Day	32 位	TOD#0:0:0.0 到 TOD#23:59:59.999	TOD#10:20:30.400 Time_of_Day#10:20:30.400 23:10:1
DTL（长格式日期和时间）	12 个字节	最小：DTL#1970－01－01－00:00:00.0 最大：DTL#2262－04－11－23:47:16.854775807	DTL#2008－12－16－20:30:20.250

（6）字符和字符串。

每个字符（Char）占一个字节，Char 数据类型以 ASCII 格式存储。字符常量用英语的单引号来表示，例如'A'。WChar（宽字符）占两个字节，可以存储汉字和中文的标点符号。

数据类型 String（字符串）是字符组成的一维数组，每个字节存放 1 个字符。第一个字节是字符串的最大字符长度，第二个字节是字符串当前有效字符的个数，字符从第 3 个字节开始存放，一个字符串最多 254 个字符。

数据类型 WString（宽字符串）存储多个数据类型为 WChar 的 Unicode 字符（长度为 16 位的宽字符，包括汉字）。第一个字是最大字符个数，默认的长度为 254 个宽字符，最多 16382 个 WChar 字符。第二个字是当前的宽字符个数。

表 8.6　字符和字符串数据类型

数据类型	大小	范围	常量输入示例
Char	8 位	16#00 到 16#FF	'A', 't', '@', 'ä', 'Σ'
WChar	16 位	16#0000 到 16#FFFF	'A', 't', '@', 'ä', 'Σ', 亚洲字符、西里尔字符以及其他字符
String	$n+2$ 字节	$n=$（0 到 254 字节）	" ABC"
WString	$n+2$ 字节	$n=$（0 到 65534 字）	" ä123@ XYZ. COM"

可以在代码块的接口区和全局数据块中创建字符串、数组和结构。

8.3.2.3　S7-1200 CPU 逻辑存储区

S7-1200 CPU 为用户提供的存储区有过程映象区 I 区和 Q 区、位存储区 M、局部数据区 L 堆栈和数据块 DB。

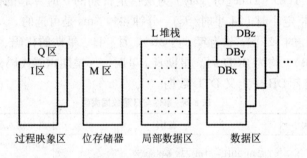

图 8.11　CPU 逻辑存储区

STEP 7 简化了符号编程。用户为数据地址创建符号名称或"变量"，作为与存储器地址和 I/O 点相关的 PLC 变量或在代码块中使用的局部变量。

要在用户程序中使用这些变量，只需输入指令参数的变量名称。

为了更好地理解 CPU 的存储区结构及其寻址方式，对 PLC 变量所引用的"绝对"寻址进行说明。CPU 提供了以下几个选项，用于在执行用户程序期间存储数据：

• 全局储存器：CPU 提供了各种专用存储区，其中包括输入（I）、输出（Q）和位存储器（M）。所有代码块可以无限制地访问该储存器。

• PLC 变量表：在 STEP 7 PLC 变量表中，可以输入特定存储单元的符号名称。这些变量在 STEP 7 程序中为全局变量，并允许用户使用应用程序中有具体含义的名称进行命名。

• 数据块（DB）：可在用户程序中加入 DB 以存储代码块的数据。从相关代码块开始执行一直到结束，存储的数据始终存在。"全局" DB 存储所有代码块均可使用的数据，而背景 DB 存储特定 FB 的数据并且由 FB 的参数进行构造。

• 临时存储器：只要调用代码块，CPU 的操作系统就会分配要在执行块期间使用的临时或本地存储器（L）。代码块执行完后，CPU 将重新分配本地存储器，以用于执行其他代码块。

每个存储单元都有唯一的地址。用户程序利用这些地址访问存储单元中的信息。对输入（I）或输出（Q）存储区（例如 I0.3 或 Q1.7）的引用会访问过程映象。要立即访问物理输入或输出，请在引用后面添加"：P"（例如，I0.3：P、Q1.7：P 或"Stop：P"）。

（1）过程映象输入 I。

CPU 仅在每个扫描周期的循环 OB 执行之前对外围（物理）输入点进行采样，并将这些值写入到输入过程映象。可以按位、字节、字或双字访问输入过程映象。允许对过程映象输入进行读写访问，但过程映象输入通常为只读。

表 8.7 I 存储器的绝对地址

位	I[字节地址].[位地址]	I0.1
字节、字、双字	I[大小].[起始字节地址]	IB4、IW6、ID10

通过在地址后面添加"：P"，可以立即读取 CPU、SB、SM 或分布式模块的数字量和模拟量输入。使用 I_：P 访问与使用 I 访问的区别是，前者直接从被访问点而非输入过程映象获得数据。这种 I_：P 访问称为"立即读"访问，因为数据是直接从源而非副本获取的，这里的副本是指在上次更新输入过程映象时建立的副本。

因为物理输入点直接从与其连接的现场设备接收数值，所以不允许对这些点进行写访问。I_：P 访问为只读访问。I_：P 访问也仅限于单个 CPU、SB 或 SM 所支持的输入大小（向上取整到最接近的字节）。例如，如果将 2 DI/2 DQ SB 的输入组态为从 I4.0 开始，则可按 I4.0：P 和 I4.1：P 或 IB4：P 的形式访问输入点。以 I4.7：P 形式访问 I4.2：P 不会被拒绝，但没有任何意义，因为不会使用这些点。但不允许 IW4：P 和 ID4：P 的访问形式，因为它们超出了与该 SB 相关的字节偏移量。使用 I_：P 访问不会影响存储在输入过程映象中的相应值。

表 8.8 I 存储器的绝对地址（立即）

位	I[字节地址].[位地址]：P	I0.1：P
字节、字、双字	I[大小].[起始字节地址]：P	IB4：P、IW6：P、ID10：P

（2）过程映象输出 Q。

CPU 将存储在输出过程映象中的值复制到物理输出点。可以按位、字节、字或双字访问输出过程映象。过程映象输出允许读访问和写访问。

表 8.9 Q 存储器的绝对地址

位	Q[字节地址].[位地址]	Q1.1
字节、字、双字	Q[大小].[起始字节地址]	QB4、QW10、QD40

使用 Q_：P 访问既影响物理输出，也影响存储在输出过程映象中的相应值。

（3）位存储器区 M。

位存储区（M 存储器）用于存储操作的中间状态或其他控制信息。可以按位、字节、字或双字访问位存储区。M 存储器允许读访问和写访问。

表 8.10 M 存储器的绝对地址

位	M[字节地址].[位地址]	M26.7
字节、字、双字	M[大小].[起始字节地址]	MB20、MW30、MD50

（4）临时存储器 L。

临时存储器用于存储代码块被处理时使用的临时数据。临时存储器类似于 M 存储器，二者的主要区别在于 M 存储器是全局的，而临时存储器是局部的。

① 所有的 OB、FC 和 FB 都可以访问 M 存储器中的数据，即这些数据可以供用户程序中所有的代码块全局性地使用。

② 在 OB、FC 和 FB 的接口区生成临时变量（Temp）。它们具有局部性，只能在生成它们的代码块内使用，不能与其他代码块共享。即使 OB 调用 FC，FC 也不能访问调用它的 OB 的临时存储器。

（5）数据块 DB。

数据块（Data Block）简称 DB，用来存储代码块使用的各种类型的数据，包括中间操作状态或 FB 的其他控制信息参数，以及某些指令（例如定时器、计数器指令）需要的数据结构。

表 8.11　DB 存储器的绝对地址

位	DB[数据块编号].DBX[字节地址].[位地址]	DB1.DBX2.3
字节、字、双字	DB[数据块编号].DB[大小][起始字节地址]	DB1.DBB4、DB10.DBW2、DB20.DBD8

数据块可以按位（例如 DB1.DBX3.5）、字节（DBB）、字（DBW）和双字（DBD）来访问。在访问数据块中的数据时，应指明数据块的名称，例如 DB1.DBW20。

如果启用了块属性"优化的块访问"，不能用绝对地址访问数据块和代码块的接口区中的临时局部数据。

数据块可以设置为掉电保持。

8.3.3　S7-1200 用户程序与寻址方式

8.3.3.1　S7-1200 编程方法和块概念

S7-1200 与 S7-300/400 的用户程序结构基本上相同。

S7-1200 CPU 的编程方法分为：

- 线性化编程
- 模块化编程
- 结构化编程

（1）线性化编程。

整个用户程序都放在循环控制组织块 OB1（主程序）中。CPU 循环扫描时不断地依次执行 OB1 中的全部指令。

线性化编程特点是结构简单，不带分支，一个程序块包含了系统的所有指令。由于所有的指令都在 OB1 中，循环扫描工作方式下每个扫描周期都要扫描所有的指令，即使某些代码在大多数时候不需要执行也要扫描，因此 CPU 效率低下，没有充分利用 CPU。

（2）模块化编程。

将程序根据功能分为不同的逻辑块，在 OB1（主程序）中可以根据条件决定块的调用和执行。

模块化编程特点是控制任务被分成不同的块，易于几个人同时编程，调试方便。

　　由于 OB1 根据条件只有在需要时才调用相关的程序块，因此每次循环扫描中不是所有的块都执行，CPU 利用率提高了。模块化编程中，被调用块和调用块之间没有数据交换。

　　（3）结构化编程。

　　结构化编程是将过程要求类似或相关的任务归类，形成通用的解决方案，在相应的程序块中编程。可在 OB1 或其他程序块中调用。将复杂自动化任务分割成与过程工艺功能相对应或可重复使用的更小的子任务，将更易于对这些复杂任务进行处理和管理。每个子任务在用户程序中以块来表示。因此，每个块是用户程序的独立部分。程序块编程时采用形式参数，程序运行时所需的大量数据和变量存储在数据块中，调用时将"实参"赋值给形参。通过不同的实际参数调用相同的程序块。

　　在 OB、FB、FC 中都包含程序，统称为代码（Code）块。代码块的个数没有限制，但是受到存储器容量的限制。被调用的代码块又可以调用别的代码块，这种调用称为嵌套调用。从程序循环 OB 或启动 OB 开始，嵌套深度为 16；从中断 OB 开始，嵌套深度为 6。块结构显著地增加了 PLC 程序的组织透明性、可理解性和易维护性。

　　在块调用中，调用者可以是各种代码块，被调用的块是 OB 之外的代码块。调用功能块时需要为它指定一个背景数据块。

　　结构化程序有以下优点：

- 通过结构化更容易进行大程序编程。
- 各个程序段都可实现标准化，通过更改参数反复使用。
- 程序结构更简单。
- 更改程序变得更容易。
- 可分别测试程序段，因而可简化程序排错过程。
- 简化了调试。

　　图 8.12 所示为一个结构化程序示意图："Main1"程序循环 OB1 依次调用一些子程序，它们执行所定义的子任务。

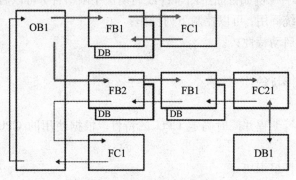

图 8.12　结构化编程示意图

　　结构化编程中，被调用块和调用块之间有数据交换，需要对数据进行管理。结构化编程必须对系统功能进行合理的分析、分解和综合。对编程设计人员的要求较高。推荐使用结构化编程。

　　S7-1200 编程采用块的概念，块类型分为组织块 OB、功能 FC、功能块 FB、数据块 DB。如图 8.13 所示。

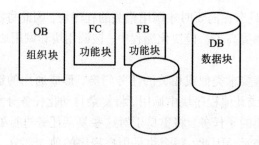

图 8.13　S7-1200 的块示意图

S7-1200 CPU 为用户提供了不同的块类型来执行自动化系统中的任务，如图 8.13 所示。表 8.12 给出了可用的块类型。

表 8.12　块类型

块类型	说　明
组织块 OB	定义用户程序的结构
功能 FC	功能包含用于处理重复任务的程序例程。功能没有"存储器"
功能块 FB	功能块是一种代码块，它将值永久地存储在背景数据块中，因而即使在块执行完后，这些值仍然可用
背景数据块	调用背景数据块来存储数据时，该背景数据块将分配给功能块
全局数据块	全局数据块是用于存储数据的数据区，任何块都可以使用这些数据

（4）组织块 OB。

组织块（Organization Block，OB）是操作系统与用户程序的接口，由操作系统调用，用于控制扫描循环和中断程序的执行、PLC 的启动和错误处理等。组织块的程序是用户编写的。

每个组织块必须有一个唯一的 OB 编号，123 之前的某些编号是保留的，其他 OB 的编号应大于等于 123。CPU 中特定的事件触发组织块的执行，OB 不能相互调用，也不能被 FC 和 FB 调用。只有启动事件（例如诊断中断事件或周期性中断事件）可以启动 OB 的执行。

组织块由操作系统调用，可以控制下列操作：

- 自动化系统的启动特性；
- 循环程序处理；
- 中断驱动的程序执行；
- 错误处理。

可以对组织块进行编程并同时确定 CPU 的特性。根据使用的 CPU，提供有各种不同的组织块。

S7-1200 共有 7 种组织块：

- Program cycle　　　　　　程序循环组织块
- Startup　　　　　　　　　启动组织块
- Time delay interrupt　　　延时中断组织块
- Cyclic interrupt　　　　　循环中断组织块
- Hardware interrupt　　　　硬件中断组织块
- Time error interrupt　　　时间错误中断组织块
- Diagnostic error interrupt　诊断错误中断组织块

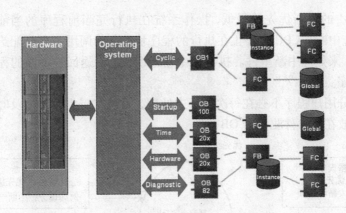

图8.14　结构化编程中块调用示意图

① 程序循环组织块 OB。

程序循环 OB 在 CPU 处于 RUN 模式时，周期性地循环执行。可在程序循环组织块 OB 中放置控制程序的指令或调用其他功能 FC 或功能块 FB。主程序（Main）为程序循环组织块 OB1，要启动程序执行，项目中至少有一个程序循环组织块 OB。操作系统每个周期调用该程序循环 OB1 一次，从而启动用户程序的执行。

S7-1200 允许使用多个程序循环组织块 OB，如果用户程序生成了其他程序循环 OB，CPU 按 OB 编号的顺序执行它们，首先执行主程序 OB1，然后执行编号大于等于 123 的程序循环 OB。OB1 是默认设置，其他程序循环 OB 的编号必须大于或等于 123。程序循环 OB 的优先级为 1，可被高优先级的组织块中断；程序循环执行一次需要的时间即为程序的循环扫描周期时间。最长循环时间缺省设置为 150 ms。如果程序超过了最长循环时间，操作系统将调用 OB80（时间故障 OB）；如果 OB80 不存在，则 CPU 停机。程序循环组织块没有启动信息。

② 启动组织块 OB100。

如果 CPU 的操作模式从 STOP 切换到 RUN，包括启动模式处于 RUN 模式时 CPU 断电再上电和执行 STOP 到 RUN 命令切换时，启动组织块 OB100 将被执行一次。启动组织块执行完毕后才开始执行"主程序循环组织块"OB1。S7-1200 CPU 中支持多个启动 OB，按照编号顺序（由小到大）依次执行，OB100 是默认设置。其他启动 OB 的编号必须大于等于 123。

• 启动 OB 的执行过程，请参见图 8.15。

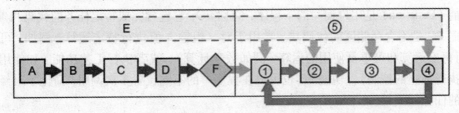

图8.15　启动过程和运行过程图例

③ 中断组织块。

中断处理用来实现对特殊内部事件或外部事件的快速响应。如果没有中断事件出现，CPU 循环执行组织块 OB1 和它调用的块。如果出现中断事件，例如诊断中断和时间延迟中断等，因为 OB1 的中断优先级最低，操作系统在执行完当前程序的当前指令（即断点处）后，立即响应中断。CPU 暂停正在执行的程序块，自动调用一个分配给该事件的组织块（即中断程序）来处理中断事件。执行完中断组织块后，返回被中断的程序的断点处继续执行原来的程序。

这意味着部分用户程序不必在每次循环中处理，而是在需要时才被及时地处理。处理中断事件的程序放在该事件驱动的 OB 中。

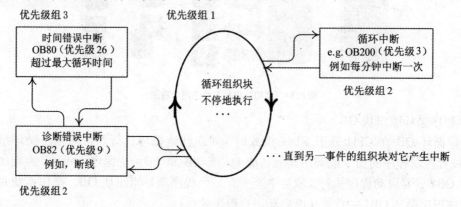

图 8.16　循环组织块的中断调用

各组织块的中断优先级见表 8.13。

表 8.13　组织块的中断优先级

事件分类	编号	优先级	组
程序循环	1，> =200	1	1
启动	100，> =200	1	
延时中断	> =200	3	
循环中断	> =200	4	
硬件中断	> =200	5	2
		6	
诊断错误中断	82	9	
时间错误中断	80	26	3

（5）功能 FC。

功能（Function）是用户编写的子程序，简称 FC，它包含完成特定任务的代码和参数。

功能 FC 是不含存储区的代码块，常用于对一组输入值执行特定运算，例如：可使用 FC 执行标准运算和可重复使用的运算（例如数学计算），或者执行工艺功能（如使用位逻辑运算执行独立的控制）。功能 FC 也可以在程序中的不同位置多次调用，简化了对经常重复发生的任务的编程。

功能 FC 没有相关的背景数据块（DB），没有可以存储块参数值的数据存储器，因此，调用函数时，必须给所有形参分配实参。

（6）功能块 FB。

功能块（Function Block）是用户编写的子程序，简称 FB。

　　功能块 FB 是使用背景数据块保存其参数和静态数据的代码块。FB 具有位于数据块（DB）或背景 DB 中的变量存储器。背景 DB 提供与 FB 的实例（或调用）关联的一块存储区，并在 FB 完成后存储数据。可将不同的背景 DB 与 FB 的不同调用进行关联。通过背景 DB 可使用一个通用 FB 控制多个设备。

　　通过使一个代码块对 FB 和背景 DB 进行调用，来构建程序。然后，CPU 执行该 FB 中的程序代码，并将块参数和静态局部数据存储在背景 DB 中。FB 执行完成后，CPU 会返回到调用该 FB 的代码块中。背景 DB 保留该 FB 实例的值。

　　随后在同一扫描周期或其他扫描周期中调用该功能块时可使用这些值。

　　功能块包含总是在其他代码块调用该功能块时执行的子例程，可以在程序中的不同位置多次调用同一个功能块。因此，功能块简化了对重复发生的函数的编程。

　　功能块的实例。

　　功能块的调用称为实例。功能块的每个实例都需要一个背景数据块，其中包含功能块中所声明的形参的实例特定值。

　　功能块可以将实例特定的数据存储在自己的背景数据块中，也可以存储在调用块的背景数据块中。

　　访问模式：

　　S7-1200 提供两种不同的背景数据块访问选项，可在调用功能块时分配给功能块。

　　① 可优化访问的数据块。

　　可优化访问的数据块无固定定义的存储器结构。在声明中，数据元素仅包含一个符号名，因此在块中没有固定的地址。

　　② 可一般访问的数据块。

　　可一般访问的数据块具有固定的存储器结构。声明元素在声明中包含一个符号名，并且在块中有固定地址。

　　调用功能块时，需要指定背景数据块，后者是功能块专用的存储区。CPU 执行 FB 中的程序代码；将块的输入、输出参数和局部静态变量保存在背景数据块中，以便在后面的扫描周期访问它们。FB 的典型应用是执行不能在一个扫描周期完成的操作。在调用 FB 时，自动打开对应的背景数据块，后者的变量可以供其他代码块使用。

　　调用同一个功能块时使用不同的背景数据块，可以控制不同的对象。

　　S7-1200 的某些指令（例如符合 IEC 标准的定时器和计数器指令）实际上是功能块，在调用它们时需要指定配套的背景数据块。

　　（7）数据块 DB。

　　S7-1200 CPU 为用户提供的存储区有过程映象区 I 区和 Q 区、位存储区 M、局部数据区 L 堆栈和数据块 DB。

　　数据块 DB 用于存储程序数据。数据块分为全局数据块 DB 和背景数据块 DB，全局数据块可以从所有的数据块中存取，其结构是用户定义的；一个背景数据块对应一个功能块，其结构和功能块的接口规格是一致的。

　　数据块的大小因 CPU 的不同而各异。可以以自己喜欢的方式定义全局数据块的结构。

　　还可以选择使用 PLC 数据类型（UDT）作为创建全局数据块的模板。

　　用户程序中的全局数据块：

　　每个功能块、功能或组织块都可以从全局数据块中读取数据或向其中写入数据。即使在退出数据块后,这些数据仍然会保存在其中。可以同时打开一个全局数据块和一个背景数据块。

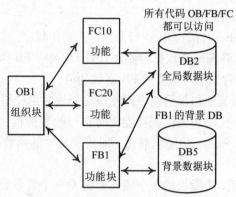

图 8.17　S7－1200 CPU 数据块

　　数据块(Data block, DB)是用于存放执行代码块时所需数据的数据区,与代码块不同,数据块没有指令,STEP7 按变量生成的顺序自动地为数据块中的变量分配地址。

8.3.3.2　S7－1200 的用户程序结构与寻址方法

　　(1)功能 FC。

　　① 功能 FC 的特点。

　　S7－1200 的用户程序由代码块和数据块组成。代码块包括组织块 OB、功能 FC 和功能块 FB,数据块 DB 包括全局数据块和背景数据块。

　　功能(Function, FC)和功能块(Function block, FB)是用户编写的子程序,它们包含完成特定任务的程序。FC 和 FB 有与调用它的块共享的输入、输出参数,执行完 FC 和 FB 后,将执行结果返回给调用它的代码块。

　　设压力变送器的量程下限为 0 MPa,上限为 High MPa,经 A/D 转换后得到 0～27648 的整数。式(8.1)是转换后得到的数字 N 和压力 P 之间的计算公式:

$$P = (High \times N)/27648 \quad (MPa) \tag{8.1}$$

　　用功能 FC1 实现上述运算,可在 OB1 中调用 FC1。

　　② 生成功能 FC。

　　打开 STEP7 的项目视图,生成一个名为"功能 FC 与功能块 FB"的新项目,双击项目树中的"添加新设备",添加一块 CPU1214C。

　　打开项目视图中的文件夹"\PLC_1 程序块",双击其中的"添加新块"(见图 8.18),打开"添加新块"对话框,单击其中的"功能 FC"按钮,FC 默认的编号为 1,默认的语言为 LAD(梯形图)。设置功能的名称为"计算压力"。单击"确定"按钮,在项目树的文件夹"\PLC_1 程序块"中可以看到新生成的 FC1。

　　功能 FC 各种类型的局部变量的作用如下:

　　a. Input(输入参数):用于接收调用它的主调块提供的输入数据。

　　b. Output(输出参数):用于将块的程序执行结果返回给主调块。

　　c. InOut(输入_输出参数):初值由主调块提供,块执行完后用同一个参数将它的值返

图 8.18 创建 FC 过程示意图

回给主调块。

d. 文件夹 Return 中自动生成的返回值"计算压力"与功能的名称相同,属于输出参数,其值返回给调用它的块。返回值默认的数据类型为 Void,表示功能没有返回值。在调用 FC1 时,看不到它。如果将它设置为 Void 之外的数据类型,在 FC1 内部编程时可以使用该输出变量,调用 FC1 时可以在方框的右边看到它,说明它属于输出参数。返回值的设置与 IEC6113-3 标准有关,该标准的功能没有输出参数,只有一个与功能 FC 同名的返回值。

功能 FC 还有两种局部数据:

a. Temp(临时局部数据):用于存储临时中间结果的变量。同一优先级的 OB 及其调用的块的临时数据保存在局部数据堆栈中的同一片物理存储区。只是在执行块时使用临时数据,每次调用块之后,不再保存它的临时数据的值,它可能被同一优先级中后面调用的块的临时数据覆盖。调用 FC 和 FB 时,首先应初始化它的临时数据(写入数值),然后使用它,简称为"先赋值后使用"。

b. Constant(常量):是在块中使用并且带有声明的符号名的常数。

(2)功能块 FB。

① 功能块 FB 的特点。

功能块(FB)是用户编写的有自己的存储区(背景数据块)的代码块,FB 的典型应用是执行不能在一个扫描周期结束的操作。每次调用功能块时,都需要指定一个背景数据块。后者随功能块的调用而打开,在调用结束时自动关闭。功能块的输入、输出参数和静态局部数据（Static）用指定的背景数据块保存。功能块执行完后，背景数据块中的数值不会丢失。

② 生成功能块 FB。

打开项目"功能 FC 与功能块 FB"的项目树中的文件夹"\PLC_1\程序块"，双击其中的"添加新块"，单击打开的对话框中的"功能块"按钮，默认的编号为 1，默认的语言为 LAD（梯形图）。设置功能块的名称为"电动机控制"，单击"确定"按钮，生成 FB1。去掉 FB1"优化的块访问"属性。可以在项目树的文件夹"\PLC_\程序块"中看到新生成的 FB1。

③ 定义功能块 FB 的局部变量。

打开 FB1，用鼠标往下拉动程序编辑器的分隔条，分隔条上面是功能块的接口区，生成局部变量，FB1 有背景数据块。

IEC 定时器、计数器实际上是功能块，方框上面是它的背景数据块。在 FB 中，IEC 定时器、计数器的背景数据块如果是一个固定的数据块，在同时多次调用 FB1 时，该数据块将会被同时用于两处或多处，程序运行时将会出错。为了解决这一问题，在块接口中生成了数据类型为 IEC_TIMER 的静态变量"定时器 DB"，用它提供定时器 TOF 的背景数据。每次调用 FB1 时，在 FB1 不同的背景数据块中，不同的被控对象都有保存 TOF 的背景数据的存储区"定时器 DB"。

④ 功能 FC 与功能块 FB 的区别。

FB 和 FC 均为用户编写的子程序，接口区中均有 Input、Output、InOut 参数和 Temp 数据。FC 的返回值实际上属于输出参数。下面是 FC 和 FB 的区别：

a. 功能块 FB 有背景数据块，功能 FC 没有背景数据块。

b. 只能在功能 FC 内部访问它的局部变量。其他代码块或 HMI（人机界面）可以访问功能块 FB 的背景数据块中的变量。

c. 功能 FC 没有静态变量（Static），功能块 FB 有保存在背景数据块中的静态变量。

功能 FC 如果有执行完后需要保存的数据，只能用全局数据区来保存，但是这样会影响功能 FC 的可移植性。如果功能 FC 或功能块 FB 的内部不使用全局变量，只使用局部变量，不需要做任何修改，就可以将块移植到其他项目。如果块的内部使用了全局变量，在移植时需要重新统一分配所有的块内部使用的全局变量的地址，以保证不会出现地址冲突。当程序很复杂，代码块很多时，这种重新分配全局变量地址的工作量非常大，也很容易出错。

如果代码块有执行完后需要保存的数据，显然应使用功能块 FB，而不是功能 FC。

d. 功能块 FB 的局部变量（不包括 Temp）有默认值（初始值），功能 FC 的局部变量没有默认值。在调用功能块 FB 时可以不设置某些有默认值的输入、输出参数的实参，这种情况下将使用这些参数在背景数据块中的启动值，或使用上一次执行后的参数值。这样可以简化调用功能块 FB 的操作。调用功能 FC 时应给所有的形参指定实参。

e. 功能块 FB 的输出参数值不仅与来自外部的输入参数有关，还与用静态数据保存的内部状态数据有关。功能 FC 因为没有静态数据，相同的输入参数产生相同的执行结果。

（3）单个背景、多重背景。

① 单个背景：将分配有自身背景数据块的功能块 FB 调用称为单实例。通过分配背景数据块，可指定该功能块实例数据的存储位置。

使用单实例具有以下优势：

- 功能块可重用；
- 适用于简单程序的完美结构。

单实例的工作原理：

图 8.19 显示了一个使用高级功能块（"FB_Valve"）的功能块。其中，"FB_Valve"将作为一个单实例调用，即该功能块的数据将保存在自己的背景数据块中。

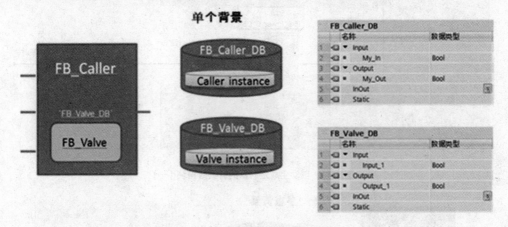

图 8.19　功能块 FB 及背景数据块

背景数据块的结构由相应功能块的接口定义，且只能在此更改。背景数据块中包含以下数据：

- 块参数。Input、Output 和 InOut 区域中的块参数将作为程序调用时的块接口。
- 静态局部数据。Static 局部数据位于 Static 区域，用于永久性地存储当前程序循环外的中间结果。

功能框指令直接拖入块中，自动生成定时器的背景数据块，该块位于"系统块 > 程序资源"中，参见图 8.20。

② 多重背景：当功能块 FB 调用一个高级功能块时，无须为被调用的块创建单独的背景数据块。被调用的功能块也可将实例数据保存在调用功能块的背景数据块中。这种块调用又称为多重实例。

使用多重实例具有以下优势：

- 适用于复杂块的完美结构；
- 背景数据块的数量较少；
- 快速编程本地子程序。

多重实例的工作原理：

图 8.21 显示了一个使用高级功能块（"FB_Valve"）的功能块。其中，"FB_Valve"将作为一个多重实例调用，即该功能块的数据将保存在调用功能块的背景数据块中。多重实例数据位于调用块的"Static"区域中。

使用参数实例具有以下优势：

- 在运行过程中，可定义当前使用的实例。
- 在程序循环中，可通过迭代方式处理不同的实例。

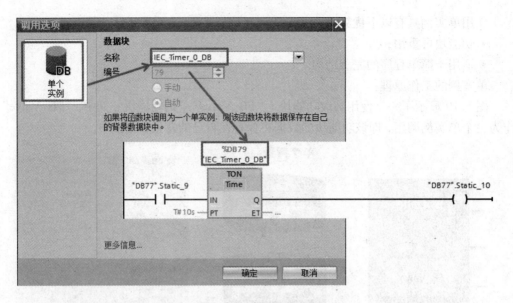

图 8.20　自动生成定时器的背景数据块（一）

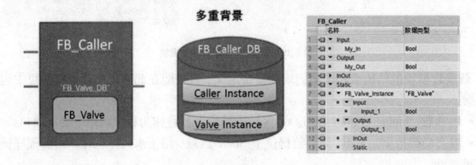

图 8.21　自动生成定时器的背景数据块（二）

8.3.4　位逻辑指令

S7-1200 PLC 的指令从功能上大致可分为三类：基本指令、扩展指令和全局库指令。

基本指令包括位逻辑指令、定时器、计数器、比较指令、数学指令、移动指令、转换指令、程序控制指令、逻辑运算指令、移位和循环指令。

8.3.4.1　LAD 常开触点与常闭触点

常开触点在指定的位为 1 状态（TRUE）时闭合，为 0 状态（FALSE）时断开。常闭触点在指定的位为 1 状态时断开，为 0 状态时闭合。两个触点串联将进行"与"运算，两个触点并联将进行"或"运算。数据类型为 BOOL 型，如表 8.14 所示。

表 8.14　常开触点与常闭触点

LAD	说　明
"IN"　—┤├— "IN"　—┤/├—	常开触点和常闭触点：可将触点相互连接并创建用户自己的组合逻辑。如果用户指定的输入位使用存储器标识符 I（输入）或 Q（输出），则从过程映象寄存器中读取位值

8.3.4.2 取反 RLO 触点

RLO 是逻辑运算结果的简称，图中中间有"NOT"的触点为取反 RLO 触点，它用来转换能流输入的逻辑状态。如果有能流流入取反 RLO 触点，该触点输入端的 RLO 为 1 状态，反之为 0 状态。

如果没有能流流入取反 RLO 触点，则有能流流出。如果有能流流入取反 RLO 触点，则没有能流流出，如表 8.15 所示。

表 8.15 取反 RLO 触点

LAD	说　明
—┤ NOT ├—	LAD NOT 触点取反能流输入的逻辑状态。 • 如果没有能流流入 NOT 触点，则有能流流出； • 如果有能流流入 NOT 触点，则没有能流流出

8.3.4.3 输出线圈和赋值功能框

线圈输出指令写入输出位的值。如果用户指定的输出位使用存储器标识符 Q，则 CPU 接通或断开过程映象寄存器中的输出位，同时将指定的位设置为等于能流状态，如表 8.16 所示。

表 8.16 赋值和赋值取反

LAD	说　明
"OUT" —( )—	输出线圈赋值取反
"OUT" —(/)—	输出线圈赋值

控制执行器的输出信号连接到 CPU 的 Q 端子。在 RUN 模式下，CPU 系统将连续扫描输入信号，并根据程序逻辑处理输入状态，然后通过在过程映象输出寄存器中设置新的输出状态值进行响应。CPU 系统会将存储在过程映象寄存器中的新的输出状态响应传送到已连接的输出端子。

位指令应用（一）如图 8.22 所示。I0.2 接通时，Q0.4 接通并自锁，Q0.5 断开；当 I0.3 接通时，Q0.4 断开，Q0.5 接通。

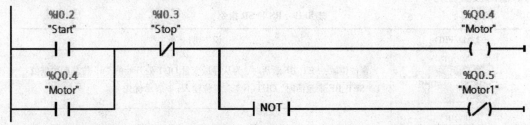

图 8.22 位指令应用（一）

8.3.4.4 置位、复位输出指令

S（Set，置位输出）指令将指定的位操作数置位（变为 1 状态并保持）。

R（Reset，复位输出）指令将指定的位操作数复位（变为 0 状态并保持）。

S 指令和 R 指令如表 8.17 所示。

如果同一操作数的 S 线圈和 R 线圈同时断电（线圈输入端的 RLO 为"0"），则指定操作数的信号状态保持不变。

置位输出 S 指令与复位输出 R 指令最主要的特点是有记忆和保持功能。

表 8.17　S 和 R 指令

LAD	说　明
"OUT" ——(S)——	置位输出：S（置位）激活时，OUT 地址处的数据值设置为1。S 未激活时，OUT 不变
"OUT" ——(R)——	复位输出：R（复位）激活时，OUT 地址处的数据值设置为0。R 未激活时，OUT 不变

8.3.4.5　置位与复位位域指令

"置位位域"指令 SET_BF 将指定的地址开始的连续的若干个位地址置位（变为 1 状态并保持）。n 为常数 Uint 类型。

"复位位域"指令 RESET_BF 将指定的地址开始的连续的若干个位地址复位（变为 0 状态并保持）。

SET_BF 和 RESET_BF 指令如表 8.18 所示。

表 8.18　SET_BF 和 RESET_BF 指令

LAD	说　明
"OUT" ——(SET_BF)—— "n"	置位位域：SET_BF 激活时，为从寻址变量 OUT 处开始的"n"位分配数据值 1。SET_BF 未激活时，OUT 不变
"OUT" ——(RESET_BF)—— "n"	复位位域：RESET_BF 激活时，为从寻址变量 OUT 处开始的"n"位写入数据值 0。RESET_BF 未激活时，OUT 不变

8.3.4.6　置位优先与复位优先触发器

SR 方框是复位优先触发器，其输入/输出关系见表 8.19，两种触发器的区别仅在于表的最下面一行。在置位（S）和复位（R1）信号同时为 1 时，SR 方框上面的输出位被复位为 0。

RS 方框是置位优先触发器，其功能见表 8.19。在置位（S1）和复位（R）信号同时为 1时，输出被置位为 1。

表 8.19　RS 和 SR 指令

LAD/FBD	说　明
"INOUT" RS R　Q S1	置位位域：SET_BF 激活时，为从寻址变量 OUT 处开始的"n"位分配数据值 1。SET_BF 未激活时，OUT 不变。置位输入；1 表示优先
"INOUT" SR S　Q R1	复位位域：RESET_BF 激活时，为从寻址变量 OUT 处开始的"n"位写入数据值 0。RESET_BF 未激活时，OUT 不变。复位输入；1 表示优先

8.3.4.7　上升沿和下降沿指令

表 8.20 中间有 P 的触点指令的名称为"扫描操作数的信号上升沿"，如果该触点上面的输入信号由 0 状态变为 1 状态（即输入信号的上升沿），则该触点接通一个扫描周期。边

沿检测触点不能放在电路最右端。

P 触点下面的 M_BIT 为边沿存储位，用来存储上一次扫描循环时输入信号的状态。通过比较输入信号的当前状态和上一次循环的状态，来检测信号的边沿。边沿存储位的地址只能在程序中使用一次；它的状态不能在其他地方被改写。只能用 M、DB 和 FB 的静态局部变量（Static）来做边沿存储位，不能用块的临时局部数据或 I/O 变量来做边沿存储位。

表 8.20 中间有 N 的触点指令的名称为"扫描操作数的信号下降沿"，如果该触点上面的输入信号由 1 状态变为 0 状态（即输入信号的下降沿），则触点"接通"一个扫描周期。该触点下面的 M_BIT 为边沿存储位。

表 8.20　上升沿和下降沿跳变检测

LAD	说　明
"IN" —┤P├— "M_BIT"	扫描操作数的信号上升沿。LAD：在分配的"IN"位上检测到正跳变（断到通）时，该触点的状态为 TRUE。该触点逻辑状态随后与能流输入状态组合以设置能流输出状态。P 触点可以放置在程序段中除分支结尾外的任何位置
"IN" —┤N├— "M_BIT"	扫描操作数的信号下降沿。LAD：在分配的输入位上检测到负跳变（通到断）时，该触点的状态为 TRUE。该触点逻辑状态随后与能流输入状态组合以设置能流输出状态。N 触点可以放置在程序段中除分支结尾外的任何位置
"OUT" —(P)— "M_BIT"	在信号上升沿置位操作数。LAD：在进入线圈的能流中检测到正跳变（断到通）时，分配的位"OUT"为 TRUE。能流输入状态总是通过线圈后变为能流输出状态。P 线圈可以放置在程序段中的任何位置
"OUT" —(N)— "M_BIT"	在信号下降沿置位操作数。LAD：在进入线圈的能流中检测到负跳变（通到断）时，分配的位"OUT"为 TRUE。能流输入状态总是通过线圈后变为能流输出状态。N 线圈可以放置在程序段中的任何位置

图 8.23 所示为位指令应用（二），当 I0.2 有上升沿或 I0.3 有下降沿时，Q0.4 复位，Q0.5 起始的连续 3 位置 1，Q1.0 置 1。

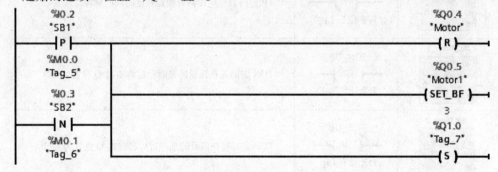

图 8.23　位指令应用（二）

8.3.5　定时器指令

S7-1200 PLC 使用符合 IEC 标准的定时器和计数器指令。用户程序中可以使用的定时器数量仅仅受 CPU 的存储器容量限制。

使用定时器需要使用定时器相关的背景数据块或者数据类型为 IEC_TIMER（或 TP_TIME、TON_TIME、TOF_TIME、TONR_TIME）的 DB 块变量，不同的上述变量代表着不同的定时器。

注：S7-1200 的 IEC 定时器没有定时器号（即没有 T0、T37 这种带定时器号的定时器）。

S7-1200 包含四种定时器：

- 脉冲定时器（TP）；
- 接通延时定时器（TON）；
- 关断延时定时器（TOF）；
- 保持型接通延时定时器（TONR）。

此外，还包含复位定时器（RT）和加载持续时间（PT）这两个指令。

这四种定时器又都有功能框和线圈型两种，如表 8.21 所示。

定时器的输入 IN 为启动输入端，在输入 IN 的上升沿（从 0 状态变为 1 状态），启动 TP、TON 和 TONR 开始定时。在输入 IN 的下降沿，起动 TOF 开始定时。

PT（Preset Time）为预设时间值，ET（Elapsed Time）为定时开始后经过的时间，称为当前时间值，它们的数据类型为 32 位的 Time，单位为 ms，最大定时时间为 T#24D_20H_31M_23S_647MS，D、H、M、S、MS 分别为日、小时、分、秒和毫秒。可以不给输出 Q 和 ET 指定地址。Q 为定时器的位输出，各参数均可以使用 I（仅用于输入参数）、Q、M、D、L 存储区，PT 可以使用常量。定时器指令可以放在程序段的中间或结束处。R 为 TONR 指令的复位信号，为 BOOL 型。

IEC 定时器和 IEC 计数器属于功能块，调用时需要指定配套的背景数据块，定时器和计数器指令的数据保存在背景数据块中。IEC 定时器没有编号，可以用背景数据块的名称（例如"T1"），来做定时器的标示符。

表 8.21　定时器指令类型示意

LAD/FBD 功能框	LAD 线圈	说　明
IEC_Timer_0　TP　Time　IN　Q　PT　ET	TP_DB　─(TP)─　"PRESET_Tag"	TP 定时器可生成具有预设宽度时间的脉冲
IEC_Timer_1　TON　Time　IN　Q　PT　ET	TON_DB　─(TON)─　"PRESET_Tag"	TON 定时器在预设的延时过后将输出 Q 设置为 ON
IEC_Timer_2　TOF　Time　IN　Q　PT　ET	TOF_DB　─(TOF)─　"PRESET_Tag"	TOF 定时器在预设的延时过后将输出 Q 重置为 OFF
IEC_Timer_3　TONR　Time　IN　Q　R　PT　ET	TONR_DB　─(TONR)─　"PRESET_Tag"	TONR 定时器在预设的延时过后将输出 Q 设置为 ON。在使用 R 输入重置经过的时间之前，会跨越多个定时时段一直累加经过的时间

8.3.5.1　脉冲定时器 TP

脉冲定时器的指令名称为"生成脉冲"，用于将输出 Q 置位为 PT 预设的一段时间。图 8.24 为脉冲定时器的梯形图和时序图。用程序状态功能可以观察当前时间值的变化情况，在 IN 输入信号的上升沿（从 0 状态变为 1 状态）启动该定时器，Q 输出变为 1 状态，开始输出脉冲。如果 IN 输入信号为 1 状态，则当前时间值保持不变，见图 8.24 中时序图 A 处。如果 IN 输入信号为 0 状态，则当前时间变为 0，见图 8.24 中时序图 B 处。IN 输入的脉冲宽度可以小于预设值，在脉冲输出期间，即使 IN 输入出现下降沿和上升沿，也不会影响脉冲的输出。

图 8.24 中梯形图的 I0.1 为 1 时，定时器被复位。用定时器的背景数据块的编号或符号名来指定需要复位的定时器。如果此时正在定时，且 IN 输入信号为 0 状态，将使当前时间值 ET 清零，Q 输出也变为 0 状态（见图 8.24 中时序图 C 处）。如果此时正在定时，且 IN 输入信号为 1 状态，将使当前时间清零，但是 Q 输出保持为 1 状态（见图 8.24 中时序图 D 处）。复位信号 I0.1 变为 0 状态时，如果 IN 输入信号为 1 状态，将重新开始定时（见图 8.24 中时序图 E 处）。只是在需要时才对定时器使用 RT 指令。

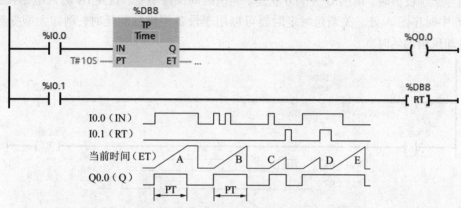

图 8.24 脉冲定时器程序与时序图

8.3.5.2 接通延时定时器 TON

接通延时定时器（TON）用于将 Q 输出的置位操作延时 PT 指定的一段时间。IN 输入端的输入电路由断开变为接通时开始定时。定时时间大于等于预设时间 PT 指定的设定值时，输出 Q 变为 1 状态，当前时间值 ET 保持不变。图 8.25 所示为 TON 的梯形图和时序图。

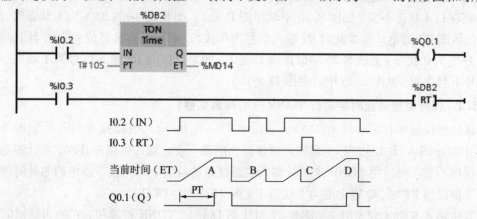

图 8.25 接通延时定时器（TON）程序及时序

图 8.25 中梯形图的 IN（I0.2）端接通时，定时器开始定时，当当前值达到设定值时，定时器的 Q 端接通，此时 IN 端不断开，当前值不变，Q 状态不变。当 IN 输入端的电路断

开时，定时器被复位，当前时间被清零，输出 Q 变为 0 状态（见图 8.25 中时序图 A 处）。CPU 第一次扫描时，定时器输出 Q 被清零。如果 IN 输入信号在未达到 PT 设定的时间时变为 0 状态（见图 8.25 中时序图 B 处），输出 Q 保持 0 状态不变。

当图 8.25 中的 I0.3 为 1 状态时，定时器复位线圈 RT 通电（见图 8.25 中时序图 C 处），定时器被复位，当前时间被清零，Q 输出变为 0 状态。复位输入 I0.3 变为 0 状态时，如果 IN 输入信号为 1 状态，将开始重新定时（见图 8.25 中时序图 D 处）。

8.3.5.3　关断延时定时器 TOF

关断延时定时器（TOF）用于将 Q 输出的复位操作延时 PT 指定的一段时间，TOF 的梯形图和时序图如图 8.26 所示。其 IN 输入电路接通时，输出 Q 为 1 状态，当前时间被清零。IN 输入电路由接通变为断开时（IN 输入的下降沿）开始定时，当前时间从 0 逐渐增大。当前时间等于预设值时，输出 Q 变为 0 状态，当前时间保持不变，直到 IN 输入电路接通，见图 8.26 中时序图 A 处。关断延时定时器可以用于设备停机后的延时，例如大型变频电动机的冷却风扇的延时。

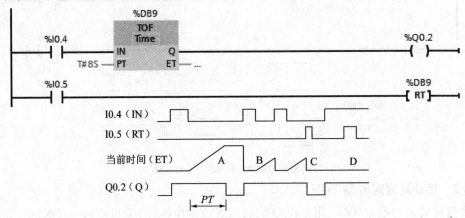

图 8.26　关断延时定时器程序及时序

如果当前时间未达到 PT 预设的值，IN 输入信号就变为 1 状态，当前时间被清零，输出 Q 将保持 1 状态不变（见图 8.26 中时序图 B 处）。图 8.26 中的 I0.5 为 1 状态时，定时器复位线圈 RT 通电。如果此时 IN 输入信号为 0 状态，则定时器被复位，当前时间被清零，输出 Q 变为 0 状态（见图 8.26 中时序图 C 处）。如果复位时 IN 输入信号为 1 状态，则复位信号不起作用（见图 8.26 中时序图 D 处）。

8.3.5.4　保持型接通延时定时器 TONR（时间累加器）

保持型接通延时定时器（TONR）见图 8.27。当 IN 输入电路接通时开始定时（见图 8.27 中时序图 A、B 处），当 IN 端断开时保持当前值不变。输入电路断开时，累计的当前时间值保持不变。可以用 TONR 来累计输入电路接通的若干个时间段。图中的累计时间 $t_1 + t_2$ 等于预设值 PT 时，Q 输出变为 1 状态（见 8.27 中时序图 C 处）。

复位输入 R 为 1 状态时（见图 8.27 时序图 D 处），TONR 被复位，它的当前时间值变为 0，同时输出 Q 变为 0 状态。

图 8.27 中的 PT 线圈为"加载持续时间"指令，该线圈通电时，将 PT 线圈下面指定的时间预设值（即持续时间）写入图中 TONR 定时器名为"T7"的背景数据块 DB7 中的静态

变量 PT（"T7". PT），将它作为 TONR 的输入参数 PT 的实参。用 I0.7 复位 TONR 时，"T7". PT 也被清零。

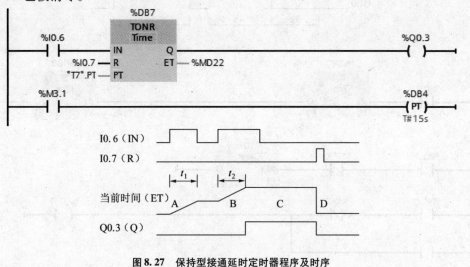

图 8.27　保持型接通延时定时器程序及时序

【例 8-1】　用接通延时定时器设计周期和占空比可调的小灯闪烁电路。

图 8.28 中的串联电路接通后，左边的定时器的 IN 输入信号为 1 状态，开始定时。2 s 后定时时间到，它的 Q 输出端的能流流入右边的定时器的 IN 输入端，使右边的定时器开始定时，同时 Q0.7 的线圈通电。

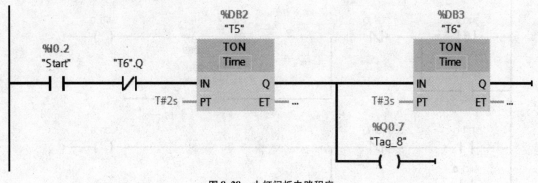

图 8.28　小灯闪烁电路程序

3 s 后右边的定时器的定时时间到，它的输出 Q 变为 1 状态，使 "T6". Q（T6 是 DB3 的符号地址）的常闭触点断开，左边的定时器的 IN 输入电路断开，其 Q 输出变为 0 状态，使 Q0.7 和右边的定时器的 Q 输出也变为 0 状态。下一个扫描周期因为 "T6". Q 的常闭触点接通，左边的定时器又从预设值开始定时，以后 Q0.7 的线圈将这样周期性地通电和断电，直到串联电路断开。Q0.7 线圈通电和断电的时间分别等于右边和左边的定时器的预设值。

【例 8-2】　用定时器设计卫生间冲水控制电路。

图 8.29 是卫生间冲水控制的时序图和用两种方法设计的控制梯形图。其中（a）是时序图，（b）是用三种类型的定时器设计的梯形图，（c）是用 TON 一种类型定时器设计的梯形图。I0.7 是光电开关检测到的有使用者的信号，用 Q1.0 控制冲水电磁阀。

方法一：用三种类型的定时器设计梯形图。

如图 8.29(b) 所示，从 I0.7 的上升沿开始，用接通延时定时器 TON 延时 3 s，3 s 后

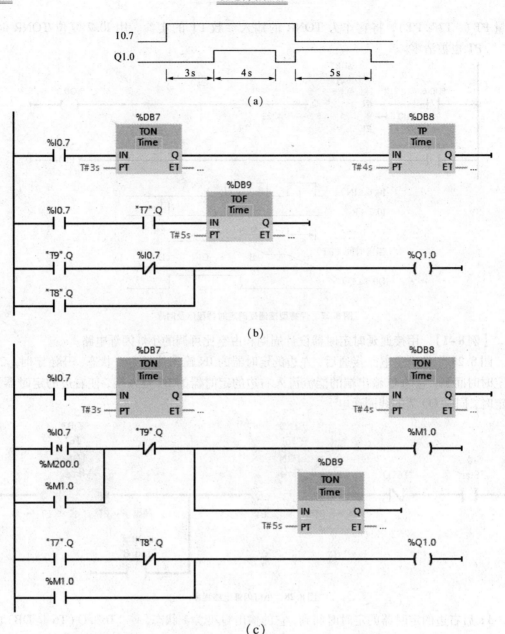

图8.29   卫生间冲水控制的时序图与两种方法的控制梯形图

TON 的输出 Q 变为 1 状态，使脉冲定时器（TP）的 IN 输入信号变为 1 状态，TP 的 Q 输出 "T8". Q 输出一个宽度为 4 s 的脉冲。TP 和 TOF 的背景数据块 DB8 和 DB9 的符号地址分别为 T8 和 T9。

从 I0.7 的上升沿开始，关断延时定时器（TOF）的 Q 输出 "T9". Q 变为 1 状态。使用者离开时（在 I0.7 的下降沿），TOF 开始定时，5 s 后 "T9". Q 变为 0 状态。

由波形图可知，控制冲水电磁阀的 Q1.0 输出的高电平脉冲波形由两块组成，4 s 的脉冲波形由 TP 的 Q 输出 "T8". Q 提供。TOF 的 Q 输出 "T9". Q 的波形在 I0.7 的波形变为 0 状态后的宽度为 5 s 的脉冲波形，可以用 "T9". Q 的常开触点与 I0.7 的常闭触点串联的电路来实现上述要求。两块脉冲波形的叠加用并联电路来实现。"T7". Q 的常开触点用于防止 3 s 内有人进入和离开时冲水。

方法二：用 TON 一种类型定时器设计梯形图。

如图 8.29(c)所示，I0.7 接通后，背景数据块为 DB7 的定时器开始定时，同时 Q1.0 接通，3 s 后 "T7". Q 为 1，背景数据块为 DB8 的定时器开始定时，4 s 后，"T8". Q 为 1，Q1.0 断开。当 I0.7 断开时，M1.0 接通自锁，Q1.0 再次接通，同时背景数据块为 DB9 的定时器开始定时，5 s 后 "T9". Q 为 1，M1.0 断开，Q1.0 断开，结束。

8.3.5.5 定时器线圈指令

两条运输带顺序相连，如图 8.30 所示，为了避免运送的物料在 1 号运输带上堆积，按下起动按钮 I0.3，1 号运输带开始运行，8 s 后 2 号运输带自动起动。停机的顺序与起动的顺序刚好相反，即按了停止按钮 I0.2 后，先停 2 号运输带，8 s 后停 1 号运输带。PLC 通过 Q1.1 和 Q0.6 控制两台电动机 M1 和 M2。

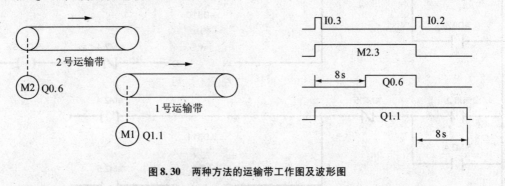

图 8.30 两种方法的运输带工作图及波形图

图 8.31(a)(b)分别是用两种方法设计的梯形图。

方法一：用两种类型的定时器设计梯形图。

图 8.31(a)程序中设置了一个用起动按钮和停止按钮控制的辅助元件 M2.3，用它来控制接通延时定时器（TON）的 IN 输入端，以及关断延时定时器（TOF）线圈。

中间标有 TP、TON、TOF 和 TONR 的线圈是定时器线圈指令。将指令列表的"基本指令"选项的"定时器操作"文件夹中的"TOF"线圈指令拖放到程序区。它的上面可以是类型为 IEC_TIMER 的背景数据块（见图中的 DB11），也可以是数据块中数据类型为 IEC_TIMER 的变量，它的下面是时间预设值 T#8s。定时器线圈通电时启动，它的功能与对应的 TOF 方框定时器指令相同。

TON 的 Q 输出端控制的 Q0.6 在 I0.3 的上升沿之后 8 s 变为 1 状态，在停止按钮 I0.2 的上升沿时变为 0 状态。综上所述，可以用 TON 的 Q 输出端直接控制 2 号运输带 Q0.6。

T11 是 DB11 的符号地址。按下起动按钮 I0.3，关断延时定时器线圈（TOF）通电。它的 Bool 输出 "T11". Q 在它的线圈通电时变为 1 状态，在它的线圈断电后延时 8 s 变为 0 状态，因此可以用 "T11". Q 的常开触点控制 1 号运输带 Q1.1。

方法二：用 TON 一种类型定时器设计梯形图。

如图 8.31(b)所示，Q1.1 接通自锁，1 号传送带运行，同时背景数据块为 DB10 的接通延时定时器定时，8 s 后 "T10". Q 为 1，Q0.6 接通，2 号传送带运行；按下 I0.2 时，M2.4 接通自锁，Q0.6 断开，2 号传送带停止，同时背景数据块为 DB11 的接通延时定时器定时，

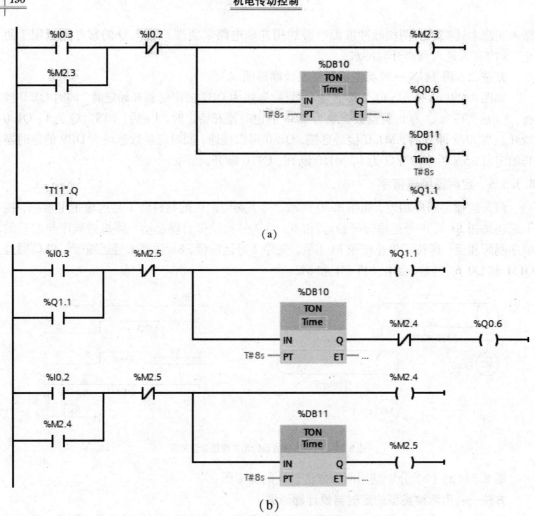

图 8.31　两种方法的运输带控制梯形图

8 s 后 "T11".Q 为 1，M2.5 接通，Q1.1 断开，1 号传送带停止，同时 M2.4 断开，整个过程结束。

8.3.6　计数器指令

S7–1200 的计数器为 IEC 计数器，用户程序中可以使用的计数器数量仅受 CPU 的存储器容量限制。

这里所说的是软件计数器，最大计数速率受所在 OB 的执行速率限制。指令所在 OB 的执行频率必须足够高，以检测输入脉冲的所有变化，如果需要更快的计数操作，请参考高速计数器（HSC）。

S7–1200 的计数器包含 3 种计数器：

- 加计数器（CTU）；
- 减计数器（CTD）；
- 加减计数器（CTUD）。

对于每种计数器，计数值可以是任何整数数据类型，并且需要使用每种整数对应的数据类型的 DB 结构或背景数据块来存储计数器数据。计数器引脚参考表 8.22，计数器使用及时序图见相应时序。

表 8.22　表计数器引脚汇总

输入的变量			输出的变量		
名称	说明	数据类型	名称	说明	数据类型
CU	加计数器输入脉冲	BOOL	Q	输出位	BOOL
CD	减计数器输入脉冲	BOOL	QD	输出位	BOOL
R	CV 清零	BOOL	QU	输出位	BOOL
LD	CV 设置为 PV	BOOL	CV	计数值	整数
PV	预设值	整数			

注：S7-1200 的 IEC 计数没有计数器号（即没有 C0、C1 这种带计数器号的计数器）。

8.3.6.1　计数器的数据类型

S7-1200 有 3 种 IEC 计数器：加计数器（CTU）、减计数器（CTD）和加减计数器（CTUD）。

IEC 计数器指令是功能块，调用它们时，需要生成保存计数器数据的背景数据块。

CU 和 CD 分别是加计数输入和减计数输入，在 CU 或 CD 由 0 状态变为 1 状态（信号的上升沿）时，当前计数器值 CV 被加 1 或减 1。PV 为预设计数值，Q 为布尔输出。R 为复位输入，CU、CD、R 和 Q 均为 BOOL 变量。

8.3.6.2　加计数器 CTU

当接在 R 输入端的复位输入 I1.1 为 0 状态，接在 CU 输入端的加计数脉冲输入电路由断开变为接通（即在 CU 信号的上升沿）时，当前计数器值 CV 加 1，直到 CV 达到指定的数据类型的上限值。此后 CU 输入的状态变化不再起作用，CV 的值不再增加。

表 8.23　加计数器

LAD	说　明
"CTU_DB" CTU INT CU　Q R　CV PV	每当 CU 从"0"变为"1"，CV 增加 1；当 CV = PV 时，Q 输出"1"，此后每当 CU 从"0"变为"1"，Q 保持输出"1"，CV 继续增加 1 直到达到计数器指定的整数类型的最大值。在任意时刻，只要 R 为"1"时，Q 输出"0"，CV 立即停止计数并回到 0

CV 大于等于预设计数值 PV 时，输出 Q 为 1 状态；反之为 0 状态。第一次执行指令时，CV 被清零。各类计数器的复位输入 R 为 1 状态时，计数器被复位，输出 Q 变为 0 状态，CV 被清零。图 8.32 是加计数器的梯形图和波形图。

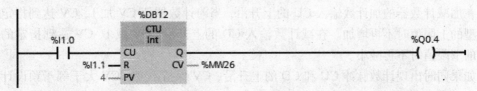

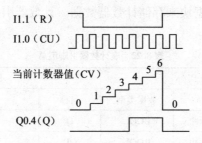

图 8.32　加计数器程序及波形

8.3.6.3　减计数器 CTD

在减计数器的装载输入 LD 为 1 状态时,输出 Q 被复位为 0,并把预设计数值 PV 的值装入 CV。LD 为 1 状态时,减计数输入 CD 不起作用。

表 8.24　减计数器

LAD	说　明
"CTD_DB" CTD INT CD　　Q LD　　CV PV	每当 CD 从 "0" 变为 "1",CV 减少 1;当 CV = 0 时,Q 输出 "1",此后每当 CU 从 "0" 变为 "1",Q 保持输出 "1",CV 继续减少 1 直到到达计数器指定的整数类型的最小值。在任意时刻,只要 LD 为 "1" 时,Q 输出 "0",CV 立即停止计数并回到 PV 值

LD 为 0 状态时,在减计数输入 CD 的上升沿,当前计数器值 CV 减 1,直到 CV 达到指定的数据类型的下限值。此后 CD 输入信号的状态变化不再起作用,CV 的值不再减小。

当前计数器值 CV 小于等于 0 时,输出 Q 为 1 状态;反之 Q 为 0 状态。第一次执行指令时,CV 被清零。图 8.33 是减计数器的波形图。

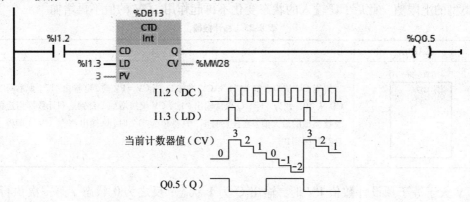

图 8.33　减计数器程序及波形图

8.3.6.4　加减计数器 CTUD

在加减计数器的加计数输入 CU 的上升沿,当前计数器值 CV 加 1,CV 达到指定的数据类型的上限值时不再增加。在减计数输入 CD 的上升沿,CV 减 1,CV 达到指定的数据类型的下限值时不再减小。

如果同时出现计数脉冲 CU 和 CD 的上升沿,CV 保持不变。CV 大于等于预设计数值 PV 时,输出 QU 为 1;反之为 0。CV 小于等于 0 时,输出 QD 为 1;反之为 0。

表 8.25 加减计数器指令

LAD	说 明
"CTUD_DB" CTUD INT CU　QU CD　QD R　CV LD PV	每当 CU 从 "0" 变为 "1"，CV 增加 1，每当 CD 从 "0" 变为 "1"，CV 减少 1；当 CV > = PV 时，QU 输出 "1"，当 CV < PV 时，QU 输出 "0"；当 CV < =0 时，QD 输出 "1"，当 CV >0 时，QD 输出 "0"；CV 的上下限取决于计数器指定的整数类型的最大值与最小值。 　在任意时刻，只要 R 为 "1" 时，QU 输出 "0"，CV 立即停止计数并回到 0；只要 LD 为 "1" 时，QD 输出 "0"，CV 立即停止计数并回到 PV 值

装载输入 LD 为 1 状态时，预设值 PV 被装入当前计数器值 CV，输出 QU 变为 1 状态，QD 被复位为 0 状态。

复位输入 R 为 1 状态时，计数器被复位，CV 被清零，输出 QU 变为 0 状态，QD 变为 1 状态。R 为 1 状态时，CU、CD 和 LD 不再起作用。图 8.34 是加减计数器的波形图。

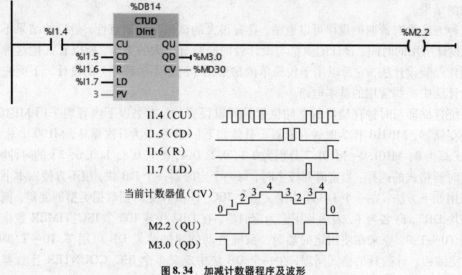

图 8.34 加减计数器程序及波形

8.4　PLC 梯形图的经验设计方法

8.4.1　梯形图设计的注意事项

（1）应遵守梯形图语言中的语法规定。

通常，在梯形图中，线圈放在右边，输入地址不能在程序中以线圈形式出现，触点必须水平布置。博途软件也支持线圈的串联输出。

（2）设置辅助寄存器，避免重线圈。

在梯形图中，一个线圈不能在多个位置出现，否则会引起混乱和错误，达不到相应的控制要求。若某个输出线圈有多个接通条件，可以将多个辅助寄存器线圈分别接入各个接通条件的线圈位置，最后将这些辅助寄存器的触点并联起来，接通需要的输出线圈。

（3）尽量减少 PLC 的输入信号和输出信号。

PLC 的价格与 I/O 点数有关，每一输入信号和每一输出信号分别要占用一个输入输出点，因此减少输入信号和输出信号的点数是降低硬件费用的主要措施。

PLC 的一个输入信号，只占 PLC 的一个输入点。梯形图中可以多次使用同一输入位的常开触点和常闭触点。

（4）设立外部联锁电路。

为了防止控制正反转的两个接触器同时动作，造成三相电源短路，除了在梯形图中设置输出位的线圈串联的常闭触点组成的联锁电路外，还要在 PLC 外部设置硬件联锁。

8.4.2 梯形图的经验设计法

数字量控制系统又称开关量控制系统，继电器控制系统就是典型的数字量控制系统。可以用设计继电器电路图的方法来设计比较简单的数字量控制系统的梯形图，即在一些典型电路的基础上，根据被控对象对控制系统的具体要求，不断地修改和完善梯形图。有时需要多次反复地调试和修改梯形图，增加一些中间编程元件和触点，最后才能得到一个较为满意的结果。

这种方法没有普遍的规律可以遵循，具有很大的试探性和随意性，最后的结果不是唯一的，设计所用的时间、设计的质量与设计者的经验有很大的关系，所以有人把这种设计方法叫作经验设计法，它可以用于较简单的梯形图（例如手动程序）的设计。下面先介绍经验设计法中一些常用的基本电路。

系统存储器与时钟存储器的存储位置是可以设置的，本书以下内容均采用 MB100 作为系统存储器，MB101 作为时钟存储器。具体如下：M100.0 为首次循环，M100.2 总为 1，M100.3 总为 0；M101.0—M101.7 分别为 0.1、0.2、0.4、0.5、0.8、1、1.6、2 s 的时钟脉冲。

定时器格式的选择：当定时器较多时，每一个定时器一个 DB 块，很不方便。本书以下内容采用如下方法：在一个 DB 块中定义多个 IEC_TIMER 定时器数据类型的变量，例如建立数据块 DB2，命名为 T，表示其用途为定时器，在 DB2 中建 100 个 IEC_TIMER 数据类型的数据 T0—T99，原来在使用定时器时，系统自动创建的背景 DB 可用 T. T0—T. T99 代替，方便编程。计数器的格式同理，在一个 DB 块中定义多个 IEC_COUNTER 计数器数据类型。定时器/计数器的数量只受存储容量的限制。

8.4.2.1 启动保持停止电路

启动保持停止电路（简称为启保停电路），如图 8.35 所示。按下启动按钮，I0.0 的常开触点接通，Q0.0 的线圈"通电"，它的常开触点接通自锁。按下停止按钮，I0.1 的常闭触点断开，使 Q0.0 的线圈"断电"。这种功能也可以用 S 和 R 指令来实现。

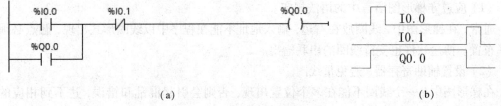

(a)　　　　　　　　　　　　　　　　　(b)

图 8.35　启保停回路

8.4.2.2 定时闪烁功能

用定时器设计输出脉冲的周期和占空比可调的振荡电路（即闪烁电路）。图 8.36 中 I0.0 的常开触点接通后，"T". T37 的 IN 输入端为 1 状态，"T". T37 开始定时。2 s 后定时时间到，"T".T37 的常开触点接通，使 Q0.0 变为 ON，同时"T".T38 开始定时。3 s 后"T".T38 的定时时间到，它的常闭触点断开，使"T".T37 的 IN 输入端变为 0 状态，"T".T37 的常开触点断开，使 Q0.0 变为 OFF，同时"T".T38 因为 IN 输入端变为 0 状态而被复位，复位后其常闭触点接通。"T".T37 又开始定时，以后 Q0.0 的线圈这样周期性地"通电"和"断电"，直到 I0.0 变为 OFF。Q0.0 线圈"通电"和"断电"的时间分别等于"T".T38 和"T".T37 的设定值。

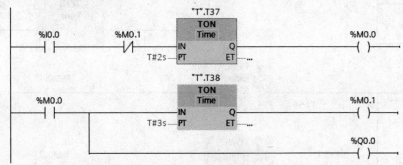

图 8.36 闪烁功能

8.4.2.3 十字路口交通灯控制

【例 8-3】 十字路口交通灯共有 12 个，同一方向对面的两组（红绿黄各 3 个灯）状态相同。所以，在此仅控制两个方向共 6 个（两组红绿黄灯）灯，称之为红 1、绿 1、黄 1 和红 2、绿 2、黄 2。

假设双向红绿黄灯控制的时序要求如图 8.37（a）所示，PLC 的端子端子分配如图 8.37（b）所示。

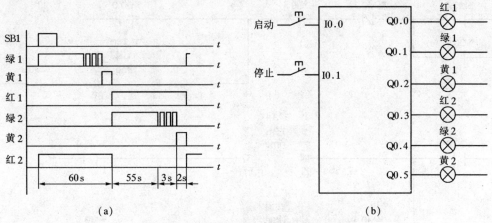

(a)　　　　　　　　　　　　(b)

图 8.37 十字路口交通灯时序图和端子分配图

（1）I/O 分析及端子分配。

输入信号是一个启动信号、一个停止信号，输出信号是 6 个信号灯（这里，可以将同一方向、相同颜色、相同功能的两个灯并联起来）。

（2）梯形图设计。

由图 8.37（a）可知，在一组红灯亮 60 s 的期间内，另一组的绿灯亮 55 s 后，再闪烁 3 次（亮 0.5 s，灭 0.5 s），接着黄灯亮 2 s。黄灯熄灭后，启动本组的红灯亮，同时启动另一组的绿灯亮……

从上述分析可知，我们只要设计出一组灯的控制程序即可，另一组灯控制程序可套用此程序。一组灯的控制可以分为 3 个步序：红 2 亮和绿 1 亮、红 2 亮和绿 1 闪烁 3 次、红 2 亮和黄 1 亮。其控制过程为顺序控制。梯形图如图 8.38 所示。

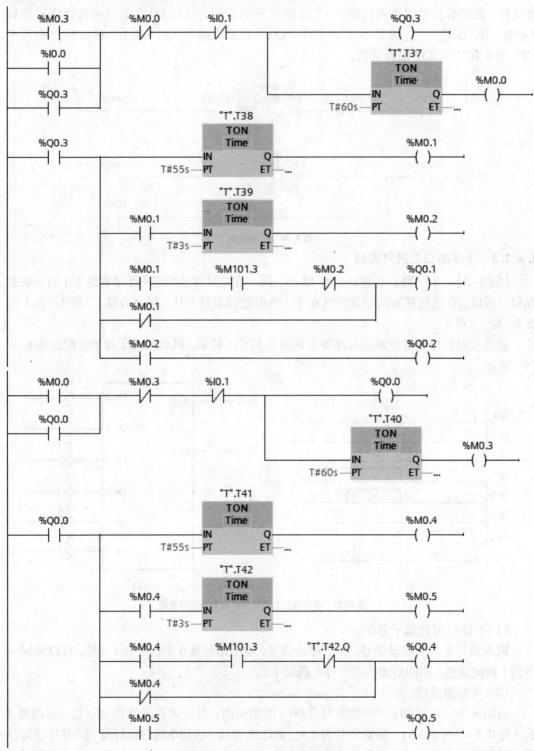

图 8.38　十字路口交通灯控制梯形图

当启动按钮按下后，红 2Q0.3 和绿 1Q0.1 亮，同时 60 s 定时器"T".T37 和 55 s 定时器"T".T38 同时开始定时，55 s 后，"T".T38 定时时间到，其触点动作使绿 1 由亮变闪（通过 1 s 时钟脉冲 M101.3），同时开始 3 s 的闪烁定时，"T".T39 定时时间到，绿灯灭，黄灯亮，当 60 s 定时时间到时，第一组（红 2、绿 1、黄 1）被切断，接通第二组（红 1、绿 2、黄 2），控制过程与第一组类似。当"T".T40 定时时间到时，第二组被切断，接通第一组，如此循环。

8.4.2.4　用计数器控制转盘的运动

【例8-4】　有一个转盘，上面均匀地分布 8 个刻度，每个刻度位置有一个透光小孔，转盘下面固定一个光电检测传感器，转盘每转过一个位置，传感器便发出一个信号。现有下列控制要求：转盘正转一周，停 8 s，反转半周，停 2 s，反复循环。

（1）I/O 分析及端子分配。

除了必要的启动、停止按钮外，光电检测传感器也是输入信号。输出信号则为转盘的正反转。

（2）梯形图设计。

按照循环顺序要求，按下启动按钮，应该首先接通正转 Q0.0，并自锁。正转时，转盘每转过一个刻度，光电传感器便发出一个信号，使计数器 C1 计数值加 1，转盘转过一周后，设定值为 8 的 C1 当前值恰好加到 8，C1 的输出触点动作，接通 8 s 定时器"T".T37，切断正转，同时 M0.0 的上升沿使 C1 复位。"T".T37 定时时间到，开始反转；同样，在反转时，Q0.1 常开触点动合，C2 计数达到设定值 4 后，其触点接通 2 s 定时器"T".T38，并切断反转，同时 M0.1 的上升沿使 C2 复位。当 2 s 定时时间到时，再一次接通正转，如此循环。端子分配和梯形图如图 8.39 和图 8.40 所示。

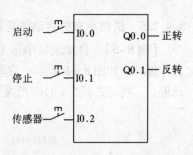

图 8.39　转盘的计数控制端子分配图

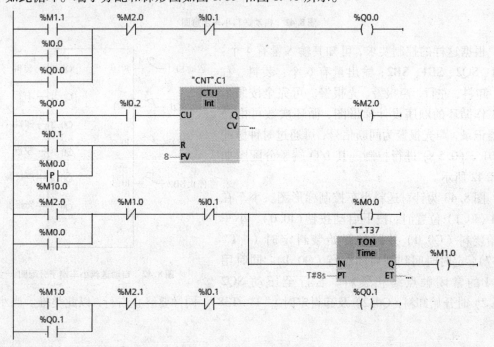

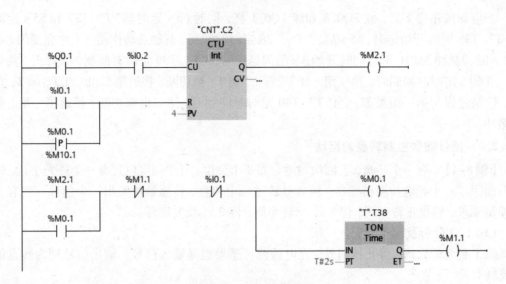

图 8.40 转盘的计数控制

8.4.2.5 送料小车的自动往复运动控制

【例 8-5】 自动送料小车主要完成"装料（30 s）→右行→卸料（20 s）→左行"这样的工作循环，如图 8.41 所示。启动按钮 SB1 按下后，小车即开始循环，当循环 100 次后，自动停止，同时进行 5 s 的声光报警。

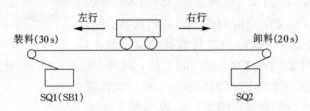

图 8.41 自动送料小车示意图

根据这样的控制要求，可知其输入量有 4 个：SQ1、SQ2、SB1、SB2；输出量有 6 个：装料、右行、卸料、左行、声报警、光报警。可完全按照小车工作循环的顺序设计梯形图，循环次数可由计数器记录，声光报警为间断信号，可通过时钟脉冲 M101.3（0.5 s）进行控制。其 I/O 端子分配图如图 8.42 所示。

图 8.43 为针对送料小车控制梯形图。小车在 SQ1（I0.1）位置时，按下启动按钮（I0.0），小车开始装料（Q0.0）并同时开始装料定时（"T". T37），定时时间到则启动右行（Q0.1），同时用 Q0.1 的常闭触点终止装料。右行至压动 SQ2 （I0.2）时开始卸料（Q0.2）及卸料定时（"T". T38），同样要终止右行，以此类推。当小车

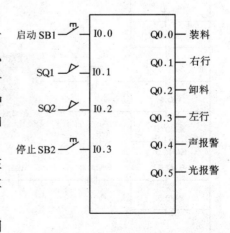

图 8.42 自动送料小车端子分配图

完成一个工作循环后，应继续下一个循环，重新启动装料及装料定时。这里，使用 I0.1 的脉冲指令，是为保证只有在循环过程中压动 I0.1 才可启动 Q0.0 和" T" . T37，继续下一个循环。在循环初始态(全部器件为断电状态)，虽然 SQl(I0.1)已被压动，但不能自行启动，只有按下启动按钮(I0.0)才可以开始工作循环。

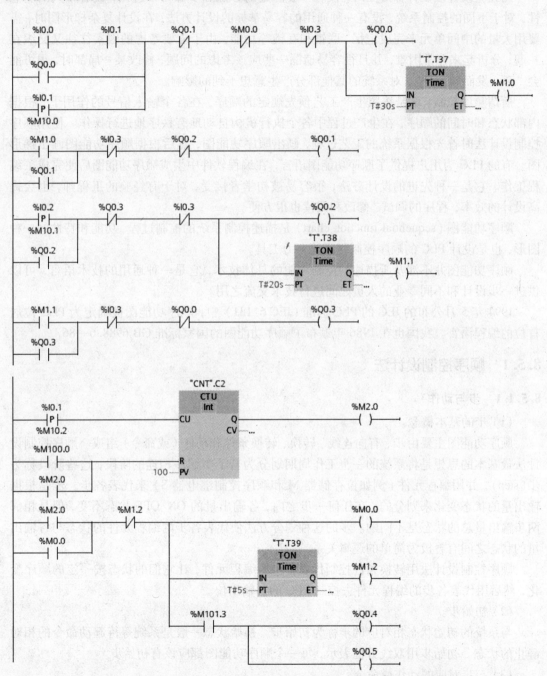

图 8.43　自动送料小车控制梯形图

8.5 顺序控制设计法与顺序功能图

用经验设计法设计梯形图时，没有一套固定的方法和步骤可以遵循，具有很大的随意性，对于不同的控制系统，没有一种通用的容易掌握的设计方法；在设计复杂梯形图时，需要用大量的中间单元来完成记忆、联锁和互锁等功能，由于需要考虑的因素往往又交织在一起，分析起来非常困难，并且很容易遗漏一些应该考虑的问题；修改某一局部时，很可能会"牵一发而动全身"，对系统的其他部分产生意想不到的影响。

所谓顺序控制，就是按照生产工艺预先规定的顺序，在各个输入信号的作用下，根据内部状态和时间的顺序，在生产过程中各个执行机构自动地有秩序地进行操作。使用顺序控制设计法时首先根据系统的工艺过程，画出顺序功能图，然后根据顺序功能图画出梯形图。有的 PLC 为用户提供了顺序功能图语言，在编程软件中生成顺序功能图后便完成了编程工作。它是一种先进的设计方法，很容易被初学者接受，对于有经验的工程师，也会提高设计的效率，程序的调试、修改和阅读也很方便。

顺序功能图（sequential function chart）是描述控制系统的控制过程、功能和特性的一种图形，也是设计 PLC 的顺序控制程序的有力工具。

顺序功能图并不涉及所描述的控制功能的具体技术，它是一种通用的技术语言，可以供进一步设计和不同专业的人员之间进行技术交流之用。

1994 年 5 月公布的 IEC 的 PLC 标准（IEC 61131）中，顺序功能图被确定为 PLC 位居首位的编程语言。我国也在 1986 年颁布了顺序功能图的国家标准 GB 6988.6—86。

8.5.1 顺序控制设计法

8.5.1.1 步与动作

（1）步的基本概念。

顺序功能图主要由步、有向连线、转换、转换条件和动作（或命令）组成。顺序控制设计法最基本的思想是将系统的一个工作周期划分为若干个顺序相连的阶段，这些阶段称为步（step），并用编程元件（例如位存储器 M 和顺序控制继电器 S）来代表各步。步是根据输出量的状态变化来划分的，在任何一步之内，各输出量的 ON/OFF 状态不变，但是相邻两步输出量总的状态是不同的。步的这种划分方法使代表各步的编程元件的状态与各输出量的状态之间有着极为简单的逻辑关系。

顺序控制设计法用转换条件控制代表各步的编程元件，让它们的状态按一定的顺序变化，然后用代表各步的编程元件去控制 PLC 的各输出位。

（2）初始步。

与系统的初始状态相对应的步称为初始步。初始状态一般是系统等待起动命令的相对静止的状态。初始步用双线方框表示，每一个顺序功能图都应该有初始步。

（3）与步对应的动作或命令。

可以将一个控制系统划分为被控系统和施控系统，例如在数控车床系统中，数控装置是施控系统，而车床是被控系统。对于被控系统，在某一步中要完成某些"动作"（action）；对于施控系统，在某一步中则要向被控系统发出某些"命令"（command）。为了叙述方便，下面将命令或动作统称为动作，并用矩形框中的文字或符号表示，该矩形框应与相应的步的符号相连。

如果某一步有几个动作，可以用图 8.44 中的两种画法来表示，但是并不隐含这些动作之间的任何顺序。

（4）活动步。

图 8.44　步中的动作表示

当系统正处于某一步所在的阶段时，该步处于活动状态，称该步为"活动步"。当步处于活动状态时，相应的动作被执行；当处于不活动状态时，相应的非存储型动作（没有用置位或复位指令的动作）被停止执行，定时器被复位，而用置位或复位指令的动作继续有效，直到被复位或置位。如图 8.45 所示。

8.5.1.2　有向连线与转换条件

（1）有向连线。

在顺序功能图中，随着时间的推移和转换条件的实现，将会发生步的活动状态的进展，这种进展按有向连线规定的路线和方向进行。在画顺序功能图时，将代表各步的方框按它们成为活动步的先后次序排列，并用有向连线将它们连接起来。步的活动状态习惯的进展方向是从上到下或从左至右，在这两个方向有向连

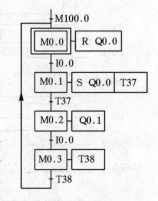

图 8.45　顺序功能图

线上的箭头可以省略。如果不是上述的方向，应在有向连线上用箭头注明进展方向。在可以省略箭头的有向连线上，为了更易于理解也可以加箭头。如果在画图时有向连线必须中断（例如，在复杂的图中，或用几个图来表示一个顺序功能图时），应在有向连线中断之处标明下一步的标号和所在的页数，例如"步 83、12 页"。

（2）转换。

转换用有向连线上与有向连线垂直的短划线来表示，转换将相邻两步分隔开。步的活动状态的进展是由转换的实现来完成的，并与控制过程的发展相对应。

（3）转换条件。

使系统由当前步进入下一步的信号称为转换条件。转换条件可以是外部的输入信号，例如按钮、指令开关、限位开关的接通或断开等；也可以是 PLC 内部产生的信号，例如定时器、计数器常开触点的接通等；转换条件还可能是若干个信号的与、或、非逻辑组合。

在顺序功能图中，只有当某一步的前级步是活动步时，该步才有可能变成活动步。如果用没有断电保持功能的编程元件代表各步，进入 RUN 工作方式时，它们均处于 OFF 状态，必须用初始化脉冲 M100.0 的常开触点作为转换条件，将初始步预置为活动步（见图 8.45）；否则，因为顺序功能图中没有活动步，系统将无法工作。如果系统有自动、手动两种工作方式，顺序功能图是用来描述自动工作过程的，这时还应在系统由手动工作方式进入自动工作方式时，用一个适当的信号将初始步置为活动步。

转换条件是与转换相关的逻辑命题，转换条件可以用文字语言、布尔代数表达式或图形符号标注在表示转换的短线的旁边，使用得最多的是布尔代数表达式。

图 8.46 中的时序图给出了控制锅炉的鼓风机和引风机的要求；按了启动按钮 I0.0 后，应先开引风机，延时 12 s 后再开鼓风机。按停止按钮 I0.1 后，应先停鼓风机，10 s 后再停

引风机。根据 Q0.0 和 Q0.1 ON/OFF 状态的变化，显然一个工作期间可以分为 3 步，分别用 M0.1、M0.2、M0.3 来代表这 3 步，另外还应设置一个等待起动的初始步。图 8.47 是描述该系统的顺序功能图，图中用矩形方框表示步，方框中可以用数字表示该步的编号，也可以用代表该步的编程元件的地址作为步的编号，例如 M0.0 等，这样再根据顺序功能图设计梯形图较为方便。

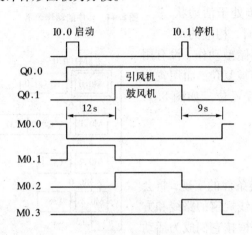

图 8.46　锅炉控制时序图

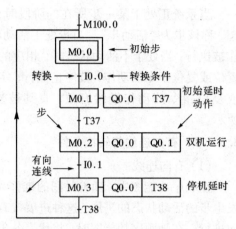

图 8.47　锅炉控制顺序功能图

8.5.1.3　顺序功能图的基本结构

（1）单序列。

单序列由一系列相继激活的步组成，每一步的后面仅有一个转换，每一个转换的后面只有一个步，见图 8.48(a)。

（2）选择序列。

选择序列的开始称为分支［见图 8.48(b)］，转换符号只能标在水平连线之下。如果步 5 是活动步，并且转换条件 h = 1，则由步 5→步 8。如果步 5 是活动步，并且 k = 1，则由步 5→步 10。只允许同时选择一个序列。选择序列的结束称为合并，几个选择序列合并到一个公共序列时，用与需要重新组合的序列数量相同的转换符号和水平有向连线来表示，转换符号只允许标在水平连线之上。

如果步 9 是活动步，并且转换条件 j = 1，则步 9→步 12；如果步 11 是活动步，并且 n = 1，则步 11→步 12。

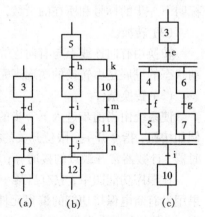

图 8.48　单序列、选择序列与并行序列

（3）并行序列。

并行序列的开始称为分支［见图 8.48(c)］，当转换的实现导致几个序列同时被激活时，这些序列称为并行序列。当步 3 是活动的，并且转换条件 e = 1，4 和 6 这两步同时变为活动步，同时步 3 变为不活动步。为了强调转换的同步实现，水平连线用双线表示。步 4、6 被同时激活后，每个序列中活动步的进展将是独立的。在表示同步的水平双线之上，只允许有一个转换符号。并行序列用来表示系统中几个同时工作的独立部分的工作情况。

并行序列的结束称为合并，在表示同步的水平双线之下，只允许有一个转换符号。当直接连在双线上的所有前级步（步 5、7）都处于活动状态，并且转换条件 i = 1 时，才会有步 5、7→步 10 的转变，即步 5、7 同时变为不活动步，而步 10 变为活动步。

8.5.1.4　顺序功能图中转换实现的基本规则

（1）转换实现的条件。

在顺序功能图中，步的活动状态的进展是由转换的实现来完成的。转换实现必须同时满足两个条件：

① 该转换所有的前级步都是活动步。

② 相应的转换条件得到满足。

这两个条件是缺一不可的。如果转换的前级步或后续步不止一个，转换的实现称为同步实现（见图 8.49）。为了强调同步实现，有向连线的水平部分用双线表示。

（2）转换实现应完成的操作。

转换实现时应完成以下两个操作：

① 使所有由有向连线与相应转换符号相连的后续步都变为活动步。

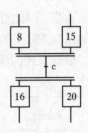

图 8.49　转换的同步实现

② 使所有由有向连线与相应转换符号相连的前级步都变为不活动步。

以上规则可以用于任意结构中的转换。其区别如下：在单序列中，一个转换仅有一个前级步和一个后续步；在并行序列的分支处，转换有几个后续步（见图 8.49），在转换实现时应同时将它们对应的编程元件置位，在并行序列的合并处，转换有几个前级步，它们均为活动步时才有可能实现转换，在转换实现时应将它们对应的编程元件全部复位；在选择序列的分支与合并处，一个转换实际上只有一个前级步和一个后续步，但是一个步可能有多个前级步或多个后续步。

转换实现的基本规则是根据顺序功能图设计梯形图的基础，它适用于顺序功能图中的各种基本结构和各种顺序控制梯形图的编程方法。

（3）绘制顺序功能图时的注意事项。

下面是针对绘制顺序功顺能图时常见的错误提出的注意事项：

① 两个步绝对不能直接相连，必须用一个转换将它们分隔开。

② 两个转换也不能直接相连，必须用一个步将它们分隔开。

③ 顺序功能图中的初始步一般对应于系统等待起动的初始状态，这一步可能没有什么输出处于 ON 状态，因此有的初学者在画顺序功能图时很容易遗漏这一步。初始步是必不可少的，一方面因为该步与它的相邻步相比，从总体上说输出变量的状态各不相同；另一方面如果没有该步，无法表示初始状态，系统也无法返回等待启动的停止状态。

④ 自动控制系统应能多次重复执行某一工艺过程，因此在顺序功能图中，一般应有由步和有向连线组成的闭环，即在完成一次工艺过程的全部操作之后，应从最后一步返回初始步。在单周期操作方式下，系统从最后一步返回并停留在初始状态，在连续循环工作方式时，应从最后一步返回到下一工作周期开始运行的第一步。

第① 条和第② 条可以作为检查顺序功能图是否正确的判据。

8.5.2 使用启保停电路设计顺序控制梯形图的方法

8.5.2.1 单序列的编程方法

参看图 8.47 中锅炉控制的顺序功能图。设计启保停电路的关键是找出它的启动条件和停止条件。根据转换实现的基本规则,转换实现的条件是它的前级步为活动步,并且满足相应的转换条件,步 M0.1 变为活动步的条件是它的前级步 M0.0 为活动步,且二者之间的转换条件 I0.0 为 1。在启保停电路中,则应将代表前级步的 M0.0 的常开触点和代表转换条件的 I0.0 的常开触点串联,作为控制 M0.1 的启动电路。

当 M0.1 和"T".T37 的常开触点均闭合时,步 M0.2 变为活动步,这时步 M0.1 应变为不活动步,因此可以将 M0.2 为 1 作为使存储器位 M0.1 变为 OFF 的条件,即将 M0.2 的常闭触点与 M0.1 的线圈串联。

根据上述的编程方法和顺序功能图,很容易画出梯形图(见图 8.50)。

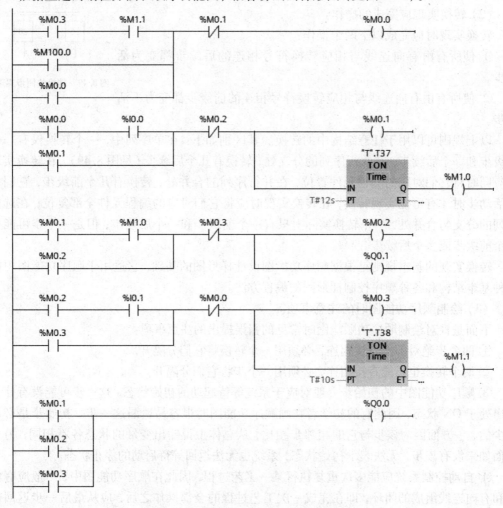

图 8.50 鼓风机和引风机的顺序控制梯形图

以初始步 M0.0 为例,由顺序功能图可知, M0.3 是它的前级步,"T".T38 的常开触点接通是二者之间的转换条件,所以应将 M0.3 和"T".T38 的常开触点串联,作为 M0.0 的启动电路。PLC 开始运行时应将 M0.0 置为 1，否则系统无法工作，故将仅在第一个扫描周期接通的 M100.0 的常开触点与上述串联电路并联，起动电路还并联了 M0.0 的自保持触点。后续步 M0.1 的常闭触点与 M0.0 的线圈串联，M0.1 为 1 时 M0.0 的线圈"断电"，初始步变为不活动步。

当控制 M0.0 的启保停电路的启动电路接通后，M0.0 的常闭触点使 M0.3 的线圈断电，在下一个扫描周期，因 M0.3 的常开触点断开，使 M0.0 的启动电路断开，靠 M0.0 的常开触点自锁使 M0.0 位保持接通。由此可知，启保停电路的启动电路接通的时间只有一个扫描周期。因此必须使用有记忆功能的电路（例如启保停电路或置位/复位电路）来控制代表步的存储器位。

下面介绍设计顺序控制梯形图的输出电路部分的方法。由于步是根据输出变量的状态变化来划分的，它们之间的关系极为简单，可以分为三种情况来处理：

（1）某一输出量仅在某一步中为 ON，例如图 8.50 中的 Q0.1 就属于这种情况，可以将它的线圈与对应步的存储器位 M0.2 的线圈并联。

（2）某一输出量在几步中都为 ON，应将代表各有关步的存储器位的常开触点并联后，驱动该输出的线圈。图 8.50 中 Q0.0 在 M0.1 ~ M0.3 这 3 步中均应工作，所以用 M0.1 ~ M0.3 的常开触点组成的并联电路来驱动 Q0.0 的线圈。

（3）如果某些输出量像 Q0.0 一样，在连续的若干步均为 1 状态，可以用置位、复位指令来控制它们。

8.5.2.2　选择序列的编程方法

（1）选择序列的分支的编程方法。

图 8.51 为选择序列顺序功能图的例子，图 8.52 为对应的梯形图。其中步 M0.0 之后有一个选择序列的分支，设 M0.0 为活动步，当它的后续步 M0.1 或 M0.2 变为活动步时，它都应变为不活动步，即 M0.0 变为 0 状态，所以应将 M0.1 和 M0.2 的常闭触点与 M0.0 的线圈串联。

如果某一步的后面有一个由 N 条分支组成的选择序列，该步可能转换到不同的 N 步去，则应将这 N 个后续步对应的存储器位的常闭触点与该步的线圈串联，作为结束该步的条件。

（2）选择序列合并的编程方法。

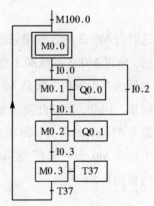

图 8.51　选择序列顺序功能图

图 8.51 中，步 M0.2 之前有一个选择序列的合并，当步 M0.1 为活动步（M0.1 为 1 状态），并且转换条件 I0.1 满足，或者步 M0.0 为活动步，并且转换条件 I0.2 满足，步 M0.2 都应变为活动步。

一般来说，对于选择序列的合并，如果某一步之前有 N 个转换，即有 N 条分支进入该步，则代表该步存储器位的起动部分应由 N 条支路并联而成，各支路均由某一前级步对应的存储器位的常开触点与相应转换条件对应的触点或电路串联而成。图 8.51 对应的梯形图如图 8.52 所示。

（3）仅有两步的闭环的处理。

如果在顺序功能图中存在仅有两步组成小闭环 [见图 8.53(a)]，用前面介绍的启保停电路设计的梯形图不能正常工作。当 M0.2 和 I0.2 均为 1 时，M0.3 的线圈应该接通，但是

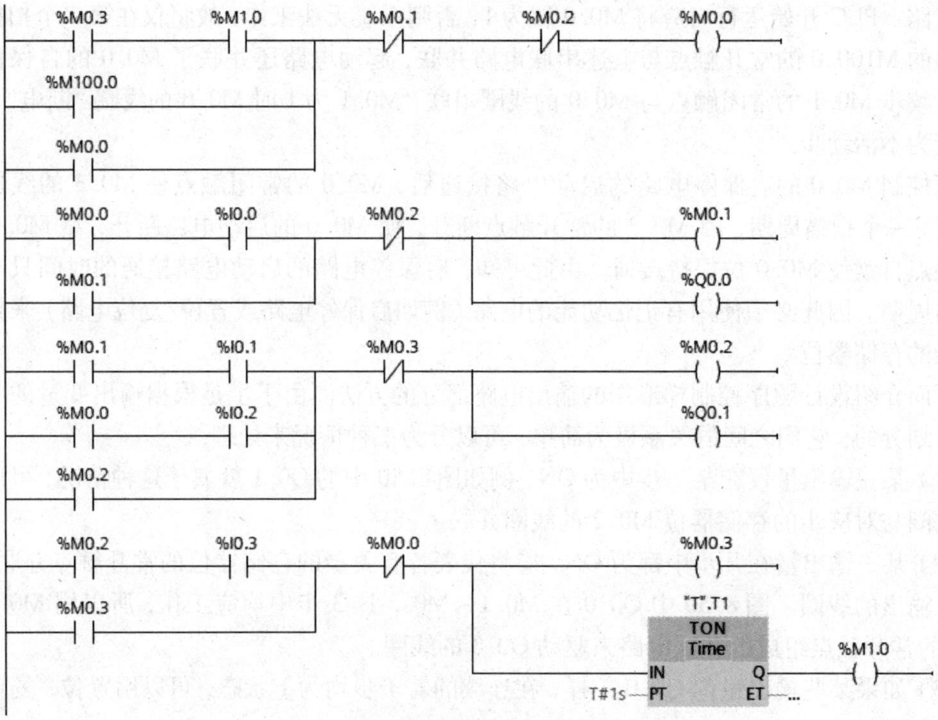

图 8.52　选择序列合并梯形图

这时与 M0.3 的线圈串联的 M0.2 常闭触点却是断开的，所以 M0.3 的线圈不能得电。出现上述问题的根本原因在于 M0.2 既是 M0.3 的前级步，又是它的后续步。因此，针对此类问题，可以将顺序功能图改成图 8.53(b) 的形式，即在 M0.2 和 M0.3 之间增加一个空步 M0.5，"＝1"表示无其他条件。对应的梯形图如图 8.54 所示。

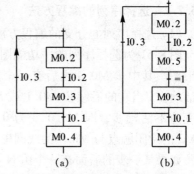

图 8.53　仅有两步的顺序功能图

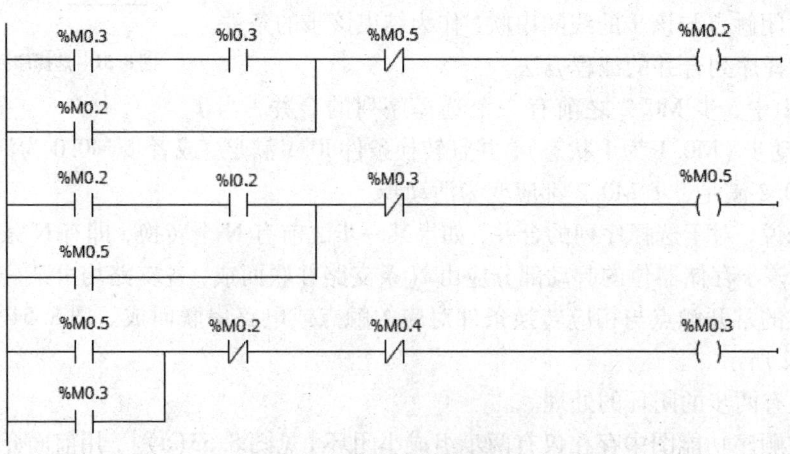

图 8.54　仅有两步闭环的处理

（4）选择序列应用举例。

【例 8-6】　液体混料罐控制设计

液体混料罐如图 8.55（a）所示，有上限位、下限位和中限位三个液位传感器。当传感器被液体淹没时为 1 状态，反之为 0 状态。阀 A、B、C 为电磁阀，线圈通电时打开，线圈断电时关闭。开始时容器是空的，各阀门均关闭，各传感器均为 0 状态。

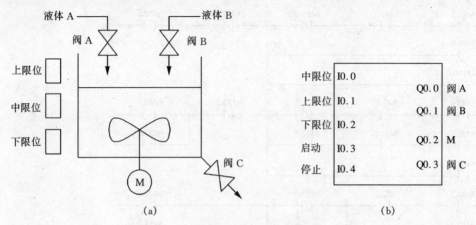

图 8.55　液体混料系统的示意图和端子分配图

控制要求如下：

① 按下启动按钮后，打开阀 A，液体 A 流入容器，液面上升，中限位开关变为 ON 时，关闭阀 A，打开阀 B，液体 B 流入容器，当液面升到上限位开关时，关闭阀 B，电机 M 开始运行，搅拌液体。60 s 后停止搅拌，打开阀 C，放出混合液，当液面降至下限位开关之后，再过 5 s，容器放空，关闭阀 C，打开阀 A，又开始下一周期的操作。

② 按下停止按钮，不是马上终止循环，而是在当前工作周期的操作结束后，才停止操作，返回并停留在初始状态。

I/O 端子分配如图 8.55（b）所示。顺序功能图如图 8.56 所示。对应的梯形图如图 8.57 所示。

图 8.56 中 M1.0 的梯形图如图 8.57 梯形图中的网络 1。它的作用是：按下停止按钮后不会马上停止工作，而是在当前工作周期的操作结束后，才停止运行。M1.0 用启动按钮 I0.3 和停止按钮 I0.4 来控制。运行时它处于 ON 状态，系统完成一个周期的工作后，步 M0.5 到 M0.1 的转换条件 M1.0 和"T".T38 同时满足时，转换到步 M0.1 后继续运行。按下停止按钮 I0.4 之后，M1.0 变为 OFF，等系统完成最后一步 M0.5 的工作后，便能返回初始步，系统停止运行。图 8.56 中步 M0.5 之后有一个选择序列的分支，当它的后续步 M0.0 或 M0.1 变为活动步时，它都应变为不活动步，所以应将 M0.0 和 M0.1 的常闭触点与 M0.5 的线圈串联。

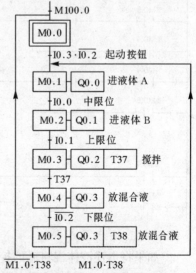

图 8.56　液体混合系统的顺序功能图

图 8.56 中步 M0.1 之前有一个选择序列的合并，当步 M0.0 为活动步并且转换条件 I0.3 为 1，I0.2 为 0 同时满足，或步 M0.5 为活动步并且转换条件 M1.0 和"T".T38 满足同

时为1，步M0.1都应变为活动步，对应的启动电路由两条并联支路组成，每条支路分别由M0.0（常开）、I0.3（常开）、I0.2（常闭）或M0.5、M1.0、"T". T38的常开触点串联而成。

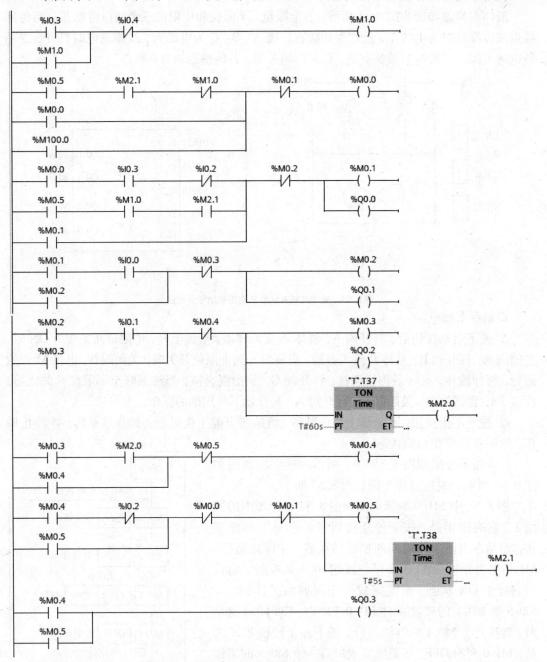

图8.57　液体混料系统的梯形图

如果将上述液体混料罐的控制要求修改为：

①完成"注入液体A至中限位→注入液体B至上限位→搅拌电机搅拌60 s→阀C排放至低于下限位→再排放5 s"的循环；

②循环10次，声光报警6 s。

则对应的端子分配图和顺序功能图如图8.58所示。读者自行完成对应的梯形图。

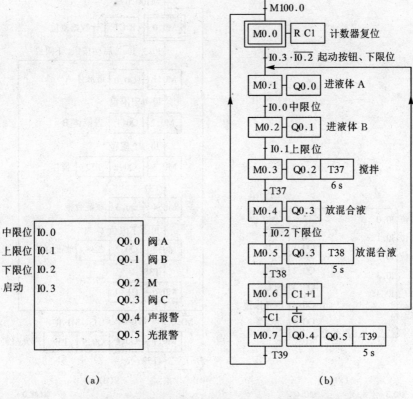

图 8.58　具有报警功能的液体混料罐端子分配图和顺序功能图

其中的计数器要在步 M0.5 后面增加一步 M0.6，在 M0.6 步对计数器进行编程，如图 8.59 所示。

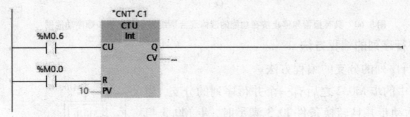

图 8.59　计数器网络的梯形图

如果将上述液体混料灌的控制要求修改为：

① 完成"注入液体 A 至中限位→注入液体 B 至上限位→搅拌电机搅拌 60 s→阀 C 排放至低于下限位→再排放 5 s"的循环；

② 循环 10 次，声光报警 6 s；

③ 按停止按钮，完成当前循环以后停止。

则对应的端子分配图和顺序功能图如图 8.60 所示。计数后包括三个分支选择：如果循环过程中按了停止按钮，则 M1.0 的反变量为"1"，程序转到 M0.0；如果循环过程中没有按停止按钮，M1.0 为"1"，而且计数器没计满，则转到 M0.1 继续循环；如果循环过程中没有按停止按钮，M1.0 为"1"，而且计数器计满了，则转到 M0.7 声光报警。报警结束，转到 M0.0。

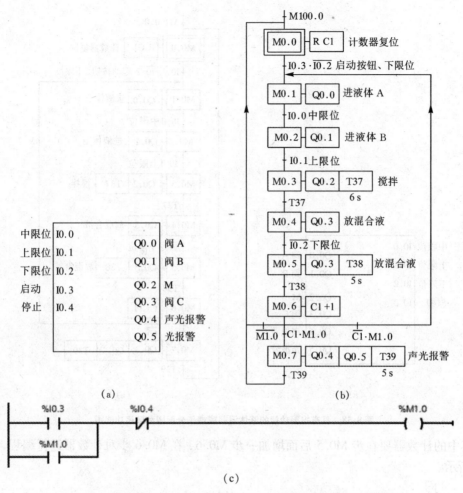

(a)

(b)

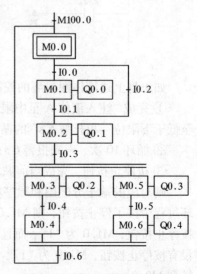

(c)

图 8.60　具有报警和停止按钮功能的液体混合系统端子分配图和顺序功能图

8.5.2.3　并行序列的编程方法

（1）并行序列的分支的编程方法。

图 8.61 中的步 M0.2 之后有一个并行序列的分支，当步 M0.2 是活动步并且转换条件 I0.3 满足时，步 M0.3 与步 M0.5 应同时变为活动步，这是用 M0.2 和 I0.3 的常开触点组成的串联电路分别作为 M0.3 和 M0.5 的启动电路来实现的；与此同时，步 M0.2 应变为不活动步。步 M0.3 和 M0.5 是同时变为活动步的，只需将 M0.3 或 M0.5 的常闭触点与 M0.2 的线圈串联就行了。

（2）并行序列合并的编程方法。

图 8.61 中步 M0.0 之前有一个并行序列的合并，该转换实现的条件是所有的前级步（即步 M0.4 和 M0.6）都是活动步且转换条件 I0.6 满足。由此可知，应将 M0.4、M0.6 和 I0.6 的常开触点串联，作为控制 M0.0 的启保停电路的启动条件。图 8.61 对应的梯形图如图 8.62 所示。

图 8.61　并行序列的顺序功能图

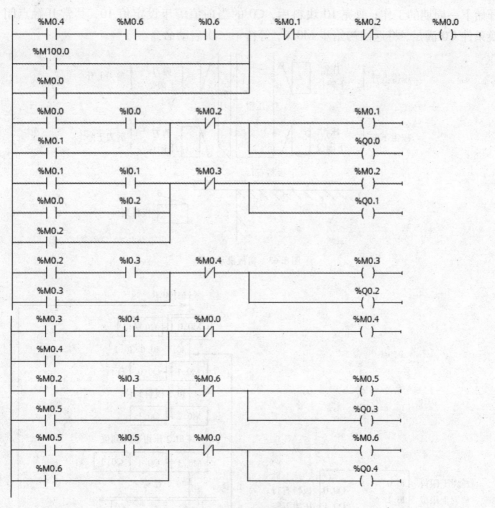

图 8.62　并行序列的梯形图

任何复杂的顺序功能图都是由单序列、选择序列和并行序列组成的，掌握了单序列的编程方法和选择序列、并行序列的分支、合并的编程方法，就不难迅速地设计出任意复杂的由顺序功能图描述的数字量控制系统的梯形图。

（3）并行序列应用举例。

【例 8-7】　剪板机控制设计。

图 8.63 是某剪板机的示意图。循环的初始条件是压钳和剪刀都在上限位置，即压钳上限位传感器和剪刀上限位传感器都为 ON；按下启动按钮，工作过程如下：首先板料右行至板料到位传感器处停止，然后压钳下行，压紧板料后，压钳下限位传感器为 ON，压钳保持压紧，剪刀开始下行。剪断板料后，剪刀下限位传感器变为 ON，压钳和剪刀同时上行，它们碰到各自的上限位传感器后，分别停止上行。都停止后，又开始下一周期的工作，剪完 10 块料后停止工作并停在初始状态。

系统的顺序功能图如图 8.64 所示。图中有选择序列和并行序列的分支与合并。步 M0.0 是初始步，加计数器 C0 用来控制剪料的次数，每完成一次工作循环，C0 的当前值加 1。没有剪完 10 块钢板时，C0 的当前值小于设定值 10，其常闭触点闭合，返回步 M0.1，重新开始下一周期的工作；剪完 10 块料后，C0 的当前值等于设定值 10，其常开触点闭合。转换条件 C0 满足，将返回初始步 M0.0，等待下一次启动命令。

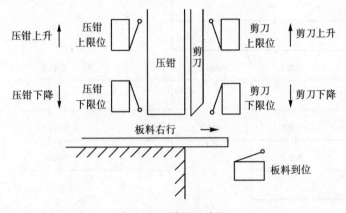

图 8.63　剪板机示意图

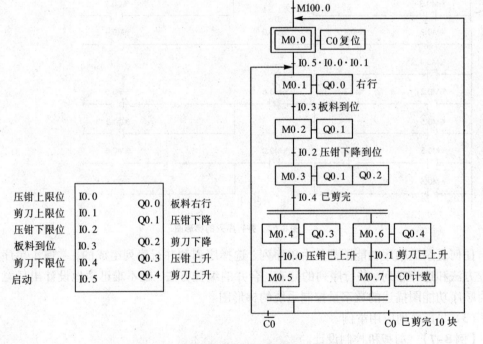

压钳上限位	I0.0			
剪刀上限位	I0.1	Q0.0	板料右行
压钳下限位	I0.2	Q0.1	压钳下降
板料到位	I0.3	Q0.2	剪刀下降
剪刀下限位	I0.4	Q0.3	压钳上升
启动	I0.5	Q0.4	剪刀上升

图 8.64　剪板机的端子分配图和顺序功能图

【例 8-8】　组合钻床控制设计。

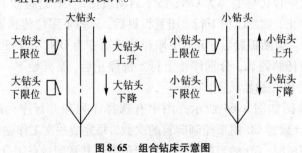

图 8.65　组合钻床示意图

　　某组合钻床用两只钻头同时钻两个孔，如图 8.65 所示。开始自动运行之前，两个钻头都在最上面，上限位传感器都为 ON。操作人员放好工件后，按下启动按钮，工件被夹紧后，两只钻头同时开始工作，钻到各自的下限位传感器设定的深度时分别上行回到由两个上限位设定的起始位置时分别停止上行。两个都到位后，工件被松开，松开到位后，加工结束，系统返回初始状态。

　　图 8.66 为端子分配图。图 8.67 为顺序功能图。顺序功能图用存储器位 M0.0～M1.0 代表各步。两只钻头和各自的限位传感器组成了两个子系统，这两个子系统在钻孔过程中同时工作，因此用并行序列中的两个子序列来分别表示这两个子系统的内部工作情况。

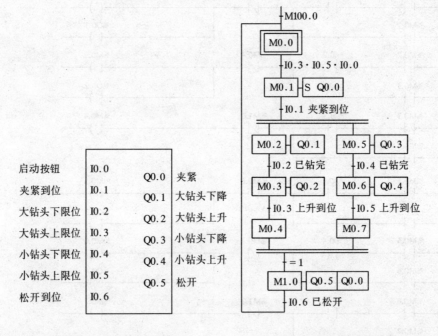

　　　　　　图 8.66　组合钻床端子分配图　　　　　图 8.67　组合钻床顺序功能图

　　在步 M0.1，Q0.0 为 1 状态，夹紧电磁阀的线圈通电。工件被夹紧后，夹紧到位 I0.1 常开触点接通，使得步 M0.2 和步 M0.5 同时变为活动步，步 M0.1 变为不活动步，Q0.1 和 Q0.3 为 1 状态，大、小钻头同时向下进给，开始钻孔。

　　当大孔钻完后，碰到下限位开关 I0.2，Q0.2 变为 1 状态，大钻头向上运动到位后，上限位开关 I0.3 变为 1 状态，等待步 M0.4 变为活动步。

　　同样，当小孔钻完后，碰到下限位开关 I0.4，Q0.4 变为 1 状态，小钻头向上运动到位后，上限位开关 I0.5 变为 1 状态，等待步 M0.7 变为活动步。

　　两个等待步之后的"=1"表示转换条件总是满足，即该转换条件等于二进制常数 1，相当于无条件。只要 M0.4 和 M0.7 都变为活动步，就会实现步 M0.4 和步 M0.7 到步 M1.0 的转换。所以只需将前级步 M0.4 和 M0.7 的常开触点串联后作为控制 M1.0 的启保停电路的启动条件。

　　步 M1.0 变为活动步后，其常闭触点断开，使 M0.4 和 M0.7 的线圈断电，步 M0.4 和步 M0.7 变为不活动步。在步 M1.0，控制工件松开的 Q0.5 为 1 状态，工件被松开后，限位开关 I0.6 为 1 状态，系统返回初始步 M0.0。梯形图如图 8.68 所示。

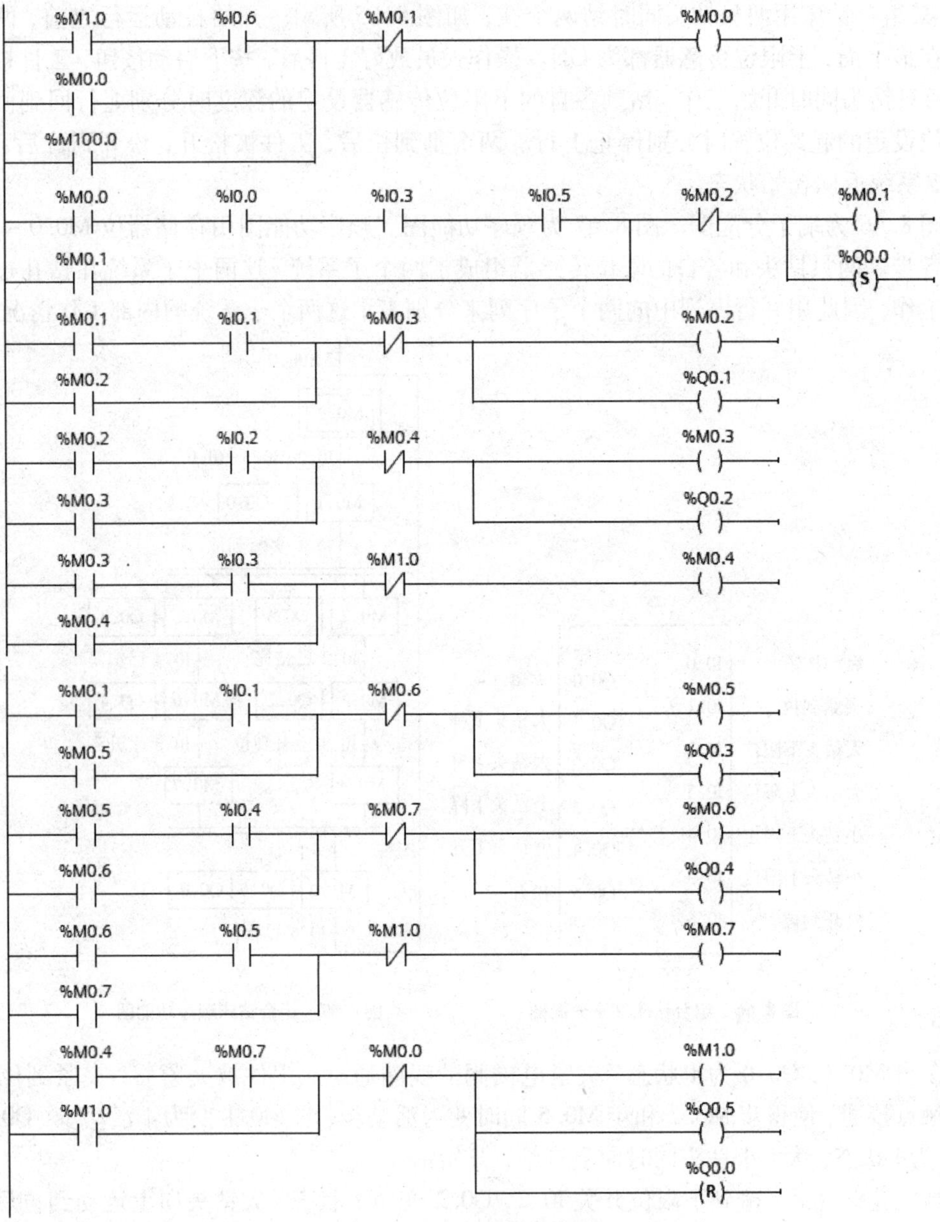

图 8.68　组合钻床的梯形图

8.5.3　用置位、复位指令设计顺序控制梯形图的方法

8.5.3.1　单序列的编程方法

在任何情况下，代表步的存储器位的控制电路也可以用置位、复位指令来设计。每一个转换对应一个这样的控制置位和复位的电路块，有多少个转换就有多少个这样的电路块。这种设计方法特别有规律，梯形图与转换实现的基本规则之间有着严格的对应关系，在设计复杂的顺序功能图的梯形图时既容易掌握，又不容易出错。

【例 8-9】　组合机床动力滑台的控制设计。

某组合机床的动力滑台在初始状态时停在最左边，SQ1 为 1 状态。按下起动按钮，动力滑台的进给运动如图 8.69 所示,快进时,电磁阀 1、2 同时得电,滑台到达 SQ2 时电磁阀 2 得电,工进,滑台到达 SQ3 时电磁阀 3 得电,快退返回并停在初始位置。

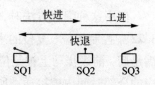

图 8.69　组合机床动力滑台示意图

端子分配如图 8.70 所示。顺序功能图如图 8.71 所示。用置位/复位指令编写的梯形图如图 8.72 所示。

启动	I0.0	Q0.1	电磁阀 1
SQ2	I0.1	Q0.2	电磁阀 2
SQ3	I0.2	Q0.3	电磁阀 3
SQ1	I0.3		

图 8.70　组合机床动力滑台的端子分配图

实现图 8.71 中 I0.1 对应的转换需要同时满足两个条件,即该转换的前级步是活动步 (M0.1 = 1) 和转换条件满足 (I0.1 = 1)。在图 8.72 的梯形图中,可以用 M0.1 和 I0.1 的常开触点组成串联电路来表示上述条件。该电路接通时,两个条件同时满足,此时应将该转

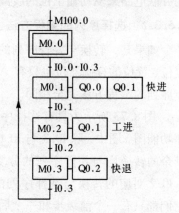

图 8.71　组合机床动力滑台的顺序功能图

换的后续步变为活动步,即用置位指令将 M0.2 置位;还应用复位指令将 M0.1 复位,将该转换的前级步变为不活动步。

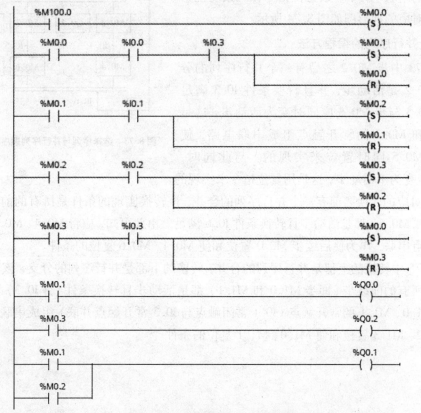

图 8.72　组合机床动力滑台的梯形图

使用这种编程方法时，不能将输出位的线圈与置位指令和复位指令并联，这是因为图 8.72 中控制置位、复位的串联电路接通的时间是相当短的，只有一个扫描周期，转换条件满足后，前级步马上被复位，该串联电路断开，而输出位（Q）的线圈至少应该在某一步对应的全部时间内被接通。所以应根据顺序功能图，用代表步的存储器位的常开触点或它们的并联电路来驱动输出位的线圈。

8.5.3.2 选择序列的编程方法

如果某一转换与并行序列的分支、合并无关，它的前级步和后续步都只有一个，需要复位、置位的存储器位也只有一个，因此对选择序列的分支与合并的编程方法实际上与对单序列的编程方法完全相同。

图 8.73 所示为具有选择序列和并行序列的顺序功能图，图中，除 I0.3 与 I0.6 对应的转换以外，其余的转换均与并行序列的分支、合并无关，I0.0 ～I0.2 对应的转换与选择序列的分支、合并有关，它们都只有一个前级步和一个后续步。与并行序列的分支、合并无关的转换对应的梯形图是非常标准的，每一个控制置位、复位的电路块都是由前级步对应的一个存储器位的常开触点和转换条件对应的触点组成的串联电路、一条置位指令和一条复位指令组成。对应的梯形图如图 8.74 所示。

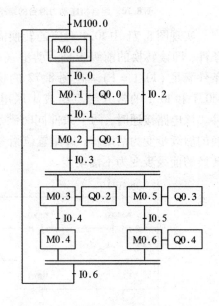

图 8.73　选择序列与并行序列顺序功能图

8.5.3.3 并行序列的编程方法

图 8.73 中步 M0.2 之后有一个并行序列的分支，当 M0.2 是活动步，并且转换条件 I0.3 满足时，步 M0.3 与步 M0.5 应同时变为活动步，这是用 M0.2 和 M0.3 的常开触点组成串联电路，使 M0.3 和 M0.5 同时置位来实现的。与此同时，步 M0.2 应变为不活动步，这是用复位指令来实现的。

I0.6 对应的转换之前有一个并行序列的合并，该转换实现的条件是所有的前级步（即步 M0.4 和 M0.6）都是活动步且转换条件 I0.6 满足。由此可知，应将 M0.4、M0.6 和 I0.6 的常开触点串联，作为使后续步 M0.0 置位和使 M0.4、M0.6 复位的条件。

图 8.75 中转换的上部是并行序列的合并，转换的下部是并行序列的分支，该转换实现的条件是所有的前级步（即步 M1.0 和 M1.1）都是活动步且转换条件（＋I0.3）满足。因此应将 M1.0、M1.1 的常开触点（I0.1 常闭触点与 I0.3 常开触点并联）组成串联电路，作为使 M1.2、M1.3 置位和使 M1.0、M1.1 复位的条件。

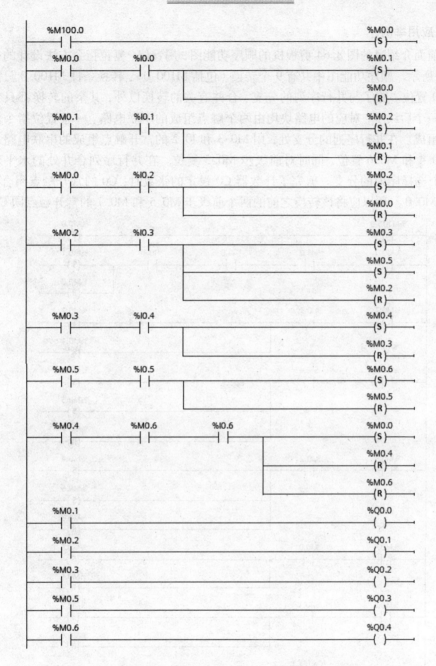

图 8.74　用置位、复位指令设计的梯形图

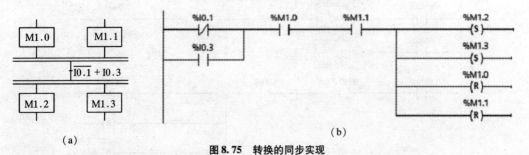

(a) (b)

图 8.75　转换的同步实现

8.5.3.4 应用举例

根据前面介绍过的图 8.64 剪板机的顺序功能图，用置位、复位指令方法设计的梯形图如图 8.76 所示。顺序功能图中共有 9 个转换（包括 M100.0），转换条件 M100.0 只需对初始步 M0.0 置位。除了与并行序列的分支、合并有关的转换以外，其余的转换都只有一个前级步和一个后续步，对应的电路块均由两个触点组成的串联电路、一条置位指令和一条复位指令组成。在并行序列的分支处，用 M0.3 和 I0.2 的常开触点组成的串联电路对两个后续步 M0.4 和 M0.6 置位，同时对前级步 M0.3 复位。在并行序列合并处的水平双线之下，有一个选择序列的分支。剪完了计数器 C0 设定的张数时，C0 的常开触点闭合，将返回初始步 M0.0。所以应将该转换之前的两个前级步 M0.5 和 M0.7 的常开触点同 C0 的常

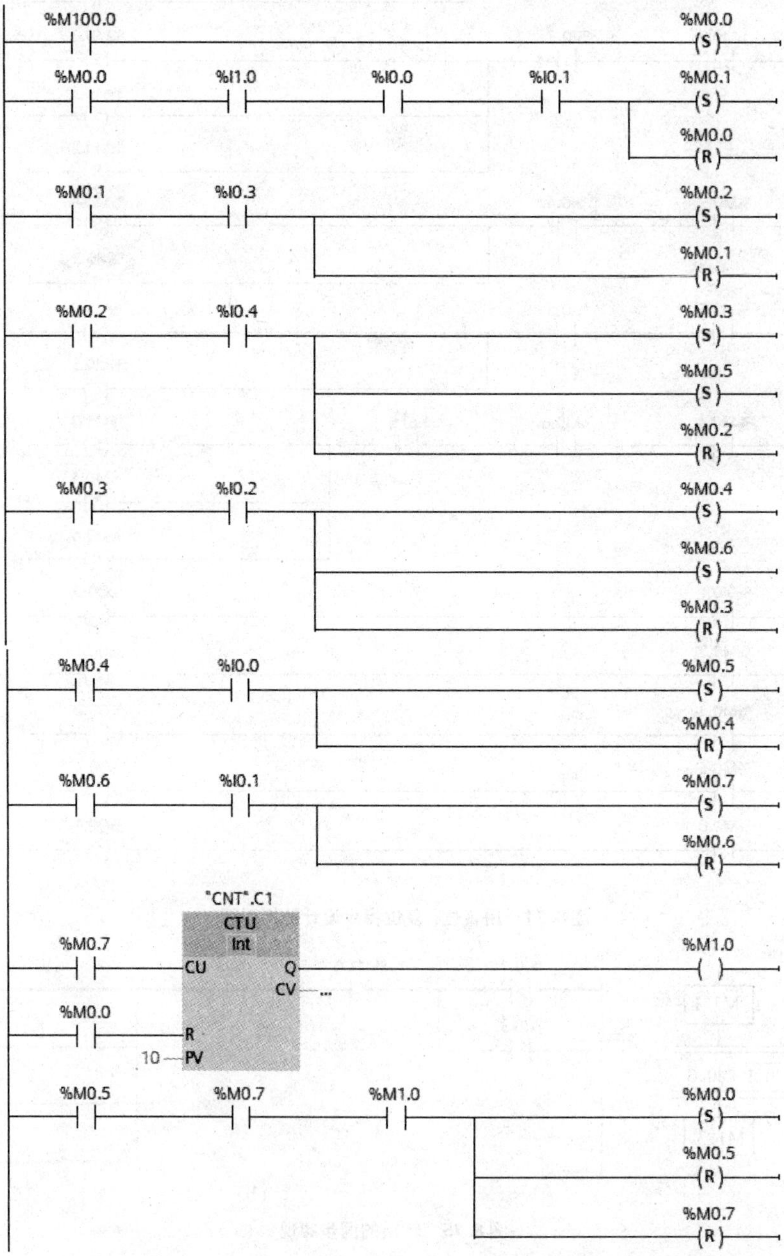

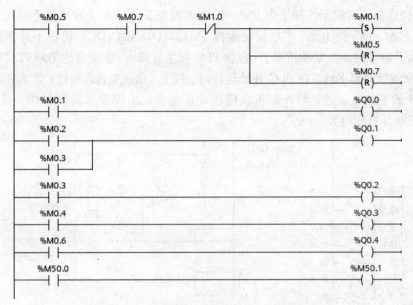

图 8.76 使用置位复位指令的剪板机控制系统梯形图

开触点串联，作为对后续步 M0.0 置位及对前级步 M0.5 和 M0.7 复位的条件。没有剪完计数器 C0 设定的张数时，C0 的常闭触点闭合，将返回步 M0.1，所以将该转换之前的两个前级步 M0.5 和 M0.7 的常开触点同 C0 的常闭触点串联，作为对后续步 M0.1 置位及对前级步 M0.5 和 M0.7 复位的条件。

8.5.4 具有多种工作方式的顺序控制设计方法

以搬运机械手为例，讲解具有多种操作方式的顺序控制设计方法。

8.5.4.1 系统的硬件结构与工作方式

（1）硬件结构。

为了满足生产的需要，很多设备要求设置多种工作方式，例如手动和自动（包括连续、单周期、单步和自动返回初始状态）工作方式。手动程序比较简单，一般用经验法设计，复杂的自动程序一般根据系统的顺序功能图，用顺序控制法设计。

某机械手用来将工件从 A 点搬运到 B 点（见图 8.77），控制面板如图 8.78 所示，图 8.79 是 PLC 的外部接线图。输出 Q0.1 为 1 时工件被夹紧，为 0 时被松开。工作方式选择

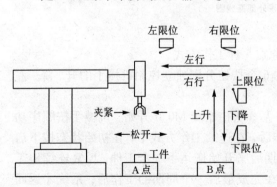

图 8.77 机械手示意图

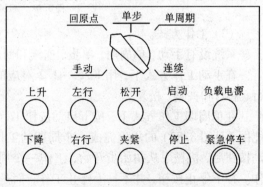

图 8.78 机械手操作面板示意图

开关的 5 个位置分别对应于 5 种工作方式，操作面板左下部的 6 个按钮是手动按钮。CPU 选择 CPU1214AC/DC/继电器，扩展模块选择 SM1221D18X24VDC。机械手外部接线图如图 8.79 所示。为了保证在紧急情况下（包括 PLC 发生故障时）能可靠地切断 PLC 的负载电源，设置了交流接触器 KM。在 PLC 开始运行时，按下"负载电源"按钮，使 KM 线圈得电并自锁，KM 的主触点接通，给外部负载提供交流电源，出现紧急情况时用"紧急停车"（急停）按钮断开负载电源。

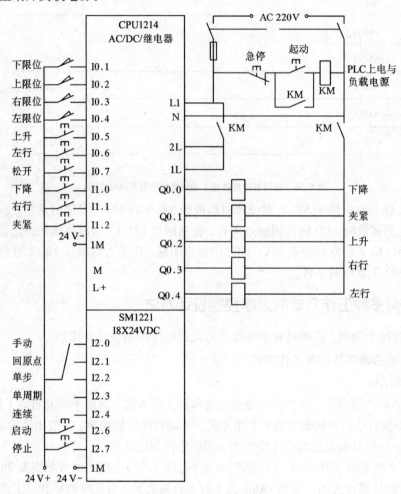

图 8.79　机械手外部接线图

（2）工作方式。

系统设有手动、单周期、单步、连续和回原点 5 种工作方式。

在手动工作方式下，用 I0.5—I1.2 对应的 6 个按钮分别独立控制机械手的升、降、左行、右行和夹紧、松开。

在单周期工作方式下，按下启动按钮 I2.6 后，从初始步 M0.0 开始，机械手按顺序功能图（见图 8.83）的规定完成一个周期的工作后，在连续工作方式下，在初始状态按下启动按钮后，机械手从初始步开始，工作一个周期后又开始搬运下一个工件，反复连续地工作。按下停止按钮，并不马上停止工作，而是在完成最后一个周期的工作后，系统才返回并停留在初始步。

在单步工作方式下，从初始步开始，按一下启动按钮，系统转换到下一步，完成该步的任务后，自动停止工作并停留在该步，再按一下启动按钮，又往前走一步。单步工作方式常用于系统的调试。

在进入单周期、连续和单步工作方式之前，机械手的初始状态应为：手在最上面和最左边且夹紧装置松开。如果不满足这一条件，可以选择回原点工作方式，然后按启动按钮 I2.6，使系统自动返回原点状态。在原点状态，顺序功能图中的初始步 M0.0 为 ON，为进入单周期、连续和单步工作方式做好了准备。

（3）程序的总体结构。

图 8.80 是主程序，公用程序 FC1 是无条件执行的。在手动方式下，I2.0 为 ON，执行"手动"程序 FC2。在自动回原点方式下，I2.1 为 ON，执行"回原点"程序 FC3。在其他 3 种工作方式下执行"自动"程序 FC4。

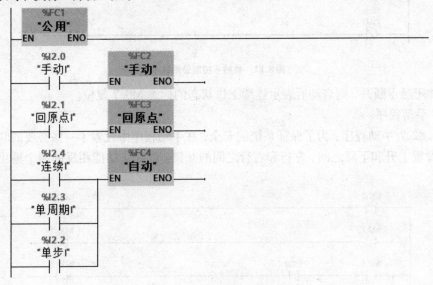

图 8.80　机械手控制主程序

8.5.4.2　使用启保停电路的编程方法

（1）公用程序。

公用程序（见图 8.81）用于处理各种工作方式都要执行的任务，以及处理不同工作方式之间的相互切换。

机械手在原点的条件为：左限位开关 I0.4、上限位开关 I0.2 的常开触点闭合，表示机械手松开的 Q0.1 的常闭触点闭合，此时"原点条件"M0.5 为 ON。在开始执行用户程序（M100.0 为 ON），而且系统处于手动状态或自动回原点状态（I2.0 或 I2.1 为 ON）时，初始步对应的 M0.0 将被置位，为进入单步、单周期和连续工作方式做好准备。如果此时 M0.5 为 OFF 状态，M0.0 将被复位，初始步为不活动步，无法进入单步、单周期或连续的工作方式工作。

当系统处于手动工作方式时，必须将自动程序中除初始步以外的各步对应的存储器位（M2.0～M2.7）复位，否则当系统从自动工作方式切换到手动工作方式，然后又返回自动方式时，可能会出现同时有两个活动步的异常情况，引起错误的动作。在非连续方式下，

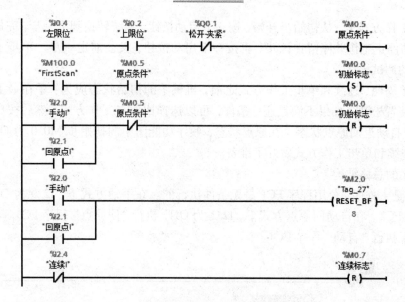

图 8.81 机械手控制公用程序

I2.4 的常闭触点断开，则启动后表示连续工作状态的标志 M0.7 复位。

（2）手动程序。

图 8.82 为手动程序，为了保证系统的安全，在手动程序中设置了一些必要的联锁：

① 设置上升和下降之间、左行和右行之间的互锁，以防止功能相反的两个输出同时为 ON。

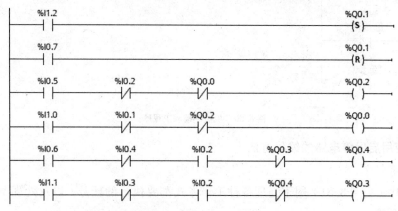

图 8.82 机械手控制手动程序

② 用限位开关 I0.1—I0.4 限制机械手移动的范围。

③ 用上限位开关 I0.2 的常开触点与控制左行和右行的 Q0.3 和 Q0.4 的线圈串联，使机械手只有升到最高位置才能左右移动，以防止机械手在较低位置运行时与别的物体碰撞。

（3）自动程序。

图 8.83 是处理单周期、连续和单步工作方式的顺序功能图，图 8.84 是用启保停电路设计的程序，M0.0 和 M2.0—M2.7 用典型的启保停电路控制。

单周期、连续和单步这 3 种工作方式主要是用"连续"标志 M0.7 和"转换允许"标志

M0.6 来区分的。

① 单步与非单步的区分。

M0.6 的常开触点接在每一个控制代表步的存储器位的启动电路中，它们断开时禁止步的活动状态的转换。如果系统处于单步工作方式，I2.2 为 1 状态，它的常闭触点断开，"转换允许"存储器位 M0.6 在一般情况下为 0 状态，不允许步与步之间的转换。当某一步的工作结束后，转换条件满足，如果没有按启动按钮 I2.6，M0.6 处于 0 状态，启保停电路的启动电路处于断开状态，不会转换到下一步。一直要等到按下启动按钮 I2.6，M0.6 在 I2.6 的上升沿 ON 一个扫描周期，M0.6 的常开触点接通，系统才会转换到下一步。

系统工作在连续、单周期(非单步)工作方式时，I2.2 的常闭触点接通，使 M0.6 为 1 状态，串联在各启保停电路的启动电路中的 M0.6 的常开触点接通，允许步与步之间的正常转换。

② 单周期与连续的区分。

在连续工作方式下，I2.4 为 1 状态。在初始步为活动步时按下启动按钮 I2.6，M2.0 变为 1 状态，机械手下降。与此同时，控制连续工作的 M0.7 的线圈"通电"并自保持。

当机械手在步 M2.7 返回最左边时，I0.4 为 1 状态，因为"连续"标志位 M0.7 为 1 状态，转换条件满足，系统将返回步 M2.0，反复连续地工作下去。

按下停止按钮 I2.7 后，M0.7 变为 0 状态，但是机械手不会立即停止工作，在完成当前工作周期的全部操作后，机械手返回最左边，左限位开关 I0.4 为 1 状态，转换条件满足，系统才从步 M2.7 返回并停留在初始步。

在单周期工作方式，M0.7 一直处于 0 状态。当机械手在最后一步 M2.7 返回最左边时，左限位开关 I0.4 为 1 状态，转换条件满足，系统返回并停留在初始步。按一次启动按钮，系统只工作一个周期。

③ 单周期工作过程。

在单周期工作方式下，I2.2(单步)的常闭触点闭合，M0.6 的线圈"通电"，允许转换。在初始步时按下启动按钮 I2.6，在 M2.0 的启动电路中，M0.0, I2.6, M0.5(原点条件)和 M0.6 的常开触点均接通，使 M2.0 的线圈"通电"，系统进入下降步，Q0.0 的线圈"通电"，机械手下降；碰到下限位开关 I0.1 时，转换到夹紧步 M2.1，Q0.1 被置位，夹紧电磁阀的线圈"通电"并保持。同时接通延时定时器"T".T37 开始定时，1 s 后定时时间到，工件被夹紧，转换条件"T".T37 满足，转换到步 M2.2。以后系统将这样一步一步地工作下去。在左行步 M2.7，当机械手左行返回原点位置时，左限位开关 I0.4 变为 1 状态，因为连续工作标志 M0.7 为 0 状态，所以将返回初始步 M0.0，机械手停止运动。

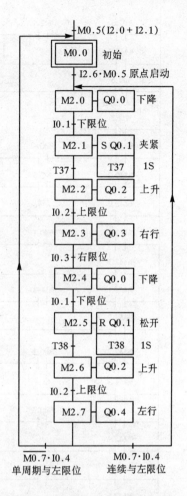

图 8.83 机械手自动程序的顺序功能图

```
%I2.6      %I2.4      %I2.7                              %M0.7
──┤├────────┤├────────┤/├──────────────────────────────( )──
%M0.7      │
──┤├───────┘

%I2.6                                                   %M0.6
──┤P├──────┐                                            ( )──
%M200.0    │
───────────┤
%I2.2      │
──┤/├──────┘

%M2.7      %I0.4      %M0.7      %M0.6      %M2.1        %M2.0
──┤├────────┤├────────┤├──┐      ┤├────────┤/├─────────( )──
%M0.0      %I2.6      %M0.5 │
──┤├────────┤├────────┤├───┤
%M2.0      │
──┤├───────┘

%M2.0      %I0.1      %M0.6      %M2.2        %M2.1
──┤├────────┤├────────┤├────────┤/├─────────( )──
%M2.1
──┤├──

%M2.1      %M4.0      %M0.6      %M2.3        %M2.2
──┤├────────┤├────────┤├────────┤/├─────────( )──
%M2.2
──┤├──

%M2.2      %I0.2      %M0.6      %M2.4        %M2.3
──┤├────────┤├────────┤├────────┤/├─────────( )──
%M2.3
──┤├──

%M2.3      %I0.3      %M0.6      %M2.5        %M2.4
──┤├────────┤├────────┤├────────┤/├─────────( )──
%M2.4
──┤├──

%M2.4      %I0.1      %M0.6      %M2.6        %M2.5
──┤├────────┤├────────┤├────────┤/├─────────( )──
%M2.5
──┤├──

%M2.5      %M4.1      %M0.6      %M2.7        %M2.6
──┤├────────┤├────────┤├────────┤/├─────────( )──
%M2.6
──┤├──

%M2.6      %I0.2      %M0.6      %M2.0      %M0.0        %M2.7
──┤├────────┤├────────┤├────────┤/├────────┤/├─────────( )──
%M2.7
──┤├──

%M2.7      %I0.4      %M0.6      %M0.7      %M2.0        %M0.0
──┤├────────┤├────────┤├──┐      ┤/├────────┤/├─────────( )──
%M0.0      │
──┤├───────┘
```

图 8.84　机械手自动程序的梯形图

④ 单步工作过程。

在单步工作方式下，I2.2 为 1 状态，它的常闭触点断开，"转换允许"辅助继电器 M0.6 在一般情况下为 0 状态，不允许步与步之间的转换。设初始步时系统处于原点状态，M0.5 和 M0.0 为 1 状态，按下启动按钮 I2.6，M0.6 变为 1 状态，使 M2.0 的启动电路接通，系统进入下降步。放开启动按钮后，M0.6 变为 0 状态。在下降步，Q0.0 的线圈"通电"，当下限位开关 I0.1 变为 1 状态时，与 Q0.0 的线圈串联的 I0.1 的常闭触点断开（见图 8.85 输出电路中最上面的梯形图），使 Q0.0 的线圈"断电"，机械手停止下降。I0.1 的常开触点闭合后，如果没有按启动按钮，I2.6 和 M0.6 处于 0 状态，不会转换到下一步。一直要等到按下启动按钮，I2.6 和 M0.6 变为 1 状态，M0.6 的常开触点接通，转换条件 I0.1 才能使图 8.84 中 M2.1 的启动电路接通，M2.1 的线圈"通电"并自保持，系统才能由步 M2.0 进入步 M2.1。以后在完成某一步的操作后，都必须按一次启动按钮，系统才能转换到下一步。

　　图 8.84 中控制 M0.0 的启保停电路如果放在控制 M2.0 的启保停电路之前，在单步工作方式下，步 M2.7 为活动步时，按启动按钮 I2.6，返回步 M0.0 后，M2.0 的启动条件满足，将马上进入步 M2.0，这样连续跳两步是允许的。将控制 M2.0 的启保停电路放在控制 M0.0 的启保停电路之前和 M0.6 的线圈之后可以解决这一问题。在图 8.84 中，控制 M0.6（转换允许）的是启动按钮 I2.6 的上升沿检测信号，在步 M2.7 按启动按钮，M2.6 仅 ON 一个扫描周期，它使 M0.0 的线圈通电后，下一扫描周期处理控制 M2.0 的启保停电路时，M0.6 已变为 0 状态，所以不会使 M2.0 变为 1 状态，要等到下一次按启动按钮时，M2.0 才会变为 1 状态。

　　⑤ 输出电路。

　　输出电路是自动程序的一部分，如图 8.85 所示。输出电路中 I0.1—I0.4 的常闭触点是为单步工作方式设置的。以下降为例，当小车碰到限位开关 I0.1 后，与下降步对应的存储器位 M2.0 或 M2.4 不会马上变为 OFF，如果 Q0.0 的线圈不与 I0.1 的常闭触点串联，机械手不能停在下限位开关 I0.1 处，还会继续下降，对于某些设备可能造成事故。

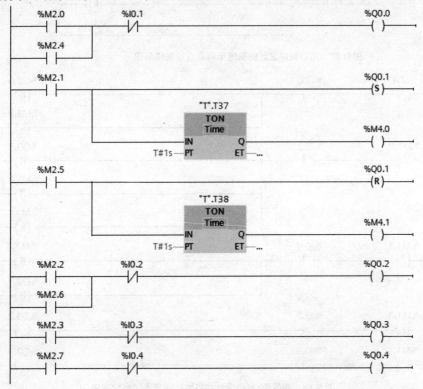

图 8.85　机械手的输出控制梯形图

（4）自动回原点程序。

图 8.86、图 8.87 和图 8.88 分别是自动回原点程序的顺序功能图、用启保停电路设计的梯形图和用置位/复位指令设计的梯形图。在回原点工作方式下，I2.1 为 ON。按下启动按钮 I2.6，M1.0 变为 ON，机械手上升。升到上限位传感器时，I0.2 为 ON，机械手左行，到左限位传感器时，I0.4 变为 ON，将步 M1.1 复位，同时将 Q0.1 复位，机械手松开。这时原点条件满足，M0.5 为 ON，在公用程序中，初始步 M0.0 被置位，为进入单周期、连续和单步工作方式做好了准备，因此可以认为步 M0.0 是步 M1.1 的后续步。

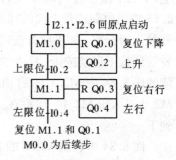

图 8.86　自动返回原点的顺序功能图

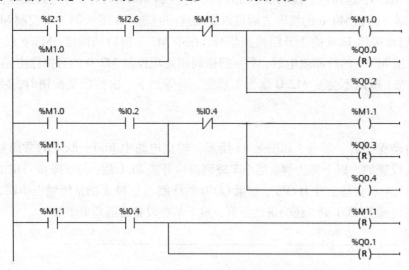

图 8.87　用启保停设计的机械手回原点控制梯形图

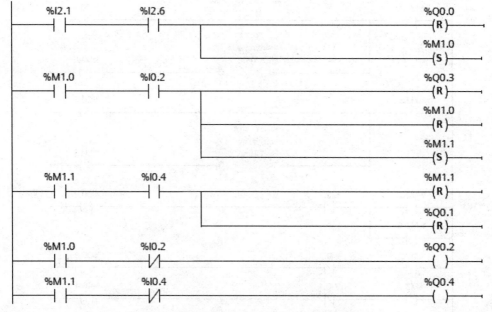

图 8.88　用置位/复位设计的机械手回原点控制梯形图

8.5.4.3　用置位、复位指令的编程方法

针对图 8.83 的自动程序顺序功能图，还可以采用置位、复位指令的编程方法，控制梯形图如图 8.89 所示。该图中控制 M0.0 和 M2.0~M2.7 置位、复位的触点串联电路，与图 8.84 启保停电路中相应的启动电路相同。对 M0.0 置位（S）的电路应放在对 M2.0 置位的电路的后面，否则在单步工作方式中，从步 M2.7 返回步 M0.0 时，会马上进入步 M2.0。

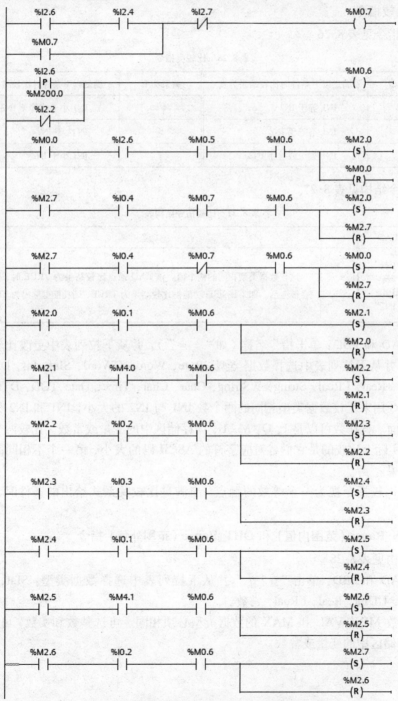

图 8.89　用置位/复位设计的机械手自动程序梯形图

8.6 S7-1200 PLC 的功能指令

8.6.1 比较器操作指令

8.6.1.1 比较指令

比较类指令见表 8.26。

表 8.26 比较类指令

关系类型	满足以下条件时比较结果为真	关系类型	满足以下条件时比较结果为真
=	IN1 等于 IN2	< =	IN1 小于或等于 IN2
< >	IN1 不等于 IN2	>	IN 大于 IN2
> =	IN1 大于或等于 IN2	<	IN1 小于 IN2

比较指令结构见表 8.27。

表 8.27 比较指令结构表

LAD	说　明
"IN1" == **Byte** "IN2"	比较数据类型相同的两个值。该 LAD 触点比较结果为 TRUE 时，则该触点会被激活。如果该 FBD 功能框比较结果为 TRUE，则功能框输出为 TRUE

对于 LAD 和 FBD：单击指令名称（如" = = "），并从下拉列表中更改比较类型。单击"？？？"并从下拉列表中选择数据类型：Byte，Word，DWord，SInt，Int，DInt，USInt，UInt，UDInt，Real，LReal，String，WString，Char，Char，Time，Date，TOD，DTL 常数。

比较指令用来比较数据类型相同的两个数 IN1 与 IN2 的大小，IN1 和 IN2 分别在触点的上面和下面。操作数可以是 I，Q，M，L，D 存储区中的变量或常数。比较两个字符串是否相等时，实际上比较的是它们各对应字符的 ASCII 码的大小，第一个不相同的字符决定了比较的结果。

可以将比较指令视为一个等效的触点，当满足比较关系式给出的条件时，等效触点接通。

8.6.1.2 IN_Range（范围内值）和 OUT_Range（范围外值）指令

指令结构见表 8.28。

对于 LAD 和 FBD：单击"？？？"并从下拉列表中选择数据类型：SInt，Int，DInt，USInt，UInt，UDInt，Real，LReal，常数。

输入参数 MIN、VAL 和 MAX 的数据类型必须相同。可选整数和实数，可以是 I、Q、M、L、D 存储区中的变量或常数。

表 8.28 指令结构

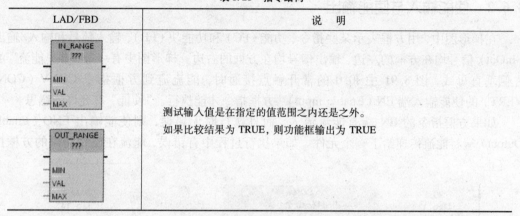

LAD/FBD	说　明
	测试输入值是在指定的值范围之内还是之外。 如果比较结果为 TRUE，则功能框输出为 TRUE

- 满足以下条件时 IN_RANGE 比较结果为真：MIN < = VAL < = MAX。
- 满足以下条件时 OUT_RANGE 比较结果为真：VAL < MIN 或 VAL > MAX。

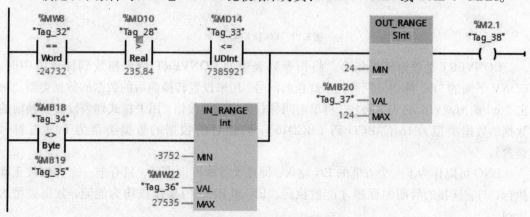

图 8.90　比较指令、范围内值、范围外值指令

8.6.1.3　OK（检查有效性）和 NOT_OK（检查无效性）指令

"检查有效性" 指令 ⊣ OK ├ 和 "检查无效性" 指令 ⊣ NOT_0K ├ 用来检测输入数据是否是有效的实数（即浮点数）。如果是有效的实数，OK 触点接通；反之 NOT OK 触点接通。触点上面的变量的数据类型为 REAL，LREAL。

表 8.29　OK（检查有效性）和 NOT_OK（检查无效性）指令

LAD	说　明
"IN" ⊣ OK ├	测试输入数据参考是否为符合 IEEE 规范 754 的有效实数
"IN" ⊣ NOT_OK ├	

对于 LAD 和 FBD：如果该 LAD 触点为 TRUE，则激活该触点并传递能流。如果该 FBD 功能框为 TRUE，则功能框输出为 TRUE。

8.6.2 使能输入与使能输出

在梯形图中,用方框表示某些指令、功能(FC)和功能块(FB),输入信号和输入/输出(InOut)信号均在方框的左边,输出信号均在方框的右边。梯形图中有一条提供"能流"的左侧垂直母线,图8.91中I0.0的常开触点接通时,能流流到方框指令CONV(CONVERT)的使能输入端EN(Enable input),方框指令才能执行。"使能"有允许的意思。

如果方框指令的EN端有能流流入,而且执行时无错误,则使能输出ENO(Enable Output)端将能流传递给下一个元件。如果执行过程中有错误,能流在出现错误的方框指令终止。

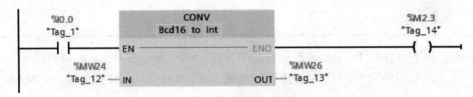

图8.91 EN和ENO指令

CONVERT是数据转换指令。将指令列表中的CONVERT指令拖放到梯形图中时,CONV下面的"to"两边分别有3个红色的问号,用来设置转换前后的数据的数据类型。单击"to"前面或后面的3个问号,再单击问号右边出现的按钮,用下拉式列表设置转换前的数据的数据类型为16位BCD码(BCD16),转换后的数据的数据类型为Int(有符号整数)。

ENO可以作为下一个方框的EN输入,即几个方框可以串联,只有前一个方框被正确执行,与它连接的后面的程序才能被执行。EN和ENO的操作数均为能流,数据类型为Bool。

下列指令使用EN/ENO:数学运算指令、传送与转换指令、移位与循环指令、字逻辑运算指令等。

下列指令不使用EN/ENO:位逻辑指令、比较指令、计数器指令、定时器指令和部分程序控制指令。这些指令不会在执行时出现需要程序中止的错误,因此不需要使用EN/ENO。

退出程序状态监控,用鼠标右键单击带ENO的指令框,执行快捷菜单中相应的命令,可以生成ENO或不生成ENO。执行"不生成ENO"命令后,ENO变为灰色,表示它不起作用,不论指令执行是否成功,ENO端均有能流输出。ENO默认的状态是"不生成"。

8.6.3 转换操作指令

8.6.3.1 转换值指令

"转换值"指令CONVERT在指令方框中的标示符为CONV,它的参数IN、OUT可以设置为十多种数据类型,IN还可以是常数。

EN输入端有能流流入时,CONVERT指令将输入IN指定的数据转换为OUT指定的数据类型。转换前后的数据类型可以是位字符串、整数、浮点数、CHAR、WCHAR和BCD

码等。

图 8.92 中 I0.3 的常开触点接通时，执行 CONVERT 指令，将 MD42 中的 32 位 BCD
码转换为双整数后送 MD46。如果执行时没有出错，有能流从 CONVERT 指令的 ENO 端
流出。

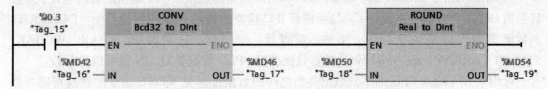

图 8.92 数据转换指令

ROUND 指令将 MD50 中的实数四舍五入转换为双整数后保存在 MD54。

8.6.3.2 浮点数转换为双整数的指令

浮点数转换为双整数有 4 条指令，"取整"指令 ROUND 用得最多，它将浮点数转换为
四舍五入的双整数。"截尾取整"指令 TRUNC 仅保留浮点数的整数部分，去掉其小数
部分。

"浮点数向上取整"指令 CEIL 将浮点数转换为大于或等于它的最小双整数，"浮点数
向下取整"指令 FLOOR 将浮点数转换为小于或等于它的最大双整数。这两条指令极少使用。

因为浮点数的数值范围远远大于 32 位整数，有的浮点数不能成功地转换为 32 位整数。
如果被转换的浮点数超出了 32 位整数的表示范围，得不到有效的结果，ENO 为 0 状态。

8.6.3.3 标准化指令

"标准化"指令 NORM_X 的整数输入值 VALUE（MIN≤VALUE≤MAX）被线性转换
（标准化，或称归一化）为 0.0~1.0 之间的浮点数，转换结果用 OUT 指定的地址保存。

NORM_X 的输出 OUT 的数据类型可选 Real 或 LReal，单击方框内指令名称下面的问
号，用下拉式列表设置输入 VALUE 和输出 OUT 的数据类型。输入、输出之间为线性
关系。

8.6.3.4 缩放指令

"缩放"（或称"标定"）指令 SCALE_X 的浮点数输入值 VALUE（0.0≤VALUE≤
1.0）被线性转换（映射）为参数 MIN（下限）和 MAX（上限）定义的范围之间的数值。转
换结果用 OUT 指定的地址保存。

单击方框内指令名称下面的问号，用下拉式列表设置变量的数据类型。参数 MIN、
MAX 和 OUT 的数据类型应相同，VALUE、MIN 和 MAX 可以是常数。输入、输出之间为
线性关系：

$$OUT = VALUE \times (MAX - MIN) + MIN$$

满足下列条件之一时 ENO 为 0 状态：EN 输入为 0 状态；MIN 的值大于等于 MAX 的
值；实数值超出 IEEE-754 标准规定的范围；有溢出；输入 VALUE 为 NaN（无效的算术运
算结果）。

8.6.4 移动操作指令

8.6.4.1 移动值指令

"移动值"指令 MOVE 用于将 IN 输入端的源数据传送给 OUT1 输出的目的地址,并且转换为 OUT1 允许的数据类型(与是否进行 IEC 检查有关),源数据保持不变。IN 和 OUT1 的数据类型可以是位字符串、整数、浮点数、定时器、日期时间、CHAR、WCHAR、STRUCT、ARRAY、IEC 定时器/计数器数据类型、PLC 数据类型,IN 还可以是常数。

可用于 S7-1200 CPU 的不同数据类型之间的数据传送见 MOVE 指令的在线帮助。如果输入 IN 数据类型的位长度超出输出 OUT1 数据类型的位长度,则源值的高位会丢失;如果输入 IN 数据类型的位长度小于输出 OUT1 数据类型的位长度,则目标值的高位会被改写为 0。

MOVE 指令允许有多个输出,单击"OUT1"前面的,将会增加一个输出,增加的输出的名称为 OUT2,以后增加的输出的编号按顺序排列。用鼠标右键单击某个输出的短线,执行快捷菜单中的"删除"命令,将会删除该输出参数。删除后自动调整剩下的输出的编号。

8.6.4.2 交换指令

IN 和 OUT 为数据类型 Word 时,"交换"指令 SWAP 交换输入 N 的高、低字节后,保存到 OUT 指定的地址。IN 和 OUT 为数据类型 Dword 时,交换 4 个字节中数据的顺序,交换后保存到 OUT 指定的地址。

8.6.4.3 填充存储区指令

"填充存储区"指令 FILL_BLK 将输入参数 IN 设置的值填充到输出参数 OUT 指定起始地址的目标数据区,见图 8.93,COUNT 为填充的数组元素的个数,源区域和目标区域的数据类型应相同。"Tag_15"(I0.3)的常开触点接通时,常数 3527 被填充到数据块_1 的数组 source(0)开始的 20 个字中。

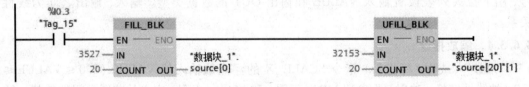

图 8.93 填充存储区指令

"不可中断的存储区填充"指令 UFILLBLK 与 FILLBLK 指令的功能相同,其区别在于前者的填充操作不会被其他操作系统的任务打断。

8.6.4.4 存储区移动指令

图 8.94 中的"存储区移动"指令 MOVE_BLK 用于将源存储区的数据移动到目标存储区。IN 和 OUT 是待复制的源区域和目标区域中的首个元素(并不要求是数组的第一个元素)。

图 8.94 中的常开触点接通时,数据块 1 中的数组 Source 的 0 号元素开始的 20 个 Int 元素的值,被复制给数据块 2 的数组 Distin 的 0 号元素开始的 20 个元素。COUNT 为要传送的数组元素的个数,复制操作按地址增大的方向进行。源区域和目标区域的数据类型应相同。

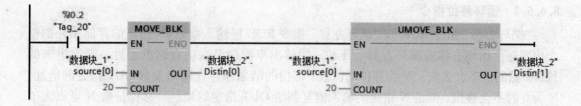

图 8.94　存储区移动指令

除了 IN 不能取常数外, 指令 MOVE_BLK 和 FILL_BLK 的参数的数据类型同存储区基本上相同。"不可中断的存储区移动"指令 UMOVE_BLK 与 MOVE_BLK 指令的功能基本上相同, 其区别在于前者的复制操作不会被操作系统的其他任务打断。执行该指令时, CPU 的报警响应时间将会增大。

"移动块"指令 MOVE_BLK_VARIANT 将一个存储区 (源区域) 的数据移动到另一个存储区 (目标区域)。可以将一个完整的数组或数组的元素复制到另一个相同数据类型的数组中。源数组和目标数组的大小 (元素个数) 可能会不同。可以复制一个数组内的多个或单个元素。

8.6.5　移位指令与循环移位指令

8.6.5.1　移位指令

"右移"指令 SHR 和"左移"指令 SHL 将输入参数 IN 指定的存储单元的整个内容逐位右移或左移若干位, 移位的位数用输入参数 N 来定义, 移位的结果保存在输出参数 OUT 指定的地址中。

无符号数移位和有符号数左移后空出来的位用 0 填充。有符号整数右移后空出来的位用符号位 (原来的最高位) 填充, 正数的符号位为 0, 负数的符号位为 1。

移位位数 N 为 0 时不会移位, 但是 IN 指定的输入值被复制给 OUT 指定的地址。将指令列表中的移位指令拖放到梯形图后, 单击方框内指令名称下面的问号, 用下拉式列表设置变量的数据类型。

如果移位后的数据要送回原地址, 应将图 8.95 中 I0.5 的常开触点改为 I0.5 的扫描操作数的信号上升沿指令 (P 触点), 否则在 I0.5 为 1 状态的每个扫描周期都要移位一次。

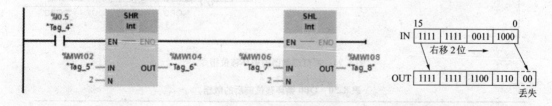

图 8.95　移位指令及数据右移

右移 n 位相当于除以 2^n, 例如将十进制数 -200 对应的二进制数 2#1111 1111 0011 1000 右移 2 位, 相当于除以 4, 右移后的数为 -50。

左移 n 位相当于乘以 2^n。例如将 16#20 左移 2 位, 相当于乘以 4, 左移后得到的十六进制数为 16#80。

8.6.5.2 循环移位指令

"循环右移"指令 ROR 和"循环左移"指令 ROL 将输入参数 IN 指定的存储单元的整个内容逐位循环右移或循环左移若干位，即移出来的位又送回存储单元另一端空出来的位，原始的位不会丢失。N 为移位的位数，移位的结果保存在输出参数 OUT 指定的地址。N 为 0 时不会移位，但是 N 指定的输入值复制给 OUT 指定的地址。移位位数 N 可以大于被移位存储单元的位数。

8.6.5.3 使用循环移位指令的彩灯控制器

在图 8.96 的 8 位循环移位彩灯控制程序中，QB0 是否移位用 I0.6 来控制，移位的方向用 I0.7 来控制。为了获得移位用的时钟脉冲和首次扫描脉冲，在组态 CPU 的属性时，设置系统存储器字节和时钟存储器字节的地址分别为默认的 MB1 和 MB0，时钟存储器位 M0.5 的频率为 1 Hz。PLC 首次扫描时 M1.0 的常开触点接通，MOVE 指令给 QB0（Q0.0 ~Q0.7）置初始值 7，其低 3 位被置为 1。

输入、下载和运行彩灯控制程序，通过观察 CPU 模块上与 Q0.0 ~ Q0.7 对应的 LED（发光二极管），观察彩灯的运行效果。

I0.6 为 1 状态时，在时钟存储器位 M0.5 的上升沿，指令 P_TRIG 输出一个扫描周期的脉冲。如果此时 I0.7 为 1 状态，执行一次 ROR 指令，QB0 的值循环右移 1 位。如果 I0.7 为 0 状态，执行一次 ROL 指令，QB0 的值循环左移 1 位。表 8.30 是 QB0 循环移位前后的数据。因为 QB0 循环移位后的值又送回 QB0，循环移位指令的前面必须使用 P_TRIG 指令，否则每个扫描循环周期都要执行一次循环移位指令，而不是每秒钟移位一次。

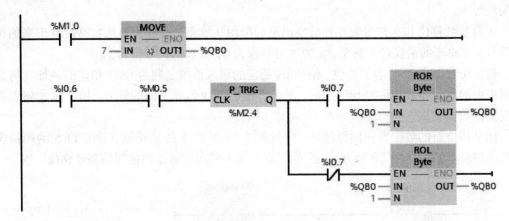

图 8.96 彩灯控制器的循环移位指令

表 8.30 QB0 循环移位前后的数据

内容	循环左移	循环右移
移位前	0000 0111	0000 0111
第 1 次移位后	0000 1110	1000 0011
第 2 次移位后	0001 1100	1100 0001
第 3 次移位后	0011 1000	1110 0000

8.6.6 数学运算指令

8.6.6.1 加法、减法、乘法和除法四则运算指令

表8.31 四则运算指令

LAD/FBD	说　明
ADD ??? — EN　ENO — — IN1　OUT — — IN2✧	• ADD：加法（IN1 + IN2 = OUT） • SUB：减法（IN1 − IN2 = OUT） • MUL：乘法（IN1 * IN2 = OUT） • DIV：除法（IN1 / IN2 = OUT） 整数除法运算会截去商的小数部分以生成整数输出

对于 LAD 和 FBD：单击"？？？"并从下拉菜单中选择数据类型。

IN1、IN2 和 OUT 的数据类型应相同。

IN1、IN2 的数据类型有 SInt, Int, DInt, USInt, UInt, UDInt, Real, LReal, 常数。

OUT 的数据类型有 SInt, Int, DInt, USInt, UInt, UDInt, Real, LReal。

整数除法指令将得到的商截尾取整后，作为整数格式的输出 OUT。

ADD 和 MUL 指令允许有多个输入，单击方框中参数 IN2 后面的图标，将会增加输入 IN3，以后增加的输入的编号依次递增。

【例8-10】 压力变送器的量程为 0 ~ 10 MPa，输出信号为 0 ~ 10 V，被 CPU 集成的模拟量输入的通道0（地址为 IW64）转换为 0 ~ 27648 的数字。假设转换后的数字为 N，试求以 kPa 为单位的压力值。

解 0 ~ 10 MPa（0 ~ 10000 kPa）对应于转换后的数字 0 ~ 27648，转换公式为

$$P = (10000 \times N) / 27648 \text{ (kPa)} \tag{8.1}$$

值得注意的是，在运算时一定要先乘后除，否则将会损失原始数据的精度。

公式中乘法运算的结果可能会大于一个字能表示的最大值，因此应使用数据类型为双整数的乘法和除法，见图 8.97。为此首先使用 CONV 指令，将 IW64 转换为双整数（DInt）。

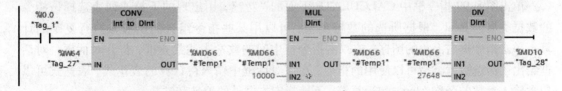

图8.97 压力计算程序

将指令列表中的 MUL 和 DIV 指令拖放到梯形图中后，单击指令方框内指令名称下面的问号，再单击出现的▼按钮，用下拉式列表框设置操作数的数据类型为双整数 DInt。在 OB1的块接口区定义数据类型为 Dint 的临时局部变量 Temp1，用来保存运算的中间结果。

双整数除法指令 DIV 的运算结果为双整数，但是由式（8.1）可知，运算结果实际上不会超过16位正整数的最大值 32767，所以双字 MD10 的高位字 MW10 为 0，运算结果的有效部分在 MD10 的低位字 MW12 中。

【例 8-11】 使用浮点数运算计算上例以 kPa 为单位的压力值。将式（8.1）改写为式（8.2）：

$$P = (10000 \times N) / 27648 = 0.361690 \times N (kPa) \tag{8.2}$$

在 OB1 的接口区定义数据类型为 Real 的局部变量 Temp2，用来保存运算的中间结果。用 CONV 指令将 IW64 中的数的数据类型转换为实数（Real），再用实数乘法指令完成式（8.2）的运算，见图 8.98。最后使用四舍五入的 ROUND 指令，将运算结果转换为整数。

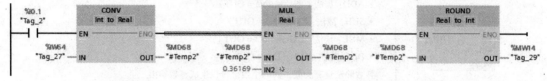

图 8.98　使用浮点数运算指令的压力计算

8.6.6.2　CALCULATE（计算）指令

可以使用"计算"指令 CALCULATE 定义和执行数学表达式，根据所选的数据类型计算复杂的数学运算或逻辑运算。

表 8.32　CALCULATE（计算）指令

LAD/FBD	说　明
CALCULATE ??? EN ENO OUT := <???> IN1 OUT IN2	CALCULATE 指令可用于创建作用于多个输入上的数学函数（IN1，IN2，…，IN*n*），并根据定义的等式在 OUT 处生成结果。 首先选择数据类型。所有输入和输出的数据类型必须相同。 要添加其他输入，请单击最后一个输入处的图标

IN1，IN2，…，IN*n* 和 OUT 的数据类型有 SInt，Int，DInt，USInt，UInt，UDInt，Real，LReal，Byte，Word，DWord。

IN 和 OUT 参数必须具有相同的数据类型（通过对输入参数进行隐式转换）。例如：如果 OUT 是 INT 或 REAL，则 SINT 输入值将转换为 INT 或 REAL 值。

单击图 8.99 指令框中 CALCULATE 下面的"???"，用出现的下拉式列表选择该指令的数据类型为 Real。根据所选的数据类型，可以用某些指令组合的函数来执行复杂的计算。单击指令框右上角的图标，或双击指令框中间的数学表达式方框，打开对话框。对话框给出了所选数据类型可以使用的指令，在该对话框中输入待计算的表达式，表达式可以包含输入参数的名称（Inn）和运算符，不能指定方框外的地址和常数。

在初始状态下，指令框只有两个输入 IN1 和 IN2。单击方框左下角的符号，可以增加输入参数的个数。功能框按升序对插入的输入编号，表达式可以不使用所有已定义的输入。

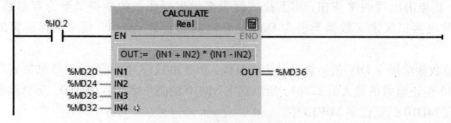

图 8.99　CALCULATE（计算）指令

运行时使用方框外输入的值执行指定的表达式的运算，运算结果传送到指定单元 MD36 中。

8.6.6.3　浮点数函数运算指令

浮点数函数运算指令包括指数、对数及三角函数指令。

使用浮点指令可编写使用 Real 或 LReal 数据类型的数学运算程序：

- SQR：计算平方（$IN^2 = OUT$）
- SQRT：计算平方根（$\sqrt{IN} = OUT$）
- LN：计算自然对数（$LN(IN) = OUT$）
- EXP：计算指数值（$e^{IN} = OUT$），其中底数 $e = 2.71828182845904523536$
- EXPT：取幂（$IN1^{IN2} = OUT$）

EXPT 参数 IN1 和 OUT 的数据类型始终相同，必须为其选择 Real 或 LReal 类型。可以从众多数据类型中为指数参数 IN2 选择数据类型。

- FRAC：提取小数（浮点数 IN 的小数部分 = OUT）
- SIN：计算正弦值（$sin(IN$ 弧度$) = OUT$）
- ASIN：计算反正弦值（$arcsin(IN) = OUT$ 弧度），其中 $sin(OUT$ 弧度$) = IN$
- COS：计算余弦（$cos(IN$ 弧度$) = OUT$）
- ACOS：计算反余弦值（$arccos(IN) = OUT$ 弧度），其中 $cos(OUT$ 弧度$) = IN$
- TAN：计算正切值（$tan(IN$ 弧度$) = OUT$）
- ATAN：计算反正切值（$arctan(IN) = OUT$ 弧度），其中 $tan(OUT$ 弧度$) = IN$

浮点数（实数）数学运算指令的操作数 IN 和 OUT 的数据类型为 Real。

"计算指数值"指令 EXP 和"计算自然对数"指令 LN 中的指数和对数的底数 $e = 2.718282$。

"计算平方根"指令 SORT 和 LN 指令的输入值如果小于 0，输出 OUT 为无效的浮点数。

三角函数指令和反三角函数指令中的角度均为以弧度为单位的浮点数。如果输入值是以度为单位的浮点数，使用三角函数指令之前应先将角度值乘以 π/180.0，转换为弧度值。

"计算反正弦值"指令 ASIN 和"计算反余弦值"指令 ACOS 的输入值的允许范围为 $-1.0 \sim 1.0$，ASIN 和"计算反正切值"指令 ATAN 的运算结果的取值范围为 $-π/2 \sim π/2$ 弧度，ACOS 的运算结果的取值范围为 $0 \sim π$ 弧度。

求以 10 为底的对数时，需要将自然对数值除以 2.302585（10 的自然对数值）。例如 lg100 = IN100/2.302585 = 4.605170/2.302585 = 2。

8.6.6.4　其他数学函数指令

（1）MOD（返回除法的余数）指令（表 8.33）。

表 8.33　MOD（返回除法的余数）指令

LAD/FBD	说　明
MOD ??? EN ENO IN1 OUT IN2	可以使用 MOD 指令返回整数除法运算的余数。用输入 IN1 的值除以输入 IN2 的值，在输出 OUT 中返回余数

　　除法指令只能得到商，余数被丢掉。可以用"返回除法的余数"指令 MOD 来求各种整数除法的余数。输出 OUT 中的运算结果为除法运算 IN1/IN2 的余数。

　　参数 IN1、IN2 和 OUT 的数据类型必须相同。

　　IN1, IN2, …, IN*n* 数据类型有 SInt, Int, DInt, USInt, UInt, UDInt, 常数。

　　OUT 的数据类型有 SInt, Int, DInt, USInt, UInt, UDInt。

　　(2) NEG (求二进制补码) 指令 (表 8.34)。

表 8.34　NEG (求二进制补码) 指令

LAD/FBD	说　明
NEG ??? EN　ENO IN　OUT	使用 NEG 指令可将参数 IN 的值的算术符号取反，并将结果存储在参数 OUT 中

　　"求二进制补码"（取反）指令 NEG (negation) 将输入 IN 的值的符号取反后，保存在输出 OUT 中。IN 和 OUT 的数据类型可以是 SInt, Int, DInt, Real, 输入 IN 还可以是常数。

　　参数 IN 和 OUT 的数据类型必须相同。

　　(3) INC (递增) 和 DEC (递减) 指令 (表 8.35)。

表 8.35　INC (递增) 和 DEC (递减) 指令

LAD/FBD	说　明
INC ??? EN　ENO IN/OUT	递增有符号或无符号整数值： IN_OUT 值 +1 = IN_OUT 值
DEC ??? EN　ENO IN/OUT	递减有符号或无符号整数值： IN_OUT 值 −1 = IN_OUT 值

　　执行"递增"指令 INC 与"递减"指令 DEC 时，参数 IN/OUT 的值分别被加 1 和减 1。IN/OUT 的数据类型为各种有符号或无符号的整数。

　　(4) ABS (计算绝对值) 指令 (表 8.36)。

表 8.36　"计算绝对值"指令

LAD/FBD	说　明
ABS ??? EN　ENO IN　OUT	计算参数 IN 的有符号整数或实数的绝对值，并将结果存储在参数 OUT 中

　　"计算绝对值"指令 ABS 用来求输入 IN 中的有符号整数 (SInt, Int, DInt) 或实数 (Real) 的绝对值，将结果保存在输出 OUT 中。IN 和 OUT 的数据类型应相同。

（5）MIN（获取最小值）和 MAX（获取最大值）指令（表 8.37）。

表 8.37　MIN（获取最小值）和 MAX（获取最大值）指令

LAD/FBD	说　明
MIN ??? EN　　ENO IN1　　OUT IN2⊹	MIN 指令用于比较两个参数 IN1 和 IN2 的值，并将最小（较小）值分配给参数 OUT
MAX ??? EN　　ENO IN1　　OUT IN2⊹	MAX 指令用于比较两个参数 IN1 和 IN2 的值，并将最大（较大）值分配给参数 OUT

"获取最小值"指令 MIN 比较输入 IN1 和 IN2 的值，并将其中较小的值送给输出 OUT。"获取最大值"指令 MAX 比较输入 IN1 和 IN2 的值，并将其中较大的值送给输出 OUT。输入参数和 OUT 的数据类型为各种整数和浮点数，可以增加输入的个数。

（6）LIMIT（设置限值）指令（表 8.38）。

表 8.38　LIMIT（设置限值）指令

LAD/FBD	说　明
LIMIT ??? EN　　ENO MN　　OUT IN MX	LIMIT 指令用于测试参数 IN 的值是否在参数 MIN 和 MAX 内，如果不在，则限制在 MIN 或 MAX 指定的值范围内

"设置限值"指令 LIMIT 将输入 IN 的值限制在输入 MIN 与 MAX 的值范围之间。如果参数 IN 的值在指定的范围内，则 IN 的值将存储在参数 OUT 中。如果参数 IN 的值超出指定的范围，则 OUT 值为参数 MIN 的值（如果 IN 值小于 MIN 值）或参数 MAX 的值（如果 IN 值大于 MAX 值）。

8.6.7　字逻辑运算指令

8.6.7.1　AND, OR, XOR 逻辑运算指令

表 8.39　AND 逻辑运算指令

LAD/FBD	说　明
AND ??? EN　　ENO IN1　　OUT IN2⊹	AND：逻辑 AND
	OR：逻辑 OR
	XOR：逻辑异或

参数的数据类型有 Byte, Word, DWord。

字逻辑运算指令对两个输入 IN1 和 IN2 逐位进行逻辑运算，运算结果在输出 OUT 指定的地址中。

"'与'运算"（AND）指令的两个操作数的同一位如果均为1，运算结果的对应位为1，否则为0。"'或'运算"（OR）指令的两个操作数的同一位如果均为0，运算结果的对应位为0，否则为1。"'异或'运算"（XOR）指令的两个操作数的同一位如果不相同，运算结果的对应位为1，否则为0。以上指令的操作数IN1、IN2和OUT的数据类型为位字符串Byte、Word或DWord。

8.6.7.2　INV（求反码）指令

表8.40　INV（求反码）指令

LAD/FBD	说　明
INV ??? EN　ENO IN　OUT	计算参数IN的二进制反码。通过对参数IN各位的值取反来计算反码（将每个0变为1，每个1变为0）。执行该指令后，ENO总是为TRUE

"求反码"指令INVERT将输入IN中的二进制整数逐位取反，即各位的二进制数由0变1，由1变0，运算结果存放在输出OUT指定的地址。参数的数据类型有SInt, Int, DInt, USInt, UInt, UDInt, Byte, Word, DWord。

8.6.7.3　SHR（右移）和SHL（左移）指令

表8.41　SHR（右移）和SHL（左移）指令

LAD/FBD	说　明
SHR ??? EN　ENO IN　OUT N	使用移位指令（SHL和SHR）移动参数IN的位序列。结果将分配给参数OUT。参数N指定移位的位数： SHR：右移位序列 SHL：左移位序列

参数N要移位的位数的数据类型有USInt, UDint。参数IN要移位的位序列和OUT移位操作后的位序列的数据类型为整数。

- 若N=0，则不移位。将IN值分配给OUT。
- 用0填充移位操作清空的位位置。
- 如果要移位的位数（N）超过目标值中的位数（Byte为8位，Word为16位，DWord为32位），则所有原始位值将被移出并用0代替（将0分配给OUT）。
- 对于移位操作，ENO总是为TRUE。

示例：Word数据的SHL。

表8.42　Word数据的SHL

自右插入，使Word的位左移（N=1）		
IN	1110 0010 1010 1101	首次移位前的OUT值：	1110 1101 1010 1101
		首次左移后：	1100 0101 0101 1010
		第二次左移后：1000 1010 1011 0100	
		第三次左移后：0001 0101 0110 1000	

8.6.7.4 ROR（循环右移）和 ROL（循环左移）指令

表 8.43 ROR（循环右移）和 ROL（循环左移）指令

LAD/FBD	说　明
ROL ??? EN　ENO IN　OUT N	说明循环指令（ROR 和 ROL）用于将参数 IN 的位序列循环移位。结果分配给参数 OUT。参数 N 定义循环移位的位数 ROR：循环右移位序列 ROL：循环左移位序列

参数 N 要循环移位的位数的数据类型有 USInt，UDint。参数 IN 要循环移位的位序列和参数 OUT 循环移位操作后的位序列的数据类型为整数。

- 若 N = 0，则不循环移位。将 IN 值分配给 OUT。
- 从目标值一侧循环移出的位数据将循环移位到目标值的另一侧，因此原始位值不会丢失。
- 如果要循环移位的位数（N）超过目标值中的位数（Byte 为 8 位，Word 为 16 位，DWord 为 32 位），仍将执行循环移位。
- 执行循环指令之后，ENO 始终为 TRUE。

8.6.8 程序控制操作指令

8.6.8.1 跳转指令 JMP（RLO = 1）、JMPN（RLO = 0）和标签指令 Label（跳转标签）

表 8.44 跳转指令 JMP、JMPN 和标签指令 Label（跳转标签）指令

LAD/FBD	说　明
Label_name —(JMP)—	RLO（逻辑运算结果）= 1 时跳转：如果有能流通过 JMP 线圈（LAD），或者 JMP 功能框的输入为真（FBD），则程序将从指定标签后的第一条指令继续执行
Label_name —(JMPN)—	RLO = 0 时跳转：如果没有能流通过 JMPN 线圈（LAD），或者 JMPN 功能框的输入为假（FBD），则程序将从指定标签后的第一条指令继续执行
Label_name	JMP 或 JMPN 跳转指令的目标标签

通过在 LABEL 指令中直接键入来创建标签名称。可以使用参数助手图标来选择 JMP 和 JMPN 标签名称字段可用的标签名称，也可以在 JMP 或 JMPN 指令中直接键入标签名称。

没有执行跳转指令时，各个程序段按从上到下的先后顺序执行。跳转指令中止程序的顺序执行，跳转到指令中的跳转标签所在的目的地址。跳转时不执行跳转指令与跳转标签（LABEL）之间的程序，跳到目的地址后，程序继续顺序执行。可以向前或向后跳转，可以在同一代码块中从多个位置跳转到同一个标签。

只能在同一个代码块内跳转，不能从一个代码块跳转到另一个代码块。在一个块内，跳转标签的名称只能使用一次。一个程序段中只能设置一个跳转标签。

- 各标签在代码块内必须唯一。
- 可以在代码块中进行跳转，但不能从一个代码块跳转到另一个代码块。
- 可以向前或向后跳转。
- 可以在同一代码块中从多个位置跳转到同一标签。

8.6.8.2 跳转分支指令 SWITCH（跳转分配器）与定义跳转列表指令 JMP_LIST

（1）跳转分支指令 SWITCH（跳转分配器）指令（表8.45和表8.46）。

表8.45 跳转分支指令 SWITCH（跳转分配器）指令

LAD/FBD	说　明
SWITCH ??? EN　DEST0 K　DEST1 ==　DEST2 <>　ELSE >=	SWITCH 指令用作程序跳转分配器，控制程序段的执行。根据 K 输入的值与分配给指定比较输入的值的比较结果，跳转到与第一个为"真"的比较测试相对应的程序标签 如果比较结果都不为 TRUE，则跳转到分配给 ELSE 的标签。程序从目标跳转标签后面的程序指令继续执行

表8.46 跳转分支指令 SWITCH（跳转分配器）指令数据

参数	数据类型	说　明
K	Uint	常用比较值输入
＝＝，＜＞，＜， ＜＝，＞，＞＝	SInt, Int, DInt, USInt, UInt, UDInt, Real, LReal, Byte, Word, DWord, Time, TOD, Date	分隔比较值输入，获得特定比较类型
DEST0，DEST1， …，DESTn，ELSE	程序标签	与特定比较对应的跳转目标标签： 首先处理 K 输入下面的第一个比较输入，如果 K 值与该输入的比较结果为"真"，则跳转到分配给 DEST0 的标签。下一比较测试使用接下来的下一个输入，如果比较结果"真"，则跳转到分配给 DEST1 的标签。依次对其他比较进行类似的处理，如果比较结果都不为"真"，则跳转到分配给 ELSE 输出的标签

　　"跳转分支"指令 SWITCH 根据一个或多个比较指令的结果，定义要执行的多个程序跳转。用参数 K 指定要比较的值，将该值与各个输入提供的值进行比较。可以为每个输入选择比较符号。如果不满足条件，将执行输出 ELSE 处的跳转。如果输出 ELSE 未指定跳转标签，从下一个程序段继续执行程序。

　　单击 SWITCH 和 JMP_LIST 方框中的 * 符号，可以增加输出 DESTn 的个数。SWITCH 指令每增加一个输出都会自动插入一个输入。

　　（2）"定义跳转列表"指令 JMP_LIST。

　　使用"定义跳转列表"指令 JMP_LIST，可以定义多个有条件跳转，并继续执行由参数 K 的值指定的程序段中的程序。用指令框的输出 DESTn 指定的跳转标签定义跳转，可以增加输出的个数。

表8.47 "定义跳转列表"指令 JMP_LIST

LAD/FBD	说　明
JMP_LIST EN　DEST0 K　DEST1 　　DEST2 　　DEST3	JMP_LIST 指令用作程序跳转分配器，控制程序段的执行。根据 K 输入的值跳转到相应的程序标签。 程序从目标跳转标签后面的程序指令继续执行。如果 K 输入的值超过（标签数 -1），则不进行跳转，继续处理下一程序段

参数的数据类型见表 8.48)。

表 8.48 参数的数据类型

参 数	数据类型	说 明
K	Uint	跳转分配器控制值
DEST0, DEST1, …, DESTn	程序标签	与特定 K 参数值对应的跳转目标标签：如果 K 的值等于 0，则跳转到分配给 DEST0 输出的程序标签。如果 K 的值等于 1，则跳转到分配给 DEST1 输出的程序标签，以此类推。如果 K 输入的值超过（标签数−1），则不进行跳转，继续处理下一程序段

8.6.8.3 RET (返回) 指令

表 8.49 RET (返回) 指令

LAD	说 明
"Return_Value" ——(RET)——	终止当前块的执行

可选的 RET 指令用于终止当前块的执行。当且仅当有能流通过 RET 线圈（LAD），或者当 RET 功能框的输入为真（FBD）时，当前块的程序执行将在该点终止，并且不执行 RET 指令以后的指令。Return_Value 的数据类型 Bool。

不要求用户将 RET 指令用作块中的最后一个指令，该操作是自动完成的。一个块中可以有多个 RET 指令。

"返回"指令 RET 用来有条件地结束块，它的线圈通电时，停止执行当前的块，不再执行该指令后面的指令，返回调用它的块。RET 指令的线圈断电时，继续执行它下面的指令。一般情况并不需要在块结束时使用 RET 指令来结束块，操作系统将会自动地完成这一任务。

RET 线圈上面的参数是返回值，数据类型为 Bool。如果当前的块是 OB，返回值被忽略。如果当前的块是 FC 或 FB，返回值作为 FC 或 FB 的 ENO 的值传送给调用它的块。返回值可以是 TRUE、FALSE 或指定的位地址。

8.6.8.4 退出程序 (STP) 指令

有能流流入"退出程序"指令 STP 的 EN 输入端时，PLC 进入 STOP 模式。

表 8.50 STP (退出程序) 指令

LAD/FBD	说 明
STP EN ENO	STP 可将 CPU 置于 STOP 模式。CPU 处于 STOP 模式时，将停止程序执行并停止过程映象的物理更新

如果 EN = TRUE，CPU 将进入 STOP 模式，程序执行停止，并且 ENO 状态无意义；否则，EN = ENO = 0。

8.7 高速脉冲输出与高速计数器输入

8.7.1 中断事件与中断指令

CPU 支持以下硬件中断事件：

• 上升沿事件：前 12 个内置 CPU 数字量输入（I0.0 到 I1.3）以及所有 SB 数字量输入；数字输入从 OFF 切换为 ON 时会出现上升沿，以响应连接到输入的现场设备的信号变化。

• 下降沿事件：前 12 个内置 CPU 数字量输入（I0.0 到 I1.3）以及所有 SB 数字量输入；数字输入从 ON 切换为 OFF 时会出现下降沿。

• 高速计数器（HSC）当前值 = 参考值（CV = RV）事件（HSC = 1 ~ 6）

当前计数值从相邻值变为与先前设置的参考值完全匹配时，会生成 HSC 的 CV = RV 中断。

• HSC 方向变化事件（HSC = 1 ~ 6）

当检测到 HSC 从增大变为减小或从减小变为增大时，会发生方向变化事件。

• HSC 外部复位事件（HSC = 1 ~ 6）

某些 HSC 模式允许分配一个数字输入作为外部复位端，用于将 HSC 的计数值重置为零。当该输入从 OFF 切换为 ON 时，会发生此类 HSC 的外部复位事件。

必须在设备组态中启用硬件中断。如果要在组态或运行期间附加此事件，则必须在设备组态中为数字输入通道或 HSC 选中启用事件框。

PLC 设备组态中的复选框选项：

• 数字量输入

启用上升沿检测。

启用下降沿检测。

• 高速计数器（HSC）

启用此高速计数器。

生成计数器值等于参考计数值的中断。

生成外部复位事件的中断。

生成方向变化事件的中断。

8.7.1.1 启动组织块的事件

组织块（OB）是操作系统与用户程序的接口，出现启动组织块的事件时，由操作系统调用对应的组织块。如果当前不能调用 OB，则按照事件的优先级将其保存到队列。如果没有为该事件分配 OB，则会触发默认的系统响应。启动组织块的事件的属性见表 8.51，为 1 的优先级最低。

如果插/拔出中央模块，或超出最大循环时间两倍，CPU 将切换到 STOP 模式。系统忽略过程映象更新期间出现的 I/O 访问错误。块中有编程错误或 I/O 访问错误时，保持 RUN 模式不变。

启动事件与程序循环事件不会同时发生，在启动期间，只有诊断错误事件能中断启动事件，其他事件将进入中断队列，在启动事件结束后处理它们。OB 用局部变量提供启动信息。

表 8.51　启动组织块的事件

事件名称	数量	OB 编号	优先级	优先组
程序循环	> = 1	1；> = 123	1	1
启动	> = 1	100；> = 123	1	
延时中断	< = 4	20 ~ 23；> = 123	3	
循环中断	< = 4	30 ~ 38；> = 123	7	
沿（硬件）中断	16 个上升沿 16 个下降沿	40 ~ 47；> = 123	5	
HSC（高速计数器）中断	6 个计数值等于参考值 6 个计数方向变化 6 个外部复位	40 ~ 47；> = 123	6	
诊断错误	= 1	82	9	
时间错误	= 1	80	26	3

8.7.1.2　事件执行的优先级与中断队列

优先级、优先级组和队列用来决定事件服务程序的处理顺序。每个 CPU 事件都有它的优先级，表 8.51 给出了各类事件的优先级。优先级的编号越大，优先级越高。时间错误中断具有最高优先级。

事件一般按优先级的高低来处理，先处理高优先级的事件。优先级相同的事件按"先来先服务"的原则来处理。S7-1200 从 V4.0 开始，可以用 CPU 的"启动"属性中的复选框"OB 应该可中断"设置 OB 是否可以被中断。

优先级大于等于 2 的 OB 将中断循环程序的执行。如果设置为可中断模式，优先级为 2 到 25 的 OB 可被优先级高于当前运行的 OB 的任何事件中断。优先级为 26 的时间错误会中断所有其他的 OB。如果未设置可中断模式，优先级为 2 到 25 的 OB 不能被任何事件中断。

如果执行可中断 OB 时发生多个事件，CPU 将按照优先级顺序处理这些事件。

8.7.1.3　用 DIS_AIRT 与 EN_AIRT 指令禁止与启用报警中断处理过程

使用指令 DIS_AIRT，将延时处理优先级高于当前组织块的中断 OB。输出参数 RET_VAL 返回调用 DIS_AIRT 的次数。

发生中断时，调用指令 EN_AIRT，可以启用以前调用 DIS_AIRT 延时的组织块处理。要取消所有的延时，EN_AIRT 的执行次数必须与 DIS_AIRT 的调用次数相同。

表 8.52　DIS_AIRT 与 EN_AIRT 指令表

LAD/FBD	说　明
DIS_AIRT EN　　ENO RET_VAL	DIS_AIRT 可延迟新中断事件的处理。可在 OB 中多次执行 DIS_AIRT
EN_AIRT EN　　ENO RET_VAL	对先前使用 DIS_AIRT 指令禁用的中断事件处理，可使用 EN_AIRT 来启用。 每一次 DIS_AIRT 执行都必须通过一次 EN_AIRT 执行来取消。 必须在同一个 OB 中或从同一个 OB 调用的任意 FC 或 FB 中完成 EN_AIRT 执行后，才能再次启用此 OB 的中断

8.7.2 高速脉冲输出

8.7.2.1 高速脉冲输出

可将 CPU 或信号板（SB）组态为脉冲宽度调制（PWM）或脉冲串输出（PTO），以提供用于控制高速脉冲输出函数的 4 个脉冲发生器。基本运动指令使用 PTO 输出。可将每个脉冲发生器指定为 PWM 或 PTO，但不能指定为既是 PWM 又是 PTO。

脉冲宽度与脉冲周期之比称为占空比，脉冲列输出（PTO）功能提供占空比为 50% 的方波脉冲列输出。脉冲宽度调制（PWM）功能提供脉冲宽度可以用程序控制的脉冲列输出。

勿超出最大脉冲频率。CPU 1217C 脉冲输出发生器的最大脉冲频率为 1 MHz，CPU 1211C、1212C、1214C 和 1215C 则为 100 kHz，20 kHz（对于标准 SB），或 200 kHz（对于高速 SB）。

这 4 个脉冲发生器具有默认的 I/O 分配，但是，它们可组态为 CPU 或 SB 上的任意数字量输出。不能将 CPU 上的脉冲发生器分配至分布式 I/O。

可以使用板载 CPU 输出，也可以使用可选的信号板输出。

如果更改了输出点编号，则输出点编号将为用户指定的编号。注意，PWM 仅需要一个输出，而 PTO 的每个通道可选择使用两个输出。如果脉冲功能不需要输出，则相应的输出可用于其他用途。

表 8.53 列出了输出点编号（假定使用默认输出组态）。

表 8.53 PTO 输出点编号

说明	脉冲	方向	说明	脉冲	方向
PTO1			PTO3		
内置 I/O	Q0.0	Q0.1	内置 I/O	Q0.4	Q0.5
SBI/O	Q4.0	Q4.1	SBI/O	Q4.0	Q4.1
PWM1			PWM3		
内置输出	Q0.0		内置输出	Q0.4	
SB 输出	Q4.0		SB 输出	Q4.1	
PTO2			PTO4		
内置 I/O	Q0.2	Q0.3	内置 I/O	Q0.6	Q0.7
SBI/O	Q4.2	Q4.3	SBI/O	Q4.2	Q4.3
PWM2			PWM4		
内置输出	Q0.2		内置输出	Q0.6	
SB 输出	Q4.2		SB 输出	Q4.3	

8.7.2.2 PWM 的组态

PWM 功能提供可变占空比的脉冲输出，时间基准可以设置为 μs 或 ms。

脉冲宽度为 0 时占空比为 0，没有脉冲输出，输出一直为 FALSE（0 状态）。脉冲宽度等于脉冲周期时，占空比为 100%，没有脉冲输出，输出一直为 TRUE（1 状态）。

在 STEP7 中生成项目"高速计数器与高速输出"，CPU 为继电器输出的 CPU 1214C。使用 PWM 之前，首先应对脉冲发生器组态，具体步骤如下：

（1）将2DI/2DQ的信号板插入CPU。打开PLC的设备视图，选中CPU。

（2）选中巡视窗口的"属性－>常规"选项卡，见图8.100，再选中左边的"PTO1/PWM1"文件夹中的"常规"，用右边窗口的复选框启用该脉冲发生器。

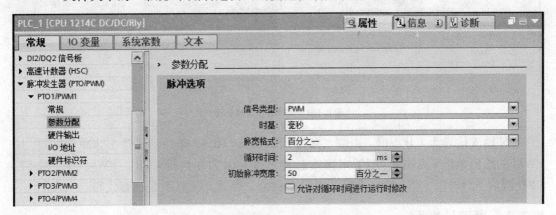

图8.100　设置脉冲发生器参数

（3）选中左边窗口的"参数分配"，在右边的窗口的"信号类型"下拉式列表中可选PWM或PTO。"时基"（时间基准）可选毫秒或微秒，"脉宽格式"可选百分之一、千分之一、万分之一和S7模拟量格式（0～27648）。

用"循环时间"输入域设置脉冲的周期值为2 ms，采用"时基"选择的时间单位。

用"初始脉冲宽度"输入域设置脉冲的占空比为50%，即脉冲周期为2 ms，脉冲宽度为1 ms。脉冲宽度采用"脉宽格式"设置的单位（百分之一）"硬件输出"为信号板上的Q4.0。

（4）选中左边窗口的"I/O 地址"（见图8.101），在右边窗口可以看到PWM1的起始地址和结束地址。可以修改其起始地址，在运行时用这个地址来修改脉冲宽度。

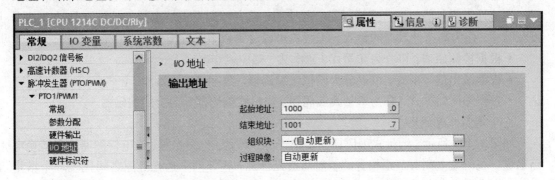

图8.101　PWM 输出地址

8.7.2.3　PWM 的编程

打开OB1，将右边指令列表的"扩展指令"选项板的文件夹"脉冲"中的"脉宽调制"指令CTRL_PWM拖放到程序区（图8.102的左图），单击出现的"调用选项"对话框中的"确定"按钮，生成该指令的背景数据块DB1。

单击参数PWM左边的问号，再单击出现的回车按钮，用下拉式列表选中"Local ~ Pulse_1"（图8.102右图），其值为9，它是PWM1的硬件标识符的值。

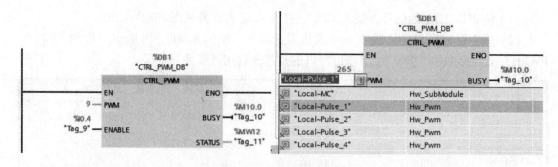

图 8.102　CTRL_PWM 指令

　　EN 输入信号为 1 状态时，用输入参数 ENABLE（10.4）来启动或停止脉冲发生器，用 PWM 的输出地址（见图 8.101）来修改脉冲宽度。因为在执行 CTRL_PWM 指令时 S7 - 1200 激活了脉冲发生器，输出 BUSY 总是 0 状态。参数 STATUS 是状态代码。

8.7.3　高速计数器

　　PLC 的普通计数器的计数过程与扫描工作方式有关，CPU 通过每一个扫描周期读取一次被测信号的方法来捕捉被测信号的上升沿，被测信号的频率较高时，会丢失计数脉冲，因此普通计数器的最高工作频率一般仅有几十赫兹。高速计数器（HSC）能够对发生速率快于循环 OB 执行速率的事件进行计数。如果待计数事件的发生速率慢于 OB 执行速率，则可使用 CTU、CTD 或 CTUD 标准计数器指令。如果事件的发生速率快于 OB 的执行速率，则应使用更快的 HSC 设备。CTRL_HSC 指令允许程序更改一些 HSC 参数。

　　PLC 在进行高速计数时，有时会用到旋转编码器、光栅尺等。旋转编码器能输出脉冲信号，高速计数器配合旋转编码器使用，可以用于测量、处理转动或位移信号等。

8.7.3.1　编码器

　　高速计数器一般与增量式编码器一起使用，后者每圈发出一定数量的计数脉冲和一个复位脉冲，作为高速计数器的输入。编码器可以分为以下几种类型：

- 根据检测原理，可分为光学式、磁电式、感应式和电容式。
- 根据输出信号形式，可以分为模拟量编码器、数字量编码器。
- 根据编码器方式，分为增量式编码器、绝对式编码器和混合式编码器。

　　（1）增量式编码器。

　　如图 8.103 所示，增量式编码器主要由光源、码盘、检测光栅、光电检测器件和转换电路组成。在码盘上刻有节距相等的辐射状透光缝隙，相邻两个透光缝隙之间代表一个增量

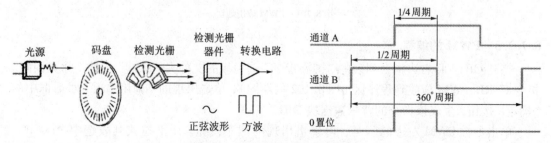

图 8.103　增量式编码器原理和输出信号

周期。增量式光电编码器输出 A、B 两相相位差为 90°的脉冲信号（即所谓两相正交输出信号），根据 A、B 两相的先后位置关系，可以方便地判断出编码器的旋转方向。另外，码盘一般还提供用作参考零位的 N 相标志（指示）脉冲信号，码盘每旋转一周，会发出一个零位标志信号。

增量式光电编码器的信号输出有集电极开路输出、电压输出、线驱动输出和推挽式输出等多种信号形式。如图 8.104 至图 8.107 所示。

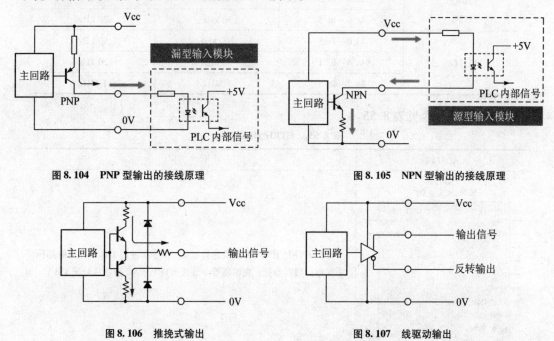

图 8.104　PNP 型输出的接线原理　　　　　图 8.105　NPN 型输出的接线原理

图 8.106　推挽式输出　　　　　　　　　图 8.107　线驱动输出

A/B 相正交计数器可以选择 1 倍频模式和 4 倍频模式，1 倍频模式在时钟脉冲的每一个周期计 1 次数，4 倍频模式在时钟脉冲的每一个周期计 4 次数。

（2）绝对式编码器。

N 位绝对式编码器有 N 个码道，最外层的码道对应于编码的最低位。每一码道有一个光耦合器，用来读取该码道的 0、1 数据。绝对式编码器输出的 N 位二进制数反映了运动物体所处的绝对位置，根据位置的变化情况，可以判别出旋转的方向。

8.7.3.2　高速计数器使用的输入点

S7-1200 的系统手册给出了各种型号的 CPU 的 HSC1～HSC6 分别在单向、双向和 A/B 相输入时默认的数字量输入点，以及各输入点在不同的计数模式的最高计数频率。

HSC1～HSC6 的实际计数值的数据类型为 DInt，默认的地址为 ID1000～ID1020，可以在组态时修改地址。

表 8.54 CPU 输入通道和最大频率

CPU	CPU 输入通道	1 或 2 相位模式	A/B 相正交相位模式
1211C	Ia. 0—Ia. 5	100 kHz	80 kHz
1212C	Ia. 0—Ia. 5	100 kHz	80 kHz
	Ia. 6—Ia. 7	30 kHz	20 kHz
1214C	Ia. 0—Ia. 5	100 kHz	80 kHz
1215C	Ia. 6—Ib. 5	30 kHz	20 kHz
1217C	Ia. 0—Ia. 5	100 kHz	80 kHz
	Ia. 6—Ib. 1	30 kHz	20 kHz
	Ib. 2—Ib. 5	1 MHz	1 MHz

CTRL_HSC 指令见表 8.55。

表 8.55 CTRL_HSC 指令

LAD/FBD	说　明
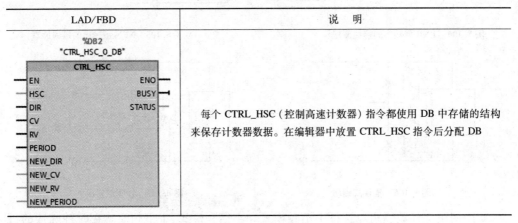	每个 CTRL_HSC（控制高速计数器）指令都使用 DB 中存储的结构来保存计数器数据。在编辑器中放置 CTRL_HSC 指令后分配 DB

表 8.56 高速计数器参数说明

参　数	说　明
HSC（HW_HSC）	高速计数器硬件识别号
DIR（BOOL）TRUE	使能新方向
CV（BOOL）TRUE	使能新起始值
RV（BOOL）TRUE	使能新参考值
PERIODE（BOOL）TRUE	使能新频率测量周期
NEW_DIR（INT）	方向选择：1—正向；−1—反向
NEW_CV（DINT）	新起始值
NEW_RV（DINT）	新参考值
NEW_PERIODE（INT）	更新频率测量周期

8.7.3.3　高速计数器的功能

（1）HSC 的工作模式。

所有 HSC 在同种计数器运行模式下的工作方式都相同。在 CPU 设备组态中为 HSC 功能属性分配计数器模式、方向控制和初始方向。

HSC 共有 4 种基本类型高速计数工作模式：

* 具有内部方向控制的单相计数器。
* 具有外部方向控制的单相计数器。
* 具有 2 个时钟输入的双相计数器。
* A/B 相正交计数器。

每种 HSC 模式都可以使用或不使用复位输入。复位输入为 1 状态时，HSC 的实际计数值被清除。直到复位输入变为 0 状态，才能启动计数功能。HSC 的计数模式见表 8.57。

表 8.57 HSC 的计数模式

类 型	输入 1	输入 2	输入 3	功 能
具有内部方向控制的单相计数器	时钟	—	—	计数或者频率
			复位	计数
具有外部方向控制的单相计数器	时钟	方向	—	计数或者频率
			复位	计数
具有 2 个时钟输入的双相计数器	加时钟	减时钟	—	计数或者频率
			复位	计数
A/B 相正交计数器	A 相	B 相	—	计数或者频率
			复位	计数

表 8.58 显示了 CPU 的板载 I/O 和可选 SB 两者的默认 HSC 输入分配。（如果所选 SB 模块只有 2 个输入，则仅输入 4.0 和 4.1 可用。）

HSC 输入表定义见表 8.58。

* 单相：C 为时钟输入，[d] 为方向输入（可选），[R] 为外部复位输入（可选）（复位仅适用于"计数"模式。）
* 双相：CU 为加时钟输入，CD 为减时钟输入，[R] 为外部复位输入（可选）。（复位仅适用于"计数"模式。）
* AB 相正交：A 为时钟 A 输入，B 为时钟 B 输入，[R] 为外部复位输入（可选）。（复位仅适用于"计数"模式。）

表 8.58 CPU 1211C：HSC 默认地址分配

HSC 计数器模式		CPU 板载输入 (0. X)						可选 SB 输入 (4. X)			
		0	1	2	3	4	5	0	1	2	3
HSC1	单相	C	[d]		[R]			C	[d]		[R]
	双向	CU	CD		[R]			CU	CD		[R]
	AB 相	A	B		[R]			A	B		[R]
HSC2	单相		[R]	C	[d]				[R]	C	[d]
	双向		[R]	CU	CD				[R]	CU	CD
	AB 相		[R]	A	B				[R]	A	B
HSC3	单相				C	[d]		C	[d]		[R]
	双向										
	AB 相										

表 8.58（续）

HSC 计数器模式		CPU 板载输入 (0. X)						可选 SB 输入 (4. X)			
		0	1	2	3	4	5	0	1	2	3
HSC4	单相					C	[d]	C	[d]		[R]
	双向					CU	CD				
	AB 相					A	B				
HSC5	单相							C	[d]		[R]
	双向							CU	CD		[R]
	AB 相							A	B		[R]
HSC6	单相								[R]	C	[d]
	双向								[R]	CU	CD
	AB 相								[R]	A	B

（2）频率测量功能。

可选择是否激活复位输入来使用各种 HSC 类型。

如果激活复位输入，则它会清除当前值并在禁用复位输入之前保持清除状态。

有些 HSC 模式允许 HSC 被组态（计数类型）为报告频率而非当前脉冲计数值。有三种可用的频率测量周期：0.01，0.1，1.0 s。

频率测量周期决定 HSC 计算并报告新频率值的频率。

报告频率是通过上一测量周期内总计数值确定的平均值。

如果该频率在快速变化，则报告值将是介于测量周期内出现的最高频率和最低频率之间的一个中间值。

无论频率测量周期的设置是什么，总是会以 Hz 为单位来报告频率（每秒脉冲个数）。

（3）周期测量功能。

周期测量功能：周期测量通过组态的测量间隔（10，100，1000 ms）提供。HSC_Period SDT 返回周期测量并以两个值的形式提供周期测量：ElapsedTime 和 EdgeCount。HSC 输入 ID1000 到 ID1020 不受周期测量的影响：

使用"扩展高速计数器"指令 CTRLHSC_EXT，可以按指定的时间周期，用硬件中断的方式测量出被测信号的周期数和精确到 μs 的时间间隔，从而计算出被测信号的周期。

8.7.3.4　高速计数器的组态步骤

最多可组态 6 个高速计数器，见图 8.108。在用户程序使用 HSC 之前，应为 HSC 组态，设置 HSC 的计数模式。编辑 CPU 设备组态并为各个 HSC 分配 HSC 属性。

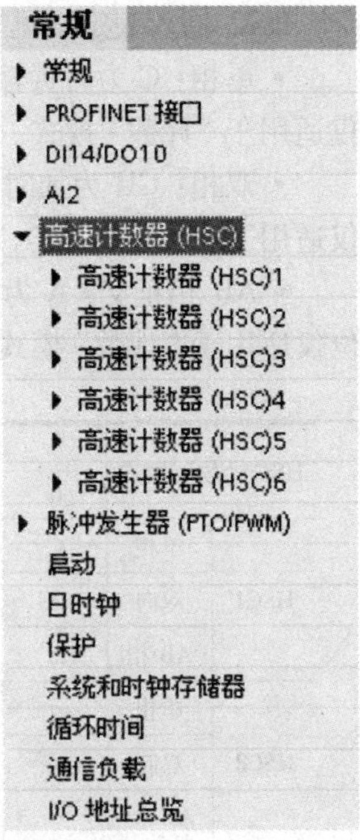

通过选择该 HSC 的"启用"（Enable）选项启用 HSC 在用户程序中使用 CTRL_HSC 和/或 CTRL_HSC_EXT 指令控制 HSC 的运行。某些 HSC 的参数在设备组态中初始化，以后可以用程序来修改。

常规
- ▸ 常规
- ▸ PROFINET 接口
- ▸ DI14/DO10
- ▸ AI2
- ▾ 高速计数器 (HSC)
  - ▸ 高速计数器 (HSC)1
  - ▸ 高速计数器 (HSC)2
  - ▸ 高速计数器 (HSC)3
  - ▸ 高速计数器 (HSC)4
  - ▸ 高速计数器 (HSC)5
  - ▸ 高速计数器 (HSC)6
- ▸ 脉冲发生器 (PTO/PWM)
- 启动
- 日时钟
- 保护
- 系统和时钟存储器
- 循环时间
- 通信负载
- I/O 地址总览

图 8.108　高速计数器选择

（1）打开 PLC 的设备视图，选中其中的 CPU。选中巡视窗口的"属性"选项卡左边的高速计数器 HSC1 的"常规"，用复选框选中"启用该高速计数器"。

（2）选中左边窗口的"功能"（图 8.109），在右边窗口设置下列参数：

使用"计数类型"下拉式列表，可选"计数""时间段""频率""运动控制"。如果设置为"时间段"和"频率"，使用"频率测量周期"下拉式列表，可以选择 0.01, 0.1, 1.0 s。

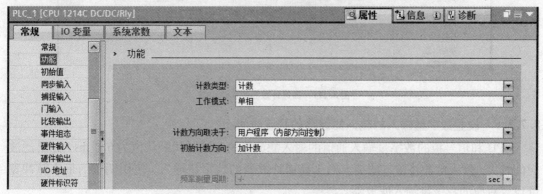

图 8.109　高速计数器的功能设置

使用"工作模式"下拉式列表，可选"单相"、"两相位"、"A/B 计数器"或"AB 计数器 4 倍频"。使用"计数方向取决于"下拉式列表，可选"用户程序（内部方向控制）"或"输入（外部方向控制）"。用"初始计数方向"下拉式列表选择"增计数"或"减计数"。

（3）选中图 8.110 左边窗口的"初始值"，可以设置"初始计数器值"和"初始参考值"。

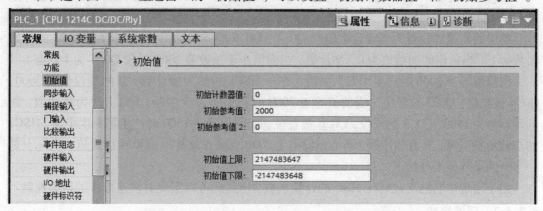

图 8.110　设置高速计数器的初始值和复位信号

（4）选中图 8.111 左边窗口的"事件组态"，可以用右边窗口的复选框激活下列事件出现时是否产生中断：计数器值等于参考值、出现外部复位事件和出现计数方向变化事件。可以输入中断事件名称或采用默认的名称。生成硬件中断组织块 OB40 后，将它指定给计数值等于参考值的中断事件。

（5）选中图 8.110 左边窗口的"硬件输入"，在右边窗口可以组态该 HSC 使用的时钟发生器输入、方向输入和复位输入的输入点。可以看到可用的最高频率。

（6）选中图 8.110 左边窗口的"I/O 地址"，可以在右边窗口修改 HSC 的起始地址。默认的起始地址为 1000。

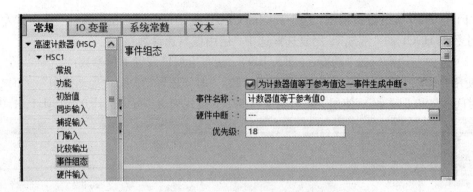

图 8.111　高速计数器的事件组态

8.7.3.5　设置数字量输入的输入滤波器的滤波时间

CPU 和信号板的数字量输入通道的输入滤波器的滤波时间默认值为 6.4 ms，如果滤波时间过大，输入脉冲将被过滤掉。对于高速计数器的数字量输入，使用期望的最小脉冲宽度设置对应的数字量输入滤波器。

本例输入脉冲宽度为 1 ms，选用 CPU 的数字量输入的输入滤波时间列表中的0.8 ms。

8.7.4　高速脉冲输出与高速计数器实验

8.7.4.1　实验的基本要求

用高速脉冲输出功能产生周期为 2 ms，占空比为 50% 的 PWM 脉冲列，送给高速计数器 HSC1 计数。

期望的高速计数器的当前计数值和 Q0.4 ～ Q0.6 的波形见图 8.112(a)。HSC1 的初始参数如下：当前值的初始值为 0，加计数，当前值小于预设值 2000 时仅 Q0.4 为 1 状态。

当前值等于 2000 时产生中断，中断程序令 HSC1 仍然为加计数，新的预设值为 3000，Q0.4 被复位，Q0.5 被置位。当前值等于 3000 时产生第二次中断，HSC1 改为减计数，新的预设值为 1500，Q0.5 被复位，Q0.6 被置位。当前值等于 1500 时产生第 3 次中断，HSC1 的当前值被清零，改为加计数，新的预设值为 2000，Q0.6 被复位，Q0.4 被置位。实际上是一个新的循环周期开始了。

由于出现中断的次数远比 HSC 的计数次数少，因此可以实现对快速操作的精确控制。

8.7.4.2　硬件接线

作者做实验使用的是继电器输出的 CPU1214C，为了输出高频脉冲，使用了一块 2DI/2DQ 信号板。在图 8.112(b) 侧的硬件接线图中，用信号板的输出点 Q4.0 发出 PWM 脉冲，送给 HSC1 的高速脉冲输入点 I0.0 计数。使用 PLC 内部的脉冲发生器的优点是简单方便，做频率测量实验时易于验证测量的结果。

CPU 的 L + 和 M 端子之间是内置的 DC24 V 电源。将它的参考点 M 与数字量输入的内部电路的公共点 1M 相连，用内置的电源作为输入回路的电源。内置的电源同时又作为 2DI/2DQ 信号板的电源。电流从 DC24 V 电源的正极 L + 流出，流入信号板的 L + 端子，经过信号板内部的 MOSFET（场效应管）开关，从 Q4.0 输出端子流出，流入 I0.0 的输入端，经内部的输入电路，从 1M 端子流出，最后回到 DC24 V 电源的负极 M 点。

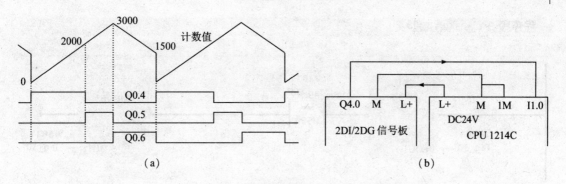

图 8.112 高速计数器的当前计数值波形和硬件接线图

也可以用外部的脉冲信号发生器或增量式编码器为高速计数器提供外部脉冲信号。

8.7.4.3 PWM 的组态与编程

组态 PTO1/PWM1 产生 PWM 脉冲，输出源为信号板上的输出点，时间单位为 ms，脉冲宽度的格式为百分数，脉冲的周期为 2 ms，初始脉冲宽度为 50%。

在 OB1 中调用 CTRL_PWM 指令，用 I0.4 启动脉冲发生器。

8.7.4.4 高速计数器的组态

组态时设置 HSC1 的工作方式为单相脉冲计数，使用 CPU 集成的输入点 I0.0，通过用户程序改变计数的方向。设置 HSC 的初始状态为加计数，初始计数值为 0，初始参考值为 2000。当计数值等于参考值的事件时，调用硬件中断组织块 OB40。HSC 默认的地址为 ID1000，在运行时可以用该地址监视 HSC 的计数值。

8.7.4.5 程序设计

由高速计数器实际计数值的波形图（图 8.112）可知，HSC 以循环的方式工作。每个循环周期产生 3 次计数值等于参考值的硬件中断。可以生成 3 个硬件中断 OB，在 OB 中用"将 OB 与中断事件脱离"指令 DETACH 断开硬件中断事件与原来的中断 OB 的连接，用"将 OB 附加到中断事件"指令 ATTACH 将下一个中断 OB 指定给中断事件。

另外，程序也可以采用另一种处理方法：设置 MB11 为标志字节，其取值范围为 0、1、2，初始值为 0。HSC1 的计数值等于参考值时，调用 OB40。根据 MB11 的值，用比较指令来判断是图 8.112 中的哪一次中断，以调用不同的"控制高速计数器"指令 CTRL_HSC，来设置下一阶段的计数方向、计数值的初始值和参考值，同时对输出点进行置位和复位处理。处理完后，将 MB11 的值加 1，运算结果如果为 3，将 MB11 清零，见图 8.113。

组态 CPU 时，采用默认的 MB1 做系统存储器字节。CPU 进入 RUN 模式后，M1.0 仅在首次扫描时为 1 状态。在 OB1 中，用 M1.0 的常开触点将标志字节 MB11 清零，见图 8.113，将输出点 Q0.4 置位为 1。

图 8.114 所示为 OB40 的程序段 1。图 8.115 中的高速计数器控制指令 CTRLHSC 的输入参数 HSC 为 HSC1 的硬件标识符。EN 为 1 时，参数 BUSY 为 1，STATUS 是执行指令的状态代码。

DIR 为 TRUE 时，计数方向 NEW_DIR（1 为加计数，−1 为减计数）被装载到 HSC。只有在组态时设置计数方向由用户程序控制，参数 DIR 才有效。

程序段 9： DB40程序段4

注释

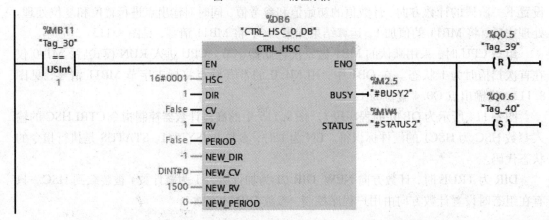

程序段 10： OB1初始化

注释

图 8.113 OB40 的程序段 4 和 OB1 中的初始化

图 8.114 OB40 的程序段 1

图 8.115 OB40 的程序段 2

CV 为 TRUE 时，32 位计数值 NEW_CV 被装载到 HSC。

RV 为 TRUE 时，32 位参考值 NEW_RV 被装载到 HSC。

PERIOD 为 TRUE 时，频率测量的周期 NEW_PERIOD（单位为 ms）被装载到 HSC。如果请求修改参数的 DIR，CV，RV，PERIOD 为 FALSE，相应的输入值被忽略。

将组态数据和用户程序下载到 CPU 后，进入 RUN 模式。用外接的小开关使 I0.4 为 TRUE，信号板的 Q4.0 开始输出 PWM 脉冲，送给 I0.0 计数。因为传送的是占空比为 0.5 的脉冲，Q4.0 和 I0.0 的 LED 的亮度比 I0.4 的 LED 的稍微暗一点。

开始运行时使用组态的初始值，计数值小于参考值 2000 时，见图 8.112，输出 Q0.4 为 TRUE。计数值等于参考值时产生中断，调用硬件中断组织块 OB40。此时标志字节 MB11 的值为 0，OB40 的程序段 1 中的比较触点接通，调用第一条 CTRL_HSC 指令，CV 为 0，HSC1 的实际计数值保持不变。RV 为 1，将新的参考值 3000 送给 HSC1。复位 Q0.4，置位下一阶段的输出 Q0.5。在程序段 4 将 MB11 的值加 1。

当计数值等于参考值 3000 时产生中断，第 2 次调用硬件中断组织块 OB40。此时标志字节 MB11 的值为 1，OB40 的程序段 2 中的比较触点接通，见图 8.115，调用第 2 条 CTRL_HSC 指令，CV 为 FALSE，HSC1 的实际计数值保持不变。RV 为 1，装载新的参考值 1500。DIR 为 1，NEWDIR 为 -1，将计数方向改为减计数。复位 Q0.5，置位下一阶段的输出 Q0.6。在程序段 4 将 MB11 的值加 1。

当计数值等于参考值 1500 时产生中断，第 3 次调用硬件中断组织块 OB40。此时标志字节 MB11 的值为 2，OB40 的程序段 3 中的比较触点接通，调用第 3 条 CTRL HSC 指令。RV 为 1，装载新的参考值 2000。CV 为 1，用参数 NEWCV 将实际计数值复位为 0。DIR 为 1，NEW_DIR 为 1，计数方向改为加计数。复位 Q0.6，置位下一阶段的输出 Q0.4。

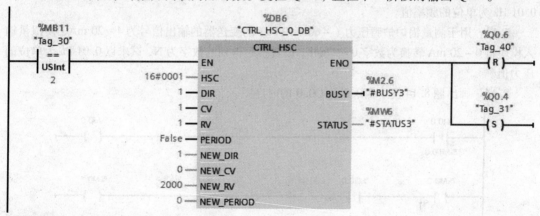

图 8.116　OB40 的程序段 3

在程序段 4 将 MB11 加 1 后，其值为 3，比较触点接通，MOVE 指令将 MB11 复位为 0。以后将重复上述的 3 个阶段的运行，直到 I0.4 变为 0 状态、脉冲发生器停止发出脉冲为止。Q0.4 ~ Q0.6 依次为 1 状态的时间分别为 4，2，3 s，分别与 3 个阶段的计数值 2000、1000 和 1500 对应。

用监控表监视 ID1000，可以看到 HSC1 的计数值的变化情况。同时监视了标志字节 MB11 的值。

思考与习题

8.1　简述 PLC 工作原理，指出 DB 块、FC 块、FB 块的功能。

8.2　简述装载存储器和工作存储器各有什么作用。

8.3　简述 OB 块作用，中断实现过程。

8.4　S7-1200 的模块有哪些种类？

8.5　怎样设置数字量输入点的上升沿中断功能？

8.6　怎样设置时钟存储器字节？时钟存储器字节哪一位的时钟脉冲周期为 500 ms？如果使用系统存储器默认的地址 MB1，哪一位是首次扫描位？

8.7　在变量表中生成一个名字为"mytag"的变量，数据类型为 DWord，写出它的第 23 位和第三个字节的符号名。

8.8　I0.3:P 和 I0.3 有什么区别？为什么不能写入到输入点？怎样将 Q2.3 的值立即写入到对应的输出模块？

8.9　AIW64 中 A/D 转换得到的数字 $0 \sim 27648$ 正比于温度值 $0 \sim 800\ ℃$。用整数运算指令编写程序，在 I0.1 输入的上升沿，将 IW64 输入的模拟值转换为对应的温度值（单位为 $0.1\ ℃$）。存放在 MD30 中。

8.10　编写程序，I0.0 为 1 时，求出 MW100—MW106 中最小的整数，放在 MW108 中。

8.11　利用循环组织块 OB30，每 2.4 s 将 QW0 的值加 1，在 I0.0 的上升沿，将循环时间修改为 1.5 s。设计出主程序和 OB30 的程序。

8.12　频率变送器的量程为 $45 \sim 55\ Hz$，输出信号为 DC $0 \sim 10V$，选择模拟量输入模块，输入信号的量程为 DC $0 \sim 10V$，转换后的数字量为 $0 \sim 27648$，设转换后得到的数字为 N，试求以 $0.01\ Hz$ 为单位的频率值。

8.13　用于测量锅炉炉膛压力（$-60 \sim 60\ Pa$）的变送器的输出信号为 $4 \sim 20\ mA$，模拟量输入模块将 $0 \sim 20\ mA$ 转换为数字 $0 \sim 27648$，设转换后得到的数字为 N，试求以 $0.01\ Pa$ 为单位的压力值。

8.14　画出题 8.14 图中 M0.0 及 Q0.0 的时序图。

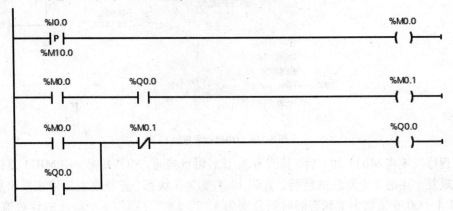

题 8.14 图

8.15　用接在 I0.0 输入端的光电开关检测传送带上通过的产品，有产品通过时，I0.0 为 ON，如果在 10 s 内没有产品通过，由 Q0.0 发出报警信号。画出梯形图，并写出对应的语句表程序。

8.16 用 S、R 和跳变指令设计满足题 8.16 图所示波形的梯形图。

8.17 在按钮 I0.0 按下后 Q0.0 变为 1 状态并自保持，I0.1 输入 3 个脉冲后（用加计数器 C1 计数），T37 开始定时，5 s 后 Q0.0 变为 0 状态，同时 C1 被复位，在 PLC 刚开始执行用户程序时，C1 也被复位。设计出梯形图。

8.18 简述划分步的原则。

8.19 简述转换实现的条件和转换实现时应完成的操作。

8.20 试设计满足题 8.20 图所示波形的梯形图。

8.21 试设计满足题 8.21 图所示波形的梯形图。

8.22 画出题 8.22 图所示波形对应的顺序功能图。

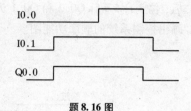

题 8.16 图

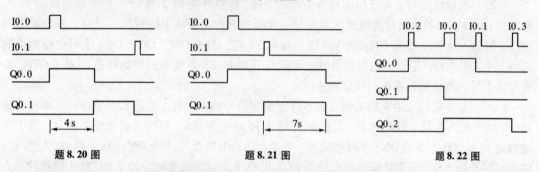

题 8.20 图　　　　　题 8.21 图　　　　　题 8.22 图

8.23 冲床的运动示意图如题 8.23 图所示。初始状态时机械手在最左边，I0.4 为 ON；冲头在最上面，I0.2 为 ON；机械手松开（Q0.0 为 OFF）。按下起动按钮 I0.0，Q0.0 变为 ON，夹紧并保持，2 s 后 Q0.1 变为 ON，机械手右行，直到碰到右限位开关 I0.1，以后将顺序完成以下动作：冲头下行，冲头上行，机械手左行，机械手松开（Q0.0 被复位），延时 2 s 后，系统返回初始状态，各限位开关和定时器提供的信号是相应步之间的转换条件。画出控制系统的顺序功能图。

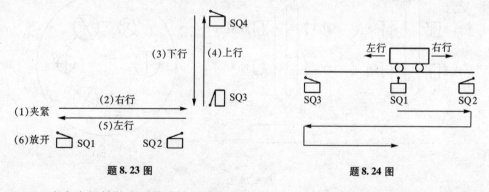

题 8.23 图　　　　　题 8.24 图

8.24 小车在初始状态时停在中间，限位开关 I0.0 为 ON，按下启动按钮，小车按题 8.24 图所示的顺序运动，要求启动后反复循环，按停止按钮，完成当前循环后停止运动。设计该控制系统，画出端子分配图和顺序功能图。

8.25 某组合机床动力头进给运动示意图如题 8.25 图所示。设动力头在初始状态时停在左边，限位开关 I0.1 为 ON。按下启动按钮 I0.0 后，Q0.0 和 Q0.2 为 1，动力头向右快速进给

（简称快进），碰到限位开关 I0.2 后变为工作进给（简称工进），Q0.0 为 1，碰到限位开关 I0.3 后，停 5 s，5 s 后 Q0.2 和 Q0.1 为 1，工作台快速退回（简称快退），返回初始位置后停止运动。画出控制系统的顺序功能图。

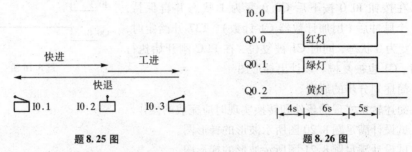

题 8.25 图　　　　　　题 8.26 图

8.26　试画出题 8.26 图所示信号灯控制系统的顺序功能图，I0.0 为启动信号。

8.27　初始状态时某冲压机的冲压头停在上面，限位开关 I0.2 为 ON，按下启动按钮 I0.0，输出位 Q0.0 控制的电磁阀线圈通电并保持，冲压头下行。压到工件后压力升高，压力继电器动作，使输入位 I0.1 变为 ON，用 T37 保压延时 5 s 后，Q0.0 OFF，Q0.1 ON，上行电磁阀线圈通电，冲压头上行。返回到初始位置时碰到限位开关 I0.2，系统回到初始状态，Q0.1 OFF，冲头停止上行。画出控制系统的顺序功能图。

8.28　某专用钻床用来加工圆盘状零件上均匀分布的 6 个孔（见题 8.28 图）。开始自动运行时，两个钻头在最上面的位置，限位开关 I0.3 和 I0.5 为 ON。操作人员放好工件后，按下启动按钮 I0.0，Q0.0 变为 ON，工件被夹紧，夹紧后压力继电器 I0.1 为 ON，Q0.1 和 Q0.3 使两只钻头同时开始工作，分别钻到由限位开关 I0.2 和 I0.4 设定的深度时，Q0.2 和 Q0.4 使两只钻头分别上行，升到由限位开关 I0.3 和 I0.5 设定的起始位置时，分别停止上行，设定值为 3 的计数器 C0 的当前值加 1。两个都上升到位后，若没有钻完 3 对孔，C0 的常闭触点闭合，Q0.5 使工件旋转 120°。旋转到位时限位开关 I0.6 为 ON，旋转结束后又开始钻第 2 对孔。3 对孔都钻完后，计数器的当前值等于设定值 3，C0 的常开触点闭合，Q0.6 使工件松开，松开到位时，限位开关 I0.7 为 ON，系统返回初始状态。画出 PLC 的外部接线图和控制系统的顺序功能。

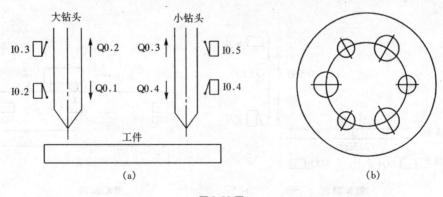

题 8.28 图

8.29　设计出题 8.29 图所示的顺序功能图的梯形图程序，T37 的设定值为 5 s。

8.30　设计出题 8.30 图所示的顺序功能图的梯形图程序。

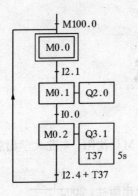

题 **8.29** 图

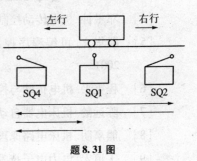

题 **8.30** 图

8.31 小车开始停在左边，限位开关 SQ4 为 1 状态。按下启动按钮后，小车按题 8.31 图所示运行，最后返回并停在限位开关 SQ4 处。画出顺序功能图和梯形图。

8.32 用启保停电路设计液体混料灌的梯形图程序，要求设置手动、连续、单周期、单步 4 种工作方式。

8.33 要求与题 8.32 相同，用置位、复位指令设计。

8.34 根据题 8.34 图所示的顺序功能图，设计梯形图程序。

题 **8.31** 图

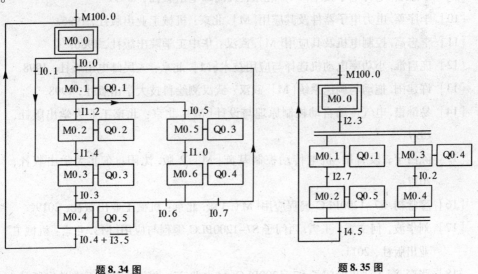

题 **8.34** 图

题 **8.35** 图

8.35 根据题 8.35 图所示的顺序功能图，设计梯形图程序。

参 考 文 献

[1] 陈白宁，段智敏，刘文波.机电传动控制基础[M].沈阳：东北大学出版社，2008.

[2] 廖常初.PLC 编程及应用[M].北京：机械工业出版社，2002.

[3] SIEMENS 公司.SIMATIC S7-200 可编程序控制器系统手册[S].2002.

[4] 邓星钟.机电传动控制[M].武汉：华中理工大学出版社，2001.

[5] 殷华文.可编程序控制器及工业控制网络[M].西安：西安地图出版社，2001.

[6] 程宪平.机电传动与控制[M].武汉：华中理工大学出版社，1997.

[7] 陈远龄.机床电器自动控制[M].重庆：重庆大学出版社，1995.

[8] 熊幸明.机床电路原理与维修[M].北京：航空工业出版社，2001.

[9] 丁道宏.电力电子技术[M].北京：人民邮电出版社，1999.

[10] 李序葆.电力电子器件及其应用[M].北京：机械工业出版社，1996.

[11] 李忠高.控制电机及其应用[M].武汉：华中工学院出版社，1986.

[12] 庞启淮.小功率电动机选择与应用技术[M].北京：人民邮电出版社，1998.

[13] 许建国.拖动与调速系统[M].武汉：武汉测绘科技大学出版社，1998.

[14] 易继锴.电气传动自动控制原理与设计[M].北京：北京工业大学出版社，1997

[15] 陈白宁，段智敏.机电传动控制基础[M].2 版.沈阳：东北大学出版社，2017.

[16] 廖常初.S7-1200PLC 编程应用[M].3 版.北京：机械工业出版社，2019.

[17] 刘华波，何文雪，王雪.西门子 S7-1200PLC 编程与应用[M].北京：机械工业出版社，2011.

[18] 张春.深入浅出西门子 S7-1200PLC[M].北京：北京航空航天大学出版社，2009.

附录

电气控制线路常用图形符号和文字符号

名　称	图形符号	文字符号		说　明
	GB/T 20939 —2007	GB/T 20939 —2007	GB 7159 —1987	
电源				
正极	+	—	—	正极
负极	-	—	—	负极
中性（线）	N	—	—	中性（中性线）
中间线	M	—	—	中间线
直流系统	L +	—		直流系统正电源线
电源线	L –			直流系统负电源线
交流电源 三相		L1		交流系统电源第一相
		L2		交流系统电源第二相
		L3		交流系统电源第三相
交流设备 三相		U		交流系统设备端第一相
		V	—	交流系统设备端第二相
		W		交流系统设备端第三相
接地和接机壳、等电位				
接地		XE	PE	接地一般符号
				保护接地
				外壳接地
				屏蔽层接地
				接机壳、接底板
导体和连接器件				
导线		WD	W	连线、连接、连线组：导线、电线、传输通路。用单线表示一组导线时,导线的数目可标以相应数量的短斜线或一个短斜线后加导线的数字
				屏蔽导线
				绞合导线

端子	●（连接点）	XD	D	连接、连接点
	 ○			端子
	 ⊖			装置端子
	 ⬮			
	 ⊖			连接孔端子

基本无源元件

电阻	 ▭（电阻器）	RA	R	电阻器一般符号
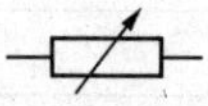	▭（可调电阻）			可调电阻
	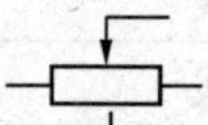 ▭（电位器）			带滑动触点的电位器
	 ▭（光敏电阻）			光敏电阻
电感	 ∿∿∿	RA	L	电感器、线圈、绕组、扼流圈
电容	 ⊥	CA	C	电容器一般符号

半导体器件

二极管	 ▽（二极管）	RA	V（VD）	半导体二极管一般符号
光电二极管	▽（光电二极管）			光电二极管
发光二极管	▽（发光二极管）	PG	V（VL）	发光二极管一般符号
三极闸流晶体管	 ▽（反向阻断P型）	A	V（VT）	反向阻断三极闸流晶体管，P 型控制极
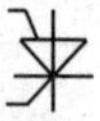	▽（反向导通N型）			反向导通三极闸流晶体管，N 型控制极
	 ▽（反向导通P型）			反向导通三极闸流晶体管，P 型控制极
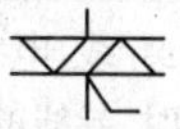	▽（双向）			双向三极闸流晶体管
晶体管	 ⊗（PNP）	KF	V（VT）	PNP 半导体管
	 ⊗（NPN）			NPN 半导体管
光敏晶体管	 ⊗（光敏）	KF	V	光敏晶体管

光耦合器		KF	V	光耦合器、光隔离器
电能的发生和转换				
电动机		M 电动机	M	电动机一般符号：符号内的星号"＊"用下述字母代替：G—发电机；GS—同步发电机；M—电动机；MS—同步电动机
		GA 发电机	G	
			MA	三相鼠笼异步电动机
		MA	M	步进电动机
			MS	三相永磁同步交流电动机
双绕组变压器		TA	T	双绕组变压器，画出铁芯
				双绕组变压器
自耦变压器		TA	TA	自耦变压器
电抗器		RA	L	扼流圈、电抗器
电流互感器		BE	TA	电流互感器
				脉冲变压器
电压互感器		BP	TV	电压互感器
发生器		GF	GS	电能发生器、信号发生器、波形发生器
				脉冲发生器
蓄电池		GB		原电池、蓄电池，长线代表阳极，短线代表阴极
			GB	光电池
变换器		TB	B	变换器一般符号
变频器		TA	U	变频器

整流器		TB	VC	整流器
				桥式全波整流器
触点				
触点		F	KA、KM、KT、KI、KV 等	动合(常开)触点,开关的一般符号
				动断(常闭)触点
延时动作触点		KF	KT	吸合时延时闭合的动合触点
				释放时延时断开的动合触点
				吸合时延时断开的动断触点
				释放时延时闭合的动断触点
检测传感器类开关				
开关及触点		BG	SQ	接近开关
			SL	液位开关
		BS	KS	速度继电器触点
		BB	FR	热继电器常闭触点
		BT	ST	热敏自动开关
				温度控制开关
		BP	SP	压力控制开关
		KF	SSR	固态继电器触点
			SP	光电开关
熔断器和熔断器式开关				
熔断器		FA	FU	熔断器式开关
熔断器式开关		QA	QKF	熔断器式开关
				熔断器式隔离开关

开关及开关部件

单极开关		SF	S	手动操作开关一般符号
			SB	具有动合触点且自动复位的按钮
				具有动断触点且自动复位的按钮
			SA	具有动合触点且无自动复位的拉拨开关
				具有动合触点且无自动复位的旋转开关
				钥匙动合开关
				钥匙动断开关
位置开关		BG	SQ	位置开关，动合触点
				位置开关，动断触点
电力开关元件		QA	KM	接触器的主动合触点
				接触器的主动断触点
			QF	断路器
		QB	QS	隔离开关
				三极隔离开关
				负荷开关，负荷隔离开关
				具有由内装的度量继电器或脱扣器触发的自动释放功能的负荷开关

灯和信号器件

灯、信号器件		EA 照明灯	EL	灯一般符号，信号灯一般符号
		PG 指示灯	HL	
		PG	HL	闪光信号灯
		PB	HA	电铃
			HZ	蜂鸣器

继电器操作				
线圈	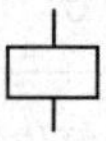	QA	KM	接触器线圈
		MB	YA	电磁铁线圈
		KF	K	电磁铁继电器线圈一般符号
	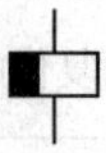	KF	KT	断电延时继电器线圈
	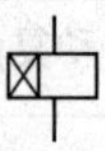			通电延时继电器线圈
			KV	欠电压继电器线圈，把符号“＜”改为“＞”表示过电压继电器线圈
	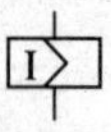		KI	过电流继电器线圈，把符号“＞”改为“＜”表示欠电流继电器线圈
	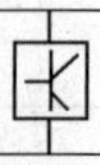		SSR	固态继电器驱动器件
		BB	FR	热继电器驱动器件
	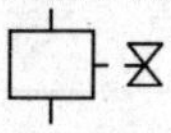	MB	YV	电磁阀
	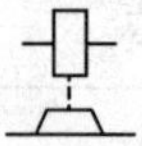		YB	电磁制动器
指示仪表				
指示仪表		PG	PV	电压表
			PA	检流计
测量传感器及变送器				
传感器	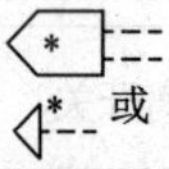 或	B	—	星号可以用字母代替，尖端表示感应或进入端
变送器	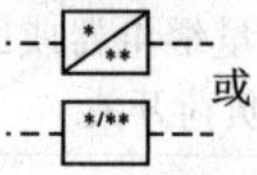 或	TF	—	星号可以用字母代替，双星号用输出量字母代替
压力变送器	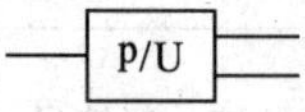	BP	SP	输出为电压信号的压力变送器，输出若为电流信号，图中文字可改写为 p/I
流量计	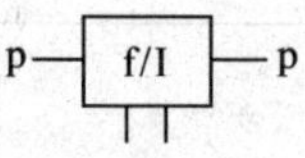	BF	F	输出为电流信号的流量计通用符号，输出若为电压信号，图中文字可改写为 f/U,图中 p 的线段表示为管线
温度变送计	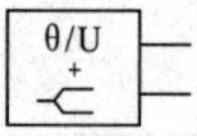	BT	ST	输出为电压信号的热电偶型温度变送器，输出若为电流信号，图中文字可改写为 θ/I